日本列島回復論

この国で生き続けるために

井上岳一

新潮選書

はじめに

国連の持続可能な開発目標（ＳＤＧｓ）は「誰も置き去りにしない」（No one will be left behind）を基本理念としています。置き去りにされる存在の第一は貧困層ですが、現代の日本においても貧困は切実なテーマです。私は、二〇一二年に厚生労働省の仕事で生活困窮者対策の立案に関わりましたが、その時に初めてこの国の格差や貧困の実態を知り、愕然としました。ごく普通に生きていても、失業、傷病、事故等で働けなくなると、途端に転げ落ちてしまうのが今の日本です。転落防止のセーフティネットは手薄で、容易に人を置き去りにしてしまう構造になっています。

経済が好調な間は良かったのです。右肩上がりの時代は、自営業だろうが会社員だろうが十分に稼げましたし、年齢に応じた収入増も期待できました。しかし、低成長の今は大企業でも倒産・身売りする時代です。会社員はかつてほど安定的な身分でなくなり、自営業も稼げなくなっています。〝稼ぎ〟というセーフティネットが弱る中、拠って立つ安心の基盤を見出せないという事実が、今の日本を覆う漠然とした不安感や閉塞感の大元にあるように思います。

人が未知のことに挑戦するには安心の基盤が必要です。そこが揺らいでいる今の日本人にリスクをとれと背中を押しても、なかなかそうはならないでしょう。若々しくイノベーティブな国であるためにも安心の基盤が求められますが、どうすればそれを築くことができるのでしょうか。

その答えを本書では、山水の恵みと人の恵みに求めます。〝山水の恵み〟とは、日本列島の山野河海の恵みのことです。それらがあれば経済がどうなろうがとにもかくにも人は生きていけます。自活の基盤となるのが山水です。また、人の恵みとは、人のつながり、互助のことです。古くからある村のような長く続いてきた社会では当たり前に助け合い、支え合う互助の伝統が根付いています。自活の基盤に加え、これら互助の仕組みをうまく生かすことができれば、誰も置き去りにしない社会がつくれるのではないか。それが本書の根底にある問題意識です。

大学で林学を学んだ私は、森や山村の世界に限りない魅力と可能性を感じて林野庁に入りました。しかし、森林・林業・山村は資本主義社会の中で置き去りにされる一方で、その現実を変えることはできませんでした。国の立場に限界を感じて民間に転じてからもそれは変わらずです。

そんな私にとって転機となったのが二〇一一年の東日本大震災でした。学生時代に何度も訪ね歩いた大好きな場所である東北地方のために何かできることはないかと被災地に通い始めたのですが、通う中で痛感したのは、東北地方に存する山水と人の恵みの豊かさでした。誤解を恐れずに言えば、東北地方は戦後の発展から置き去りにされてきた地域です。しかし、そこには、自活と互助の力で、震災のような非常時においても誰も置き去りにしない社会が息づいていたのです。そのことに私は目を見開かされると共に、山水の現代的意義を見出した思いがしたのです。

以来、外国も含めて各所の山水郷（山水の恵み豊かな地域を指す私の造語）を訪ね歩きながら、山水の現代的意義を考え続けてきました。その成果である本書を『日本列島回復論』と題したのは、田中角栄の『日本列島改造論』（日刊工業新聞社）への対抗意識があったからです。『日本列島改造論』は、経済成長に置き去りにされる地方の問題に真正面から向き合った真摯な論考でした。国土を大改造することで、均衡ある発展が可能になると信じた田中角栄の構想の壮大さとその背後にある郷土や地方への思いには、今読んでも心を動かされますし、交通や通信の持つ意味に対する洞察の鋭さ、先を見通す慧眼には、心底、敬服させられます。

しかし、山を削り海を埋め立て道路をつくる列島改造の論理では、地方の現実を変えることができなかったのです。むしろ道路をつくるほど人が出て行くという皮肉に苦しむようになります。では、改造でなければどんな方法があるのか。それを考える上で参考になったのが障がい者ケアにおける回復（リカバリー）の考え方でした。障がい者ケアの世界では、かつては、できるだけ健常者に近づくことが回復の目標とされてきました。しかし、病気と違って治らないのが障がいですから、健常者を目指すことには限界があります。そこで近年は、障がいを所与とし、他者との関係を再構築しながら、自立して生きられるようになることに回復の目標を置くようになっています。この新しいアプローチでは、障がいはハンディではなくアイデンティティであり、一人で何でもできることより、いざという時に頼れる依存先を複数持つことが自立だと見なされます。ここにあるのは障がいをなきものとする自己改造の論理でなく、障がいを受け入れ、障がいと共に生きる中で、新しい人生の物語を編み上げてゆく過程こそが回復なのだという考え方です。

私は、今の日本に求められているのは、このような意味での回復なのだと考えます。明治以来の「欧米に追いつけ追い越せ」も、昭和の列島改造も、自己でない何者かになることを目指す〝改造の論理〟に貫かれたものでした。改造の論理の根底にあるのは自己否定です。不都合なもの、不便なものはなきものにしようとする。そういう自己否定の上にこの国の未来はありません。否定ではなく、改造でもなく、この列島の存在をまるごと引き受けて生きるのです。置き去りにしてきた存在も含め、共に生きようとする努力の先に、この国ならではの未来が開けてゆくはずです。

列島改造から列島回復へ。そのための新しい社会の物語を編み出すことを本書では試みます。

日本列島回復論　この国で生き続けるために　目次

図表作成　アトリエ・プラン

日本列島回復論

この国で生き続けるために

第一章　この国の行く末

西の国で何か不吉な事が起こっているのだよ。
その地に赴き、曇りのないまなこで物事を見定めるなら、
あるいはその呪いを絶つ道が見つかるかもしれん。

――『もののけ姫』
（宮崎駿監督作品、一九九七年公開）

第一節　今、何が起きているのか

見えない貧困の実態

「見える化」という言葉が普通に使われるようになって久しいですが、今の日本で起きているのは、むしろ「見えない化」ではないかと思っています。これだけ情報が溢れ、インターネットでいつどこにいても最新の情報にアクセスできるようになったのに、自分と関係のない世界のことはほとんど見えなくなっているからです。都心のタワー型マンションに暮らす共働きのエリート夫婦には、地方都市や郊外に暮らす低所得の若者達の日常は、全く想像できないはず。逆もまたしかりです。お互いに全く接点がなく、会っても共感することなど一ミリもないでしょう。「一億総中流」と言われたのも今は昔。社会は統合より分断に向かっているように見えます。

「見えないもの」の最たるものが生活困窮者、貧困層の実態です。実は、日本は隠れた貧困大国です。そのことを示すのが、生活保護受給者の急増です。生活保護制度は、まだ敗戦の傷跡が残る一九五〇年に創設されたもので、その頃の受給者数は二〇〇万人以上でした。その後、経済成長とともに受給者数は減少し、一九九五年度には八八万人で制度創設以来最少を記録します。しかし、そこから一転して被保護者は増加し始め、二〇一一年度にはついに二〇六万人を超え、制度創設以来、最高の人数となりました。以後も増え続け、二〇一四年度には二一七万人に達します。二〇一五年三月をピークにようやく伸びは止まり、二〇一六年には二一六万人と微減。以後、減少傾向が続いていますが、二〇一九年四月時点で二〇八万人といまだ高水準です（図表1―1）。

図表1-1　被保護人員、被保護世帯数の年次推移

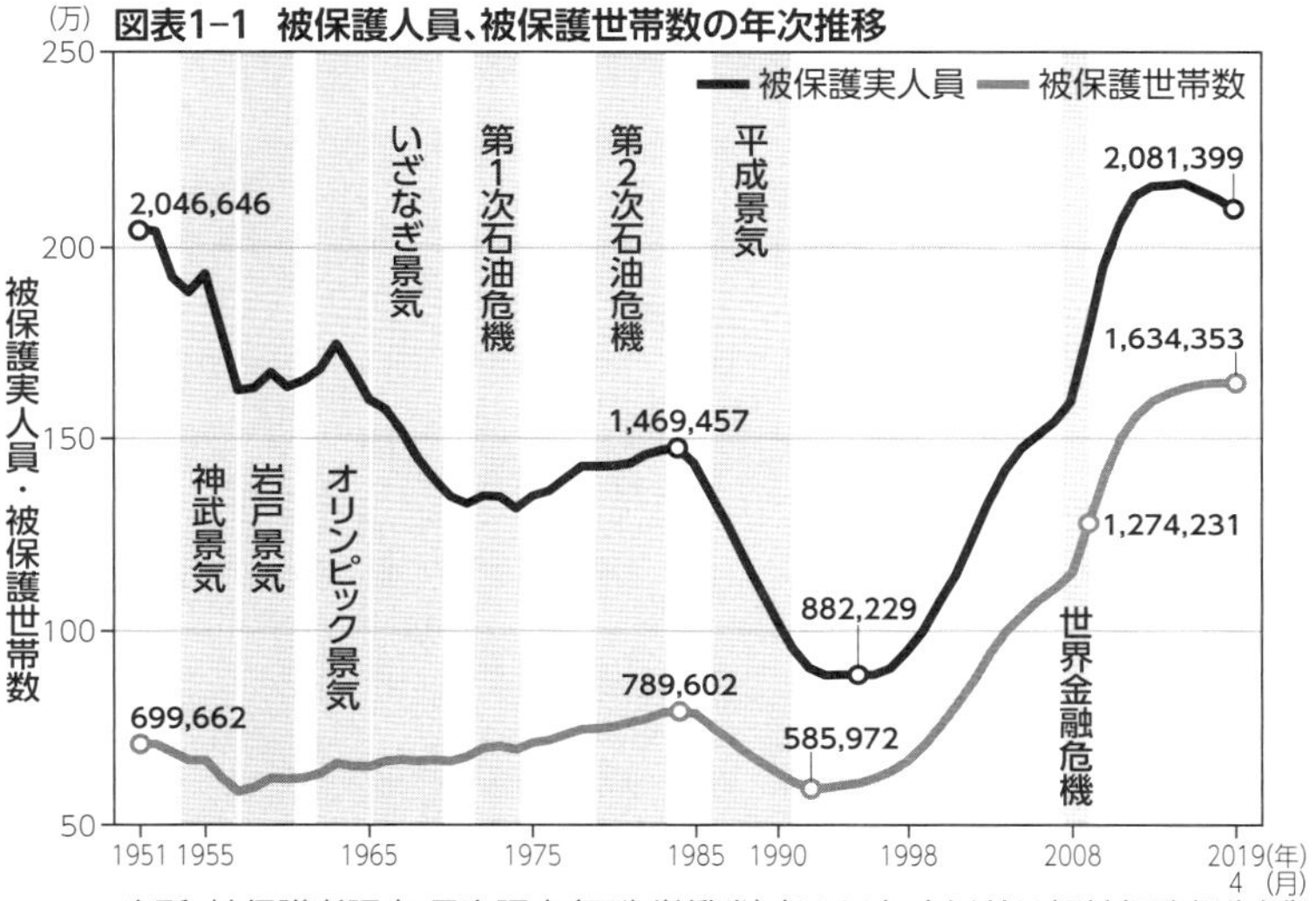

出所：被保護者調査 月次調査（厚生労働省）（2011年度以前は福祉行政報告例）

豊かなはずの二一世紀の日本で、生活保護を受ける方の人数が、七〇年前の貧しかった時代より多いというのは、どう考えても異常なことです。過去二〇年間余で増加した生活保護受給者は約一二〇万人。生活保護にかかる国の負担金は、三・八兆円（二〇一八年度）と巨額です。

生活保護受給者が急増している背景には、受給世帯の五割以上を占める高齢者世帯の増加があります。高齢者になると生活保護とは、一体、年金は何のためにあるんだと言いたくなりますが、生活保護受給世帯の半数が高齢者世帯というのは、厳然たる事実です。これも高齢化の現実です。

一方、ここ一〇年ほどで目立つのは、「稼働層」と呼ばれる、傷病でも障がいでも高齢でも母子家庭でもない、本来であれば、普通に働ける世帯の受給増加です。今や受給世帯の二割近く（二〇一九年四月時点では一五・〇

%）を占めるほどになっています（図表1―2）。

生活保護を受けるのは、経済的に困窮している人々、いわゆる貧困層に位置付けられる人々です。先進国（ＯＥＣＤ諸国）では、貧困を定義するに当たって相対的貧困率という指標を用いることが一般的になっていますが、日本では、民主党政権となった直後の二〇〇九年一〇月、政府として初めてＯＥＣＤと同様の手法で計算した相対的貧困率を発表しました。

この時に発表された相対的貧困率は二〇〇七年時点で一五・七%。ＯＥＣＤ主要国の中では、メキシコ（一八・四%）、トルコ（一七・五%）、アメリカ（一七・一%）に次ぐ四番目の高さで、関係者に衝撃を与えました。二〇〇七年の日本の人口は一億二八〇三万人ですから、一五・七%だと二〇〇〇万人以上の人々が相対的な貧困状態の中で暮らしているということになります。この貧困率は年々上昇して二〇一二年に一六・一%と過去最高になった後は若干改善し、公表されている数値で最も新しい二〇一五年には一五・六%となっています。

相対的貧困率とは、国民一人ひとりの可処分所得の中央値の半分に満たない人の割合を言います。「中央値の半分」を「貧困線」と言い、二〇一五年時点で一二二万円です。国民の一五・六%、六人に一人、二〇〇〇万人以上が年間一二二万円以下で暮らしていることになります。夫婦二人子二人の四人家族に当てはめると家族全員で二四四万円です(*)。このような状態で暮らす人々が増えているのです。

広がる格差

貧困層の増加によって、格差も拡大しています。皆が一様に貧しいのではなく、貧しい人と裕

図表1-2　世帯類型別の生活保護受給世帯数の推移

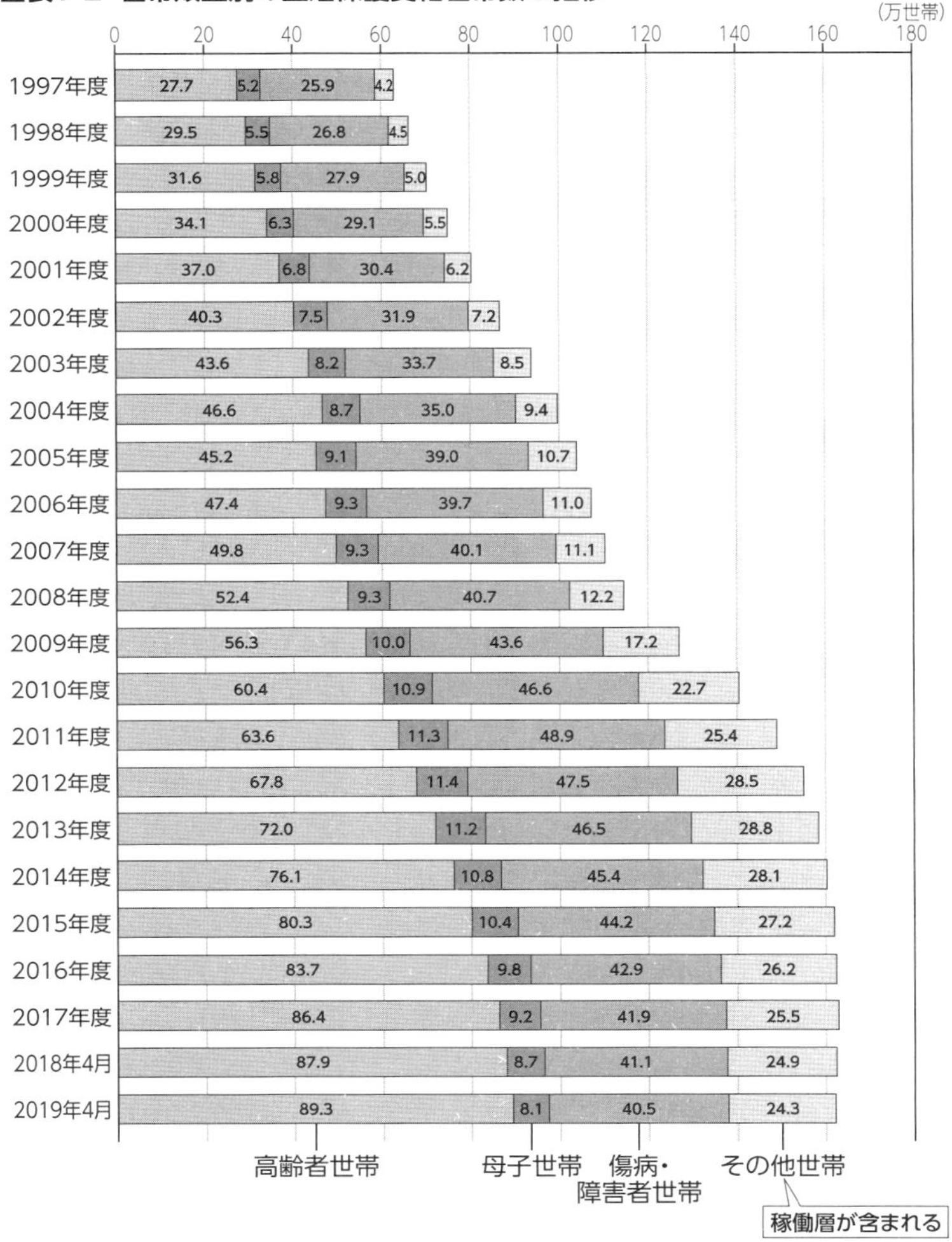

出所：2011年度以前は福祉行政報告例、2012年度以降は被保護者調査（厚生労働省）
注　：世帯数は各年度の1か月毎の数値の平均であり、保護停止中の世帯は含まない

福な人との差がつき、それが広がっているのです。

社会における所得分配の不平等度を測る指標にジニ係数があります。ジニ係数はゼロから一の間をとり、一に近づくほど所得の偏りが大きいことを示しますが、当初所得（社会保障制度による再分配前の所得）で計算した日本社会のジニ係数は、一九八〇年代に入ってから急激に上昇しています。二〇〇〇年代に入ってからは〇・五を超えるようになっており、かつては平等な国と言われた日本も、今ではOECD諸国の中でも不平等度の高い国のほうに位置付けられるようになってきています（ただし、社会保障制度による再分配後の所得で見ると、八〇年代に入ってからゆるやかに上昇してはいるものの、まだそれほど高くはなっていません）。

所得格差が開いているのは、年金生活を送る高齢者が増えているからと説明されることがあります。しかし、若年層の低所得者も増えています。背景には、若年層の失業率の高さと非正規労働者の増加があります。

若年層の失業率は、全体に比べて倍近くの値になっているのが特徴です。最近でこそ沈静化していますが、二〇〇九年から二〇一一年にかけては、二四歳以下で一〇％近くまで上がりました。失業率が急激に上昇した一九九〇年代後半から二〇〇〇年代初頭にかけては、一〇代の失業率は一二％を超えていました。若年層が仕事に恵まれない現実が浮かびあがってきます。

仕事の中身も問題です。二〇〇〇年代に入ってからは、非正規労働者の増加が顕著になっています。二四歳以下と六五歳以上の非正規雇用率はもともと高かったのですが、今世紀に入ってから、二五〜六四歳の働き盛りの非正規雇用率が急増しています。二〇一〇年代後半になって少し持ち直しているものの、二〇一八年の数値では、二五〜三四歳で二五・〇％（一五・八％、カッコ内は二〇〇〇年の数値。以下同)、三五〜四四歳で二八・八%(二三・一%)、四五〜五四歳で三二・一%(二四・六%)、五五〜六四歳で四六・九%(三二・六%)が非正規雇用となっています。

非正規雇用の問題は、年齢に応じた賃金の上昇が見られないことです。若いうちは自由な働き方を楽しんでいるつもりでも、年齢を経るごとに正社員との格差が顕著になっていきます。経験が賃金に反映されない非正規労働者は、正社員と比べると、生涯賃金に大きな差がつくことになります。社会全体で見ても、三〇代、四〇代の非正規労働者が増えると、それだけ年収格差が広がることになります。二〇〇〇年代になってから始まった派遣業法の規制緩和などを追い風に、企業は、年々、正社員を減らして派遣等の非正規労働者への置き換えを進めてきましたが、その結果、年収の格差が大きくなる構造になっているのです。

明治維新によって身分制を廃止した日本社会には、明確な階級はありません。しかし、同じサラリーマンでも管理職になれる正社員のホワイトカラーと、非正規含め現場で働く労働者とでは〝身分〟が違います。事務職でも男性事務職と女性事務職では依然として待遇に大きな差がみられるケースもあります。

戦後の日本の格差について研究してきた橋本健二・早稲田大学人間科学学術院教授は、「資本家階級」(従業員五人以上の企業の経営者・役員)、「新中間階級」(管理職、男性事務職)、「労働者階

(＊)相対的貧困率の計算では、一人当たりの可処分所得として、世帯人員の平方根で割った所得である「等価可処分所得」を用います。一人当たり可処分所得が一二二万円以下ということは、四人家族で二四四万円以下、三人家族で二一一万円以下、二人家族で一七三万円以下が「貧困家庭」ということになります。

級」（女性事務職、非正規労働者、その他）、「旧中間階級」（五人未満の企業経営者・役員、自営業、農家）の四つに階級を分けた上で、その推移を検証していますが、それを見ると、一貫して農家や個人商店主のような「旧中間階級」が減り、「労働者階級」が増えてきたことがわかります。一九八〇年代になって初めて五割を超えた「労働者階級」は、今では六割を占めています。一九五〇年には「旧中間階級」が六割で多数派を占め、「労働者階級」は三割に過ぎなかったことに比べると、大きく社会の構造が変わってきたことがわかります（橋本健二『「格差」の戦後史【増補新版】』河出ブックス）。「一億総中流」と呼ぶことができていた時代は、既に過去のものなのです。

希望を持てない人々

貧困層の増加や格差の拡大は、社会を不安にします。二〇〇〇年に発表された村上龍の小説『希望の国のエクソダス』では、「この国には何でもある。本当にいろいろなものがあります。だが、希望だけがない」と、中学生のリーダー「ポンちゃん」が言うシーンが出てきます。世界でも有数の豊かな国なのに、その実感がもてない。先行きが不安で、将来に希望を感じることができない。そういう漠とした不安、行き止まり感や閉塞感は、確かに九〇年代後半以後、広く共有されてきた感覚のように思います。

実際、内閣府が実施する世論調査では、不安を感じる人の割合が、九〇年代後半から上昇を始め、二〇〇八年にはついに七〇％を超えます。以後も六〇％台後半で高止まりし、二〇一七年になってようやく六〇％台前半に下りました。それでも九〇年代に比べるといまだ高水準です。悩みや不安があるかと言われれば、誰にだって一つや二つはありますから、六割以上の人が悩みや不安を抱えているということ自体は、別段、驚くには値しないことかもしれません。しかし、そう答える人の割合が九〇年代後半を境に顕著に増えているという事実はやはり看過すべきではないと思います。

悩みや不安の増加に連動するように、九〇年代後半から自殺者が急増します。自殺者数は、一九九八年に、それまでの二万人台前半から、一気に年間三万人を超える数に跳ね上がりました。きっかけは金融危機による経済の混乱ですが、以後、自殺者数は三万人台で推移を続け、大きな社会問題となりました。その後、政府が自殺対策に力を入れたことの成果もあって、二〇一〇年以後は減少を続け、二〇一二年には一五年ぶりに三万人を下回りました。以後も減少を続け、最新の二〇一八年の統計では二万八四〇人になり、一九八一年以来三七年ぶりに二万一〇〇〇人を下回っています。ようやく自殺は沈静化しましたが、一九九八年以後一五年にわたり自殺者数が三万人以上という異常な状態が続いたことは記憶されておくべきでしょう。

自殺と関連が深いところでいえば、うつ病に苦しむ方も増えています。うつ病患者が急増したのは、二〇〇〇年代に入ってからです。厚生労働省が三年ごとに行っている「患者調査」によれば、一九九九年には四四万人だった患者数（うつ病・躁うつ病を含む気分〔感情〕障害の総数です）が二〇〇二年には七一万人、二〇〇八年には一〇四万人と急増しています。最新の二〇一七年の調査では、一二八万人と更に増えています。

年代別・性別で見ると、男性の場合、自殺もうつ病も四〇～五〇代の現役世代にピークがあることがわかります。女性も同様に四〇～五〇代にピークがありますが、それ以後高止まりする点が男性とは異なっています（図表1―3、1―4）。特に女性にとって高齢化は自殺やうつ病のリスクにつながりやすく、このため高齢化の進展によって自殺者やうつ病患者が増えていると言える側面は勿論あります。しかし、男女共にピークが四〇～五〇代の働き盛りにあることを忘れてはいけません。特に男性においてそれは顕著です。社会に活力をもたらすべき現役世代が自ら命を落としている。心を病んでいる。どうしてこういうことになってしまうのでしょうか。

図表1-3　年齢階級別自殺者数(2018年)

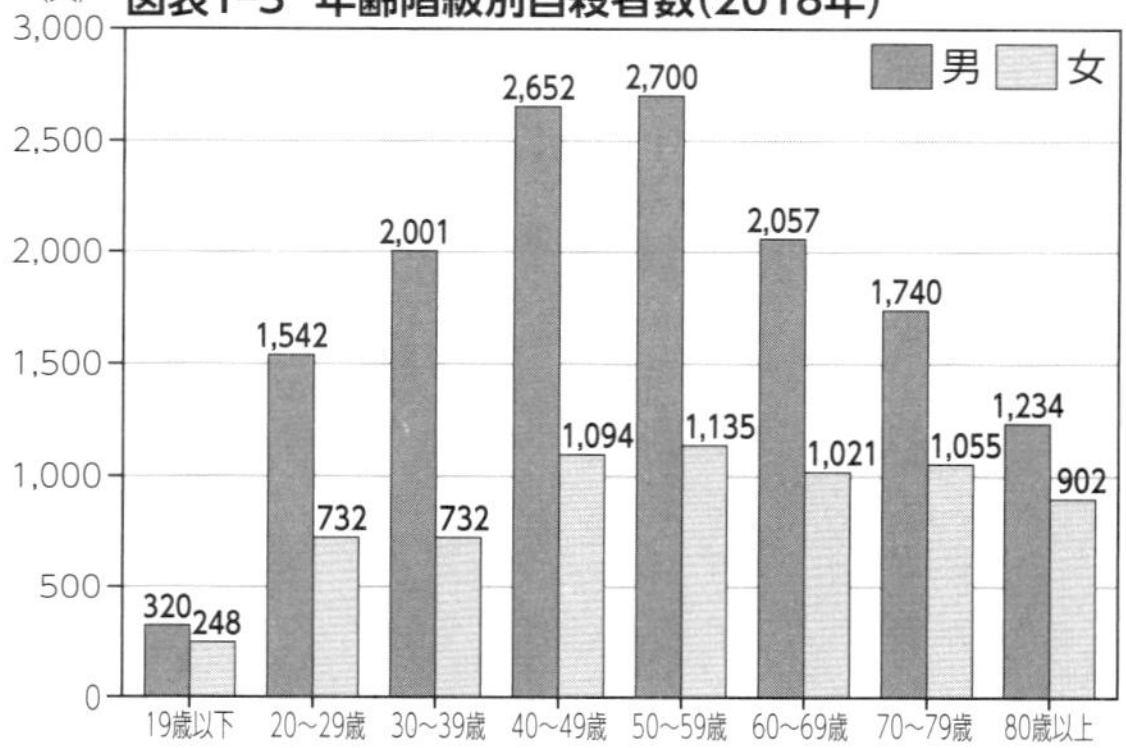

出所：厚生労働省・警察庁「平成30年中における自殺の状況」（2019年3月28日）のデータを元に筆者作成

図表1-4　うつ病・躁うつ病の患者数(2017年)

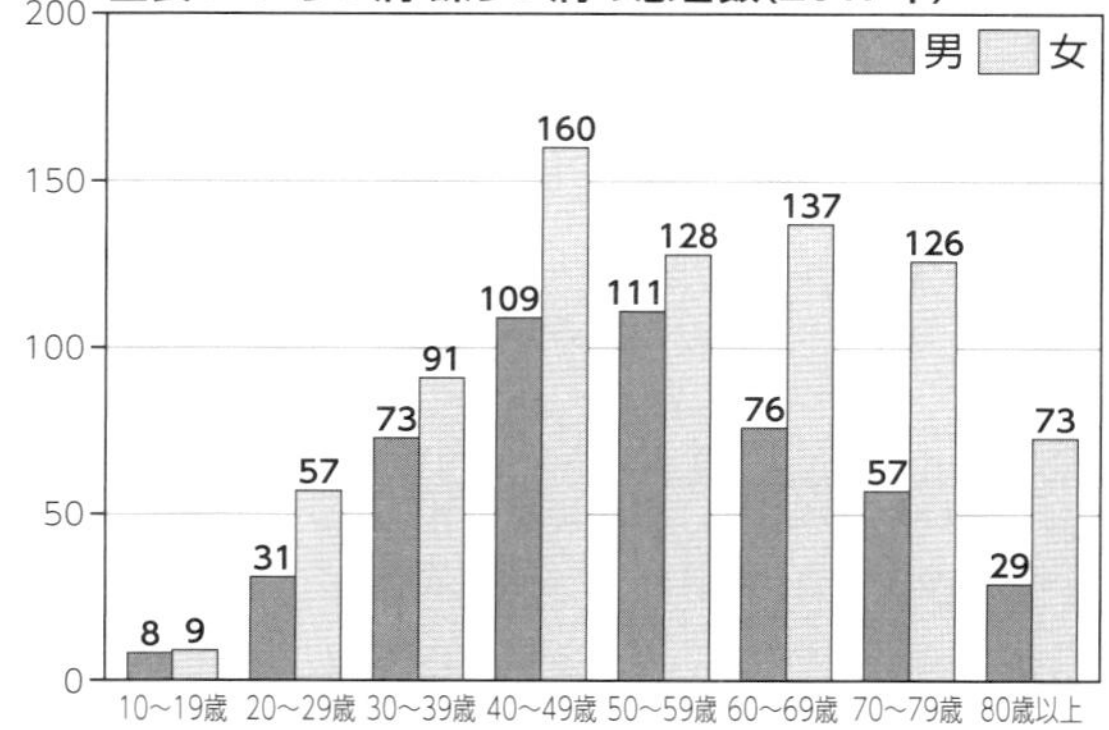

出所：厚生労働省「患者調査」（平成29年）のデータを元に筆者作成
注　：うつ病・躁うつ病を含む気分(感情)障害の総患者数

現役世代のこと以上に気になるのが、次世代を担う若者達の意識です。今の若者達の多くが、国や自分の将来について、明るい展望を持っていません。

例えば、内閣府が二〇一四年八月に行った「人口、経済社会等の日本の将来像に関する世論調査」では、「日本の未来」について「暗いと思う」「どちらかといえば暗いと思う」と答えた人が全体で六割を超えています。その割合は三〇代で最も高く（六五・三％）、七〇歳以上になると下がります（五〇・九％）。二〇代でも過半数（五三・九％）の方が「暗いと思う」「どちらかといえば暗いと思う」と答えています。

自身の将来に「不安を感じる」「どちらかといえば不安を感じる」と答える人の割合も同様の傾向です。二〇代で既に七割を超えていて、五〇代では八割以上の人が不安を感じています。しかし、六〇代、七〇代では目に見えて不安を感じる人の割合が下がります。

人生これからという二〇代の将来展望のほうが、人生の終わりが見えている高齢者のそれよりも暗いというのが、この国の現実です。

若者の意識を国際的に比較した調査に「高校生の心と体の健康に関する意識調査」（独立行政法人国立青少年教育振興機構、二〇一八年三月公表）がありますが、これを見るともっと気になることがあります。それは、日本の高校生が他国の高校生に比べて著しく自己評価が低い、ということです。例えば、「私は価値のある人間だと思う」という設問に対し、「そうだ」「まあそうだ」と答えた人の割合は、米国、韓国、中国の高校生で八割以上なのに、日本では五割に達していません。「私は人とうまく協力できるほうだと思う」「私は辛いことがあっても乗り越えられると思う」「私は努力すれば大体のことができると思う」「私はいまの自分に満足している」「体力に自信がある」等の設問に対しても、日本の高校生は突出して低くなっています。

　この調査は二〇一〇年にも行われていますが(*)、結果を見比べてみると、この一〇年間で多少の改善は見られるものの傾向は変わっていないことがわかります。

　日本の高校生は、米中韓の高校生に比べ、著しく自己肯定感が低く、半数以上の高校生が自己に積極的なイメージを持てていないのです。また、二〇一〇年調査には「私の参加により、変えて欲しい社会現象が少し変えられるかもしれない」という設問がありましたが、これに対し、「全くそう思う」「まあそう思う」と答えた高校生の割合は、米中韓では六割を超えているのに、日本ではぎりぎり三割を超えたという状態でした。自己評価が低いだけでなく、自分が社会の何かを変えられるとも思っていないのです。

　次世代を担う若者達の過半が将来に不安を感じていて、自分に自信がなく、何かを変えられるとも思っていない。そういう現実を知ると、この国からは本当に希望だけがなくなっているのではないかと思えてきます。

第二節　なぜこんなにも不安なのか

先行き明るい要素がない

なぜ、私達はこんなにも不安で、こんなにも自信をなくしているのでしょうか。

経済の影響を受けているのは間違いありません。バブル崩壊後のデフレ不況から立ち直れないまま人口減少社会を迎え、団塊世代の引退により、未曾有の高齢化社会に突入。そして、TPP（環太平洋パートナーシップ協定）合意でますますグローバル化は加速し、国を超えた競争は激化する……。人口減少、高齢化、グローバル化が、あたかも三重苦のように日本の経済に重くのしかかっています。改元、二〇二〇年のオリンピック・パラリンピックの開催、二〇二五年の万博開催のような明るいニュースはありますが、それで人口減少、高齢化、グローバル化の趨勢が変わるわけではありません。とりわけ、人口減少と高齢化は、経済を直撃します。

経済の規模は人口と相関します。人口が増えればそれだけで経済の規模は大きくなり（＝人口ボーナス）、逆に、縮めば経済も停滞します（＝人口オーナス）。一九九五年をピークに生産年齢人口が減り始め、二〇〇九年からはいよいよ総人口自体が減り始めた日本は、既にこの人口オーナス期に入っており、放っておけば経済は縮小するばかり。実際、バブル崩壊以後、政府が経済成長の必要性を繰り返し叫び、散々に手を打ってきたにもかかわらず、この二〇年間、ほとんどGDPは成長していないというのが実態です。もたもたしている間に、二〇一〇年には、ついに中国にGDPで抜かれてしまい、「世界第二位の経済大国」と自らを定義することすらできなくなってしまいました。

人口が一〇倍以上の中国が経済発展をすれば日本のGDPを超えるのは当然と言えば当然です

（＊）二〇一〇年調査は日本青少年研究所が実施して二〇一一年三月に公表されています。

が、それでも中国に負けたというのは、多くの日本人に、少なからぬショックを与えたようです。GDPの競争に一喜一憂することは無意味だとは思いますが、焼け野原から、世界第二位の経済大国にまで上り詰め、エコノミックアニマルと揶揄されながらも世界経済に影響を与える重要なプレイヤーになり、「ジャパン・アズ・ナンバーワン」(一九七九年に出版されたエズラ・ヴォーゲルの著書のタイトルです)と世界から讃えられる国になったという事実は、戦後の日本人のアイデンティティや誇りの大きな拠り所となってきました。その拠り所がぐらついているのですから、自信を失うのも当然でしょう。

日本の絶頂期は一九八〇年代でした。八〇年代終わりにはバブル状態になり、経済が過熱します。そのバブルが弾けたのが一九九一年。それからの日本経済は散々でした。九七年には、バブルの後遺症から立ち直れないまま、北海道拓殖銀行が破綻します。その一週間後には山一証券が自主廃業し、翌年には日本長期信用銀行と日本債券信用銀行が相次いで経営破綻したことによって、安泰だと思っていた大企業が倒産する時代になったことが印象づけられました。倒産しないまでも、バブル崩壊後の業績立て直しのために、リストラの嵐が吹き荒れ、成果主義の導入が広まり、終身雇用と年功序列を特徴としてきた「日本型経営」は完全に過去のものとなりました。それは、「大企業のサラリーマンになれば安泰」という普遍的な幸福のモデルが失われたのと同時に、〝企業と個人の幸福な関係〟が終わりを告げたことを意味したのです。

実際、企業の業績の推移を見ると興味深い事実が浮かび上がります。財務省の法人企業統計で全産業・全企業の売上高の合計を見ると、一九九〇年代前半にピークを迎え、その後は、凸凹しながらも、ピーク時と同じくらいのレベルで安定的に推移していることがわかります。バブル期

図表1-5　企業の売上高と経常利益の推移（保険・金融業を除く全産業・全企業）

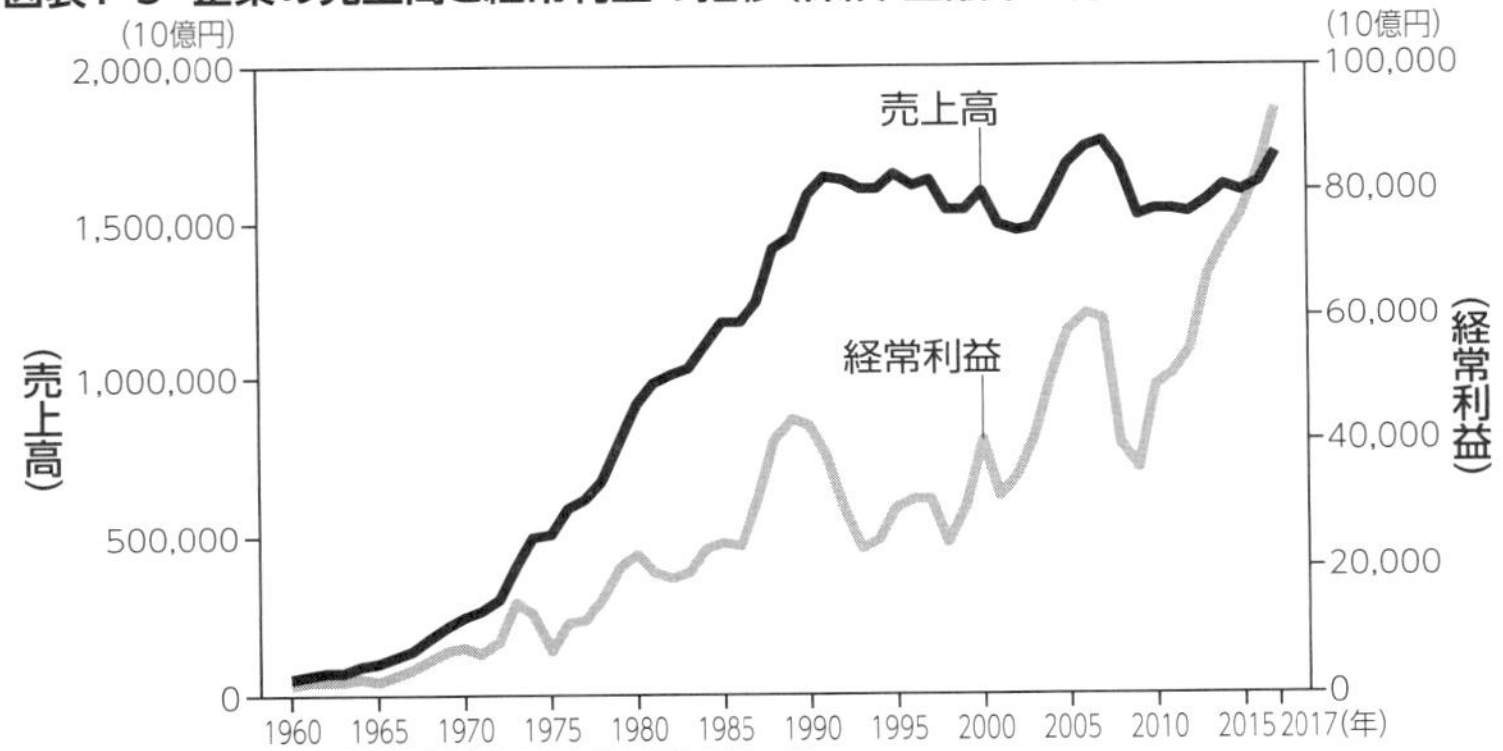

出所：財務省「法人企業統計調査」より筆者作成
注　：売上高の概念がそぐわない保険業と金融業は除く

の売上高のピークは一九九一年度の一四七五兆円ですが、これに対し直近の二〇一七年度は一五四四兆円と、全体では五％も伸びていません。企業の売上高はこの三〇年近く、ほとんど伸びていないのです。その一方で、経常利益はバブル期のピークである一九八九年度の三九兆円に対し、直近の二〇一七年度は八四兆円と二一五％も伸長し、過去最高益を更新し続けています（図表1―5）。

バブル崩壊後、企業はそれまでの経営スタイルを見直し、アメリカ流の経営手法を導入して構造改革（リストラクチャリング）を行うことで、売上が伸びなくても利益を出せる筋肉質の体質へと自己変革を遂げました。ただ、この過程で犠牲になったものがあります。労働者の給与です。

給与労働者の平均給与が最も高かったのは一九九七年です。この時の男女合わせての平均給与（年収）は四六七万円。その年をピークに給与は下がり続け、二〇一二年には四〇八万円になります。一五年間連続で年平均四万円のペースで年収が下がり続けた計算です。

図表1-6　給与労働者の平均給与の推移

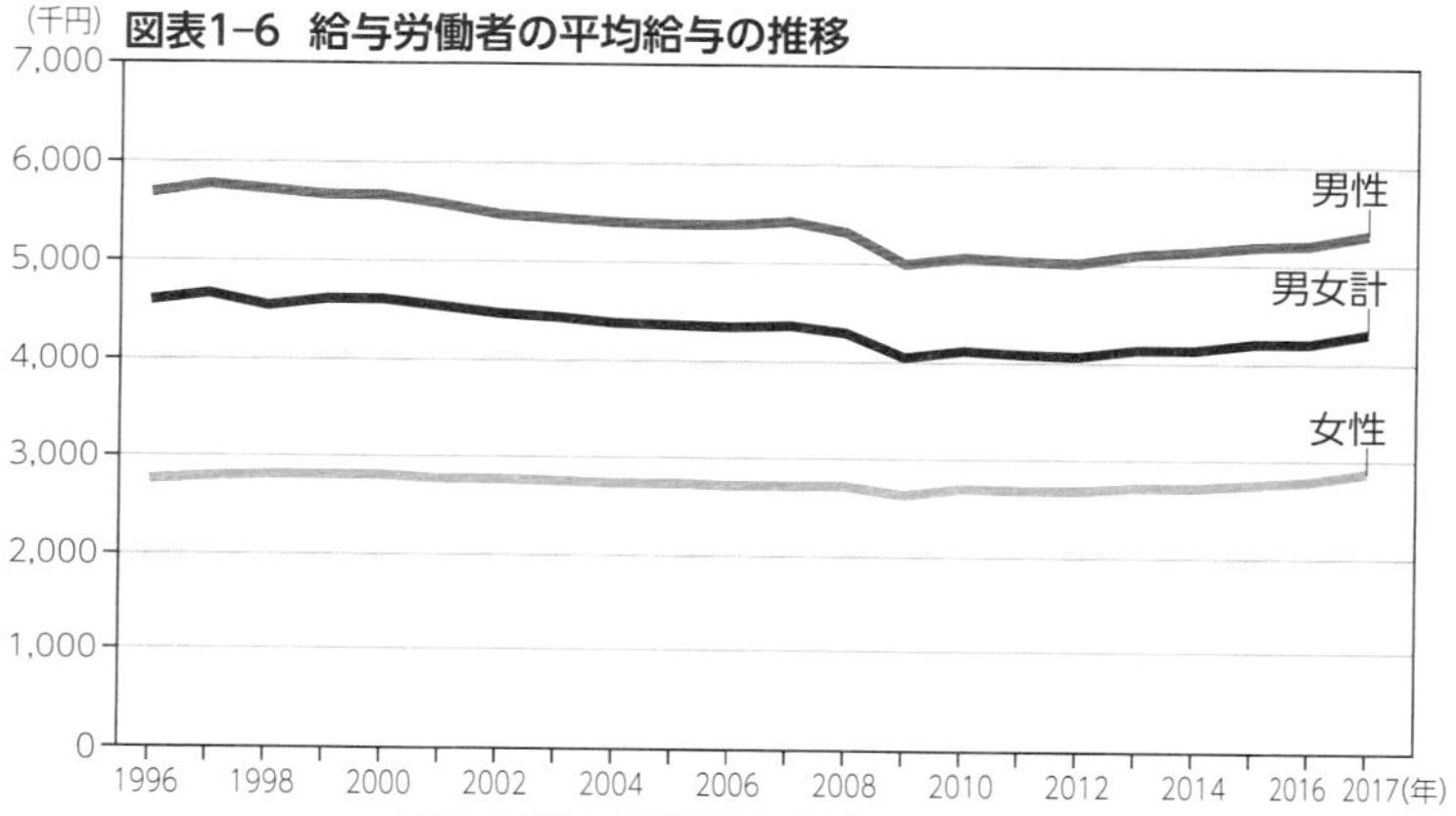

出所：国税庁「民間給与実態統計調査」のデータを元に筆者作成

二〇一三年からは一転して上昇に転じ、二〇一七年時点で四三二万円と年四・八万円のペースで急回復しますが、いまだピーク時に比べると三五万円ほど少ない状態です（図表1―6）。

男女別に分解して見ると、女性の平均給与はこの二〇年でむしろ増加していることがわかります（二七九万円→二八七万円）。その分、男性が割を食っており、この二〇年間で四五万円の給与減です（五七七万円→五三二万円）。九〇年代後半、多くの企業が成果主義を導入して年功序列の給与体系の見直しに着手しましたが、それは男性社員の給与カットを通じた人件費の抑制という形で効果を発揮したのです。

成果主義による給与カットと並んで人件費抑制に役立ったのが非正規雇用の活用です。一九八九年度には一九・一％と二割に満たなかった非正規雇用の割合はバブル崩壊後の一九九四年度から増え始め、今では約四割が非正規雇用となっています（二〇一八年度は三七・九％）。

売上が増えなくとも利益が出せる体質になった背景

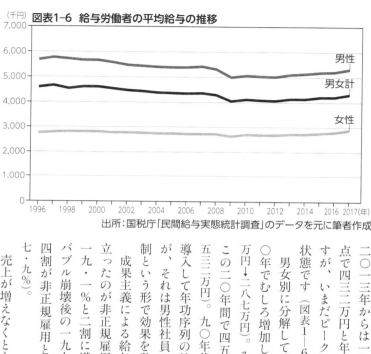

には、このような人件費の抑制策がありました。それは、それまでの疑似家族的、運命共同体的な企業と個人との関係を決定的に変質させたのです。

企業が冷酷になったと批判しても意味はありません。グローバルな競争環境の中で生き残っていくために、企業自身も必死なのです。綺麗事だけでは通用しない世界がそこにはあります。人口が減少して経済のパイが大きくならない中で、株主の期待に応える利益を出しながら企業として生き残っていくためには、人件費はできるだけ切り詰めざるを得ません。致し方ないことでしょう。労働者の側も、雇用を失うよりは、給与カットのほうを選びます。いつでも海外に工場・本社を移せる時代ですから、労働者の側のほうが圧倒的に分が悪い。労働組合の団体交渉でベースアップを勝ち取っていた時代は既に過去のものです。

加えての無人化です。生産性が極限まで追求された製造業の工場は、今やほとんど無人化されています。人手が必要な部分は非正規労働者によって担われますが、オフィスワークも、早晩、そうなっていくでしょう。既に多くの企業で、女性一般職が行っていた仕事は派遣に、男性正社員がやっていた仕事は女性一般職へのシフトが進んでいます。オフィスワークを自動化するRPA（Robotic Process Automation、ロボットによる業務自動化）やAI（Artificial Intelligence、人工知能）の活用も始まっています。グローバルな競争下で生きていくとは、そういうことです。

今、給与は回復基調にありますが、この先、どうなるのでしょう。人口減少による人手不足から中長期的にも上がっていくのか。それとも無人化が進んで人手が必要なくなり、その結果、給与切り下げの圧力がかかるのか。どちらでしょうか。

わかりません。わかりませんが、間違いなく言えることは、高齢化の進展が現役世代の負担を増やすということです。内閣府は、二〇一四年時点で二・四対一である六四歳以下の現役世代と六五歳以上の高齢者の比率が、このまま行けば二〇五〇年には一・二対一になると試算しています（「選択する未来」委員会報告『選択する未来－人口推計から見えてくる未来像』〔二〇一五年一〇月二八日〕）。つまり、二〇五〇年には、現役世代一人が、ほぼ一人の高齢者の面倒を見ることになるということです。高齢者を支えるための医療・介護・福祉の費用はウナギ登りで、それを賄うための税負担、社会保障負担が増えるため、生涯で得られる受益と負担を比べると、一九八二年以降生まれの世代では、五二〇〇万円以上の負担超過になるという試算もあるくらいです（内閣府「平成一五年度年次経済財政報告」）。

この世代ごとの受益試算では、一九五一年以前に生まれた方は何とかプラスですが、一九五二年生まれ以降はマイナスになっています。公的な受益に関して、もらえるものより出ていくお金のほうが多いという中で、本当に老後の生活はやっていけるのか。冒頭に見たように、生活保護受給者の五割は高齢者世帯ですが、高齢者になるということは、貧困リスクが高まることでもあるのです。元気で身体が動くうちは何とかなるけれど、そうでなくなった瞬間にどうなるのかと考えると、健康に対する不安も増す一方です。国民の一番の不安要因が健康面にあるとする調査結果が多いのも当然でしょう。

以上見てきたように、人口減少、高齢化、グローバル化の負の影響は、直接に私達の生活を脅かします。人口オーナス期に入った九〇年代後半を境に経済環境は決定的に変質しましたが、人口減少も高齢化もグローバル化も、今後、ますます進展します。過去三〇年で起きた以上のことがこれから起きる。そう考えると、不安にならないほうがおかしいのかもしれません。

「椅子取りゲーム」の人生

将来に明るい展望がもてず、不安に苛《さいな》まれるようになると、人は余裕をなくします。余裕がなくなれば、他人のことなんて構っていられなくなりますし、他人を蹴落としてでも勝ち馬に乗ろうとします。そうでないと自分が割を食ってしまうからです。

私は、都心から七〇キロ離れた神奈川県の西の端に住んでいます。かなり田舎なので、朝の通勤列車は、私が乗る駅ではガラガラです。途中のターミナル駅で満席になるのですが、この時、残った座席を巡り、毎朝、椅子取りゲームが行われます。残った空席に向かって、ドアが開いた瞬間、人々が走り込んで、相手が誰であろうが、身体で押しのけて席を確保するのです。それは数秒で勝敗が決する無言の戦いですが、毎朝、それが繰り返されています。座れるか座れないかで通勤のストレスは段違いなのですから、〝譲り合いの精神〟なんて綺麗事は言っていられません。

今の日本社会は、皆がこの椅子取りゲームをしているような状態なのだと思います。限られたパイにありつけるかどうかで人生は大きく変わってしまう（と思っている）のですから、自分と自分の家族が割を食う側に回らないよう、無言の戦いを続けているのです。

毎日が競争なのだから、必然的に、勝ち負けも気になります。

勝ち負けが公然と語られるようになったきっかけは、二〇〇三年に出版されたエッセイスト酒井順子の『負け犬の遠吠え』だと言われています。この本が言うところの「負け犬」は、「三〇代以上・未婚・子ナシ」の仕事に生きる女性を指す言葉で、経済的な勝ち負けの意味合いは希薄でした。しかし、それがいつしか「勝ち組・負け組」という言い方になって、経済的な意味合いが強調されるようになっていったのです。「勝ち組・負け組」という言葉が流行語大賞にノミネートされたのは二〇〇六年のことですが、その年の通常国会で、経済的な格差が拡大しているのではないかということが議論されたことを鑑みても、(*)二〇〇〇年代中盤には、経済的な意味での勝ち負けや格差が人々に強く意識されるようになっていたと言えそうです。

実は、既に二〇〇一年には社会学者の苅谷剛彦が『階層化日本と教育危機：不平等再生産から意欲格差社会へ』(有信堂高文社)の中で、「意欲格差(インセンティブ・ディバイド)」という言葉を使いながら、格差の問題を指摘していたのですが、広く一般に注目されるようになったのは、二〇〇四年の山田昌弘著『希望格差社会：「負け組」の絶望感が日本を引き裂く』(筑摩書房)や二〇〇五年の三浦展著『下流社会：新たな階層集団の出現』(光文社新書)以後のことでした。

二〇〇六年七月二三日には、NHKスペシャル『ワーキングプア　働いても働いても豊かになれない』が放映され、大きな反響を呼びます。これをきっかけに、「ワーキングプア」や「格差」に対する関心が一気に高まり、「格差」をテーマにする書籍が相次いで出版され、「勝ち組・負け組」と共に「格差社会」が流行語大賞にノミネートされます。

このような現象の背景にあったものの一つが、小泉純一郎首相による「小泉改革」です。「聖域なき構造改革」「改革なくして成長なし」と唱えることで人気を博し政権をとった小泉首相は、就任早々に発表した「骨太の方針」(二〇〇一年六月二六日)で「創造的破壊」による「経済成長」を掲げ、「自民党をぶっ壊す」と言い放って、国民の熱狂的な支持を得ます。そして、内閣支持率が四〇%を切ることがほとんどなかった国民からの圧倒的な支持をバックに、佐藤栄作、吉田茂に次ぐ、戦後三番目（当時）の長期政権（二〇〇一年四月―〇六年九月）を実現したのです。

小泉首相と共に、あるいはそれ以上にこの時代の空気に影響を与えたのが、一九九九年六月に日産自動車のCOOとなり、二〇〇一年六月に社長兼CEOとなったカルロス・ゴーンでした。「日産リバイバルプラン」を率い、短期間に日産のV字回復を成し遂げたゴーンの経営手法と経営手腕は、経済界のみならず、各界に大きなインパクトを与えました。

ゴーンによる劇的なV字回復の成功は、「グローバルな市場で生き残っていくためには、従来の商慣行や雇用慣行を変えなければならない。〝ガラパゴス化〟した日本のやり方を捨て、〝グローバルスタンダード〟に従って、〝競争原理〟の中で生き残っていかなければ企業には未来がない」という考え方を企業人の間に（そして、政府やマスコミの間にも）浸透させていったのです。「勝ち組・負け組」という言葉が流行したのも、このような背景の中で、企業ばかりでなく、個人もまた競争原理の中で生き残りが問われる時代となったと思う人達が増えたからこそだったのだと思います。「負け組」とは、「グローバルスタンダード」である「競争原理」の中で敗れ、経

（＊）二〇〇六年一月二六日、公明党の上田勇議員が衆院予算委で所得格差の拡大について小泉純一郎首相の見解を問いますが、この時、小泉首相は「言われているほど日本社会に格差はない」と答弁をしています。その数ヶ月後の六月一六日の朝日新聞紙上（朝刊）では、竹中平蔵総務大臣が「格差ではなく貧困の議論をすべきです。貧困が一定程度広がったら政策で対応しないといけませんが、社会的に解決しないといけない大問題としての貧困はこの国にはないと思います」とコメントしています。

済成長に伴う「痛み」を引き受ける側に回ってしまった人々のことです。「負け組」という言葉が巧妙なのは、あくまでもそれが「競争」の結果とされていることです。競争に負け、市場で淘汰されたのは、本人の能力や努力不足、すなわち「自己責任」の問題であって、社会や政治、或いは経営者のせいではない。当の本人達にもそう思い込ませてしまう力がこの言葉にはありました。そうやって人々は、「市場」や「グローバルスタンダード」や「競争原理」を内面化していったのです。「自分の市場価値」という言葉を若者達が普通に使い出したのもこの時期のことでした。

結局、小泉首相もゴーンも、つきつめれば「競争なくして成長なし」と言っているわけです。競争原理がうまく働かないようなメカニズムやルールが放置されてきたから、この国はダメになった、と。だから、規制緩和をして競争原理を導入することを、是が非でも進めないといけない。そして、競争原理の導入でわかりやすいのは国営企業の民営化なので、小泉首相は、郵政民営化にあれだけこだわったのでした。当時、競争原理の導入は、希望でした。競争こそがフェアな社会をつくると多くの人が信じたのです（競争社会のフェアネスを象徴してきたゴーンの逮捕は、だからこそ多くの人に衝撃を与えたと思います）。

お手本になったのは、一九八〇年代のレーガン政権時代の米国とサッチャー政権時代の英国です。特に、肥大化した公的部門を大胆に縮小させることによって経済を活性化したサッチャーの手法（サッチャリズム）は模倣すべき対象とされ、公的部門をスリム化し「小さな政府」となることによって民間の活力を誘発することや、「規制緩和」によって「護送船団方式」に象徴される日本型システムの非効率を打破し、競争原理による資源の最適配分を実現することが、目指されるようになったのです。このようなやり方こそ「グローバルスタンダード」であり、日本が成長するための方策と広く信じられるようになりました。

もっとも、競争の必要性が強調され、競争原理の導入がある種の希望を持って語られるようになったのは、実は二〇〇〇年代以前からでした。レーガンやサッチャーと親交の深かった中曽根康弘首相の時代（一九八二年一一月―八七年一一月）には、中央省庁の再編や三公社（国鉄、電電公社、専売公社）の民営化など、サッチャリズムやレーガノミクスに影響を受けた「中曽根改革」が断行されています。

橋本龍太郎政権（一九九六年一月―九八年七月）も「変革と創造」を掲げ、「行政改革」「財政構造改革」「社会保障構造改革」「経済構造改革」「金融システム改革」「教育改革」の実現を目指しました。中でも、一九八六年の英国の金融改革に倣《なら》った「金融システム改革」（金融ビッグバン）は、株取引の活性化や国際会計基準の導入によるキャッシュフロー経営の重視など、その後の株主重視型経営、金融資本主義へのシフトを促す礎《いしずえ》となったという意味で、大きな転機でした（〝Free、Fair、Global〟が金融ビッグバンの合言葉でした）。

そして、金融システム改革と並んでその後に大きな影響を与えたのが、行政改革の一環として行われた規制緩和です。

「規制緩和推進計画」が閣議決定されたのは、一九九五年三月、初の自社さ連立政権となった村山内閣の下でした。すぐに「行政改革委員会・規制緩和小委員会」が発足し（一九九五年四月）、民間からあがってくる規制緩和要望について、民間委員が各省庁と交渉しながら規制緩和を進めていく仕組みが生まれました。この仕組みが本格的に動き出すのは橋本内閣からで、以後、委員会の名称を何度か変えながらも、基本的な枠組みは現在まで引き継がれています。

この規制緩和小委員会方式の導入によって、それまでの政策立案のプロセスは大きく変わりました。従来の政策形成プロセスは、各省庁が民間側と個別に調整をしながら進められてきました。それは個別企業や経済団体による陳情・要望という形や、民間側から各省庁へ出向させたり、省庁担当の連絡調整係を置いたりして、省庁とのパイプを強くするという形で行われました。天下りの受入や接待・贈答など官僚側への有形無形の利益供与も露骨に行われていました。それは完全な癒着・馴れ合いであり、省庁側とパイプの太い特定企業の意向が反映されやすい不公平なやり方と言われても仕方のないものでした。しかし、その一方で、双方が互いの腹の内や置かれた状況を明らかにしながら、国益と私益のバランスの中で、現実的な落とし所を探る丁寧なやり方でもあったのです。

いずれにしても、これ以降、民間委員の提案が直接に政策を動かすようになりました。「正義」は民間の側にあり、官僚は防戦一方。そんな構図ができあがっていったのです。その結果、〝政策のビジネス化〟が進みます。〝政策のビジネス化〟とは、私の造語ですが、政策が企業の意向によって動かされるようになったことに加え、官僚自身が、競争原理やビジネスのロジックを「善」として受け入れるようになっていったことを意味します。「この国を変革するには民営化や競争原理の導入による効率性向上が不可欠」「ビジネス感覚を身につけないといけない」という思考・感覚が、この頃、特に若手官僚の間に急速に広がっていきました。しかし、実際のところ彼・彼女らはビジネスなんてやったことがないのですから、本当の「ビジネス感覚」は身につきようがありません。結果、企業の人の言うことを盲信したり、民間企業に転職したりといった傾向が、若手官僚の間に目立つようになっていったのです。

一九九〇年代、私は農林水産省・林野庁の技術官僚として政策立案に関わり、橋本政権下での地方分権や省庁再編など行政改革のど真ん中の仕事に携わっていましたから、あの頃の「競争礼賛」の空気をよく覚えています。海外留学してMBAをとってきた通産省や大蔵省（当時）の若手官僚達は、「財務諸表を読めない官僚は時代遅れ」「ビジネススキルを身につけることがこれからの官僚には必須」と公然と語っていましたし、公務員制度改革の中では、企業に倣って成果主義を導入することが本格的に検討されていました。当時、「年功序列」に象徴される「日本型」の組織運営は「悪平等主義」とされ、若者にとって閉塞感以外の何物でもなかったのです。優秀な若手ほど、もっと成果に見合った報酬体系にすべきではないか、既得権益を握ったオヤジ達をのさばらせている限り、この国に未来はない、等々と不満をくすぶらせていたのです。それは何も官僚に限ったことではなく、若者全体に共有されていた感覚だったと思います。それくらい当時の若者には閉塞感があり、その閉塞感を打破してくれるものが、競争原理の導入だと信じられていったのです。「競争礼賛」の空気はそうやって広がっていきました。

一九九五年夏には、住専問題の発覚と信用組合の相次ぐ経営破綻で、不良債権処理問題が国を揺るがせます。戦後営々と築き上げてきた「護送船団方式」の限界が露呈された上、企業や政治家、官僚の不祥事も相次いだため、戦後の経済発展を支えてきた政官財の「鉄のトライアングル」構造にメスを入れない限り、この国は変われないという認識が広がりました。

一九八九年にベルリンの壁が崩れ、一九九一年には社会主義国家・ソ連が崩壊したことで、資本主義が唯一無二の経済システムであると見なされるようになったことも大きかったと思います。

ソ連がある間は、資本主義が絶対的に正しいとは言い切れない弱さが、資本主義陣営にはありました。しかし、ソ連が崩壊したことで、資本主義の「正しさ」が証明されたのです。そして、旧東側諸国という「新市場」が新しく開けたこともあり、資本主義が急速に拡大し、世界を席巻しだします。それは、資本主義の輝かしい勝利でした。資本主義の勝利によって、社会主義国家を特徴づけていた官僚制、計画経済、国営企業、平等主義等は唾棄すべきものとされ、当時、欧米を席巻していた新自由主義的な資本主義とその特徴である競争原理に対する信奉者が増えたのです。社会主義が崩壊した一九九〇年代とは、そういう時代でした。

この競争礼賛の空気を全身に受け止め、英米型の資本主義社会へと舵を切る改革を断行したのが、小泉首相でした。国民自身がそれを求めたのです。

居場所がない

若者の閉塞感や競争礼賛の空気を背景に、熱狂的な支持を得た小泉政権下において、企業と国民のマインドは大きく変化しました。この間、確かに景気は良くなっています。しかし、その一方で、格差が拡大するなどの弊害が目につくようになってきました。そして、小泉政権の終焉とともに、格差問題、貧困問題がクローズアップされるようになったのです。英米では、一九九〇年代になってサッチャリズムやレーガノミクスの負の側面としての格差の拡大や貧困の増大が問題視されるようになりますが、それと同じような道を、日本も一〇年ほど遅れて辿り始めたという訳です。

二〇〇八年には、九月一五日の米国の投資銀行リーマン・ブラザーズの破綻をきっかけに世界的な金融危機（リーマン・ショック）が起きますが、この影響で派遣労働者の雇用が急減します（「派遣切り」）。そして、その年の暮れ、派遣切りにあった人々を支援する「年越し派遣村」が厚生労働省の目の前の日比谷公園に設営されるに及んで、政府も非正規労働者の貧困問題に目を向けざるを得なくなったのです。

「派遣村」が生まれた背景には、橋本政権以後段階的に進められてきた派遣業法の規制緩和がありました。とりわけ大きな影響をもたらしたのが二〇〇三年の小泉政権下で実施された「製造業への派遣解禁」でした。この結果、男性の派遣工員が増大します。これら派遣工員の多くは会社が用意する寮に住み込んで働いていました。年収が低く、貯金もない彼らは、リーマン・ショックの影響で派遣切りにあった途端、年越しをする家がなくなってしまう事態に陥りました。

「派遣村」は、そのことをアピールして、二〇〇七年から話題になっていた「ネットカフェ難民」と共に、新しい形のホームレス（＝居場所のない人々）が急増していることを世の中に印象づけたのです。そして、リーマン・ショック自体が米国の低所得者向けの住宅ローン「サブプライム・ローン」の破綻に端を発していたこともあり、「先進国における低所得者の居場所問題」が国境を越えた問題であるという現実も突きつけたのでした。

二〇〇八年には、リーマン・ショックと派遣村に加え、もう一つ、この時代を象徴する事件が起きます。六月に起きた加藤智大死刑囚（当時二五歳）による「秋葉原無差別殺人事件」です。

この事件は、加藤死刑囚が派遣工員として住み込み寮を転々とする生活を送っていたため、ワーキングプアや若年ホームレス問題と同列に語られがちです。確かに、彼がはまっていた携帯電話の掲示板では、「人が足りないから来いと電話がくる／俺が必要だから、じゃなくて、人が足りないから／誰が行くかよ」「誰でもできる簡単な仕事だよ」と派遣の仕事自体の不毛さをつぶやいてもいるのですが、それ以上に感じるのは、他者とのつながりがなく、この世界に居場所がないことの悲しみです。「彼女がいれば、仕事を辞めることも、車を無くすことも、夜逃げすることも、携帯依存になることもなかった／希望がある奴にはわかるまい」「ただいま、と、誰もいない部屋に向かって言ってみる」と他者とのリアルなつながりを切実に求めていた加藤被告は、ネット掲示板でのつながりを心の支えとします。しかし、その「ネットですら無視されるし」という状態になってしまう。そして、「俺もみんなに馬鹿にされてるから車でひけばいいのか」と凶行に及ぶことを決意するのです。

加藤死刑囚が凶行に至る思考のプロセスには明らかに飛躍があり、同意はし兼ねます。しかし、彼が感じていた居場所のなさは、多かれ少なかれ、今の社会で生きづらさを抱える人の感覚に近いのではないかと思います。居場所とは物理的な場所のことではありません。自分の存在を受け入れてくれる場所のことです。そして、そのためには、人から自分の存在を認めてもらえているという実感が必要です。家族でも、仕事仲間でも、恋人でも、友人でも、隣近所の人でもいい。誰かときちんとつながっているという実感があること。その中で自分の存在がきちんと承認されていると実感をもてること。それが「自分には居場所がある」という安心感を与え、存在の意味を与えるのだと思います。

非正規労働者の問題は、この居場所を実感しにくい状態に置かれることです。いつ切られるかわからない職場は居場所ではあり得ないし、低所得だから結婚の機会にも恵まれず、家族を持つこともできません。自分の仕事に誇りを持てないから、学生時代の友人と会う気にもならないし、新しい人と出会っても、自分に引け目があると深い関係をつくりにくい。結果、リアルな世界からは逃避し、九〇年代後半から普及したネットの世界に閉じこもっているうちにいよいよ孤立し、居場所をなくしてゆくのです。

たとえ、家族がいても、きちんとした仕事があっても、そこに精神的なつながりを見出せなければ、居場所の感覚は持ちにくいものです。大半の企業が成果主義を導入している現在、正社員であっても、成果を出せない人にとっては、職場は居心地の良い場所ではなくなっています。職場で認められるためにも、なんとか成果を出さねばと頑張るのですが、その頑張りが自分を追い詰め、心身のバランスを崩してしまう。或いは、心身のバランスを崩さないまでも、長時間労働の常態化で家族と過ごす時間が限られるために、家庭に居場所がなくなってしまう。職場で辛い思いをし、家庭に戻っても妻や子ども達からは相手にされず、職場にも家庭にも居場所がないという思いを抱いている働き盛りのサラリーマンは多いはずです。

若年層や働き盛りだけではありません。高齢者の居場所問題も深刻です。家庭を顧みずに仕事に打ち込んできた男性達は、引退して職場という居場所を失ってしまった後、どこに居場所をつくれば良いのでしょう。家庭にはとうの昔に居場所はありません。地域活動や趣味の活動に顔を出してみても、なかなか自分の居場所を見つけられない。女性に比べると、男性、特に中高年の男性は居場所をつくるのが苦手です。独居の高齢世帯は女性のほうが多いのに、孤独死で発見されるのは圧倒的に男性のほうが多いという事実にもそれは表れています。

このように、若年層、働き盛り、高齢者のそれぞれが居場所を持ちにくくなっている。そこに今の日本社会の問題があります。

第三節　これから起きること

GDPの伸び悩み

不安に支配され、不安ゆえに限られたパイをめぐっての椅子取りゲームに自らを追い込み、その結果、人が人として安心して生きられる居場所がどんどんなくなってきた私達の国、日本。この国はこれからどうなっていくのでしょうか。

バブル崩壊後の「デフレ不況」の中で景気の拡大が叫ばれ、経済成長が追求されてきました。経済を成長させるために、財政赤字が拡大することも顧みずに公共投資を行い、規制を緩和し、それでも効果がないとなると、大胆な金融緩和が行われてきましたが、それでも経済は成長しません。GDPの成長率は、年平均で、九・一%（一九五六―一九七三年）→四・二%（一九七四―一九九〇年）→一・〇%（一九九一―二〇一七年）と確実に落ちてきて、ほぼゼロ成長の状態が続いています。金利も低下を続け、一九九九年にゼロ金利政策が導入されてからの二〇年近くの間、ほぼゼロ金利状態です。

バブル崩壊後の三〇年近く、経済を成長させようと必死でやってきて、今またアベノミクスと称して成長戦略が実行に移されています。しかし、高齢化・人口減少が進む中で、右肩上がりの成長を取り戻すのは容易ではありません。勿論、人口が減っても、一人当たりの生産性を高めれば、経済成長は可能です。実際、日本の、特にサービス業の生産性は米国などと比べて低いので、まだまだ成長の余地はあります。観光業のような伸び代の多い産業にも期待できます。

その一方で、企業はグローバル化しているので、企業の成長が必ずしもＧＤＰの成長には結びつかないという現実もあります。「国内総生産」の名称どおり、国内での経済活動の量を示すのが、ＧＤＰだからです。従って、今後、大幅なＧＤＰの伸びはない、と思っておくほうが、やはり現実的だと思います。

では、ＧＤＰが伸びなくなるとどうなるのか。

前述のように二〇一〇年、日本のＧＤＰは中国に抜かれました。もはや米国に次ぐ「世界第二位の経済大国」でなくなりました。一人当たりＧＤＰは、まだ四倍の開きがあります。しかし、日本の成長率を一％、中国の成長率を八％と仮定すると、二〇年後には、一人当たりＧＤＰでも中国に追い抜かれることになります（水野和夫『資本主義の終焉と歴史の危機』集英社新書）。

日本の人口は、奈良時代から中世にかけて中国の人口の一〇分の一となり、以後、この人口比はほとんど変わっていません。その中国に日本は日清戦争で勝ち、一九七〇年前後には、一人当たりのＧＤＰだけでなく、ＧＤＰそのものでも凌駕するようになったのです。以後、二〇一〇年に追い抜かれるまでの四〇年間、日本は人口一〇倍の中国よりも経済的には大きな国であり続けました。それまでの数千年のアジアの歴史の中で、大陸の外の国がアジアでトップになることなどなかったわけですから、それは空前絶後のことでした。国際日本文化研究センター教授で歴史家の磯田道史は、この「空前絶後の『軍事的・経済的成功』」が、近代から現代にかけての日本人の自信の根底にあった可能性を指摘しています。だからこそ、中国に経済的に負けるということは、「日本人の心理に数字以上に深刻なダメージを与え」る恐れがあるのです（磯田道史「日本人が日本を捨てるとき」文藝春秋編『21世紀の日本最強論』文春新書）。GDP総額ならまだ言い訳がつきますが、一人当たりGDPでも中国に追い抜かれたら、もう言い訳はできません。その時、日本人のプライドは、一体、どれだけ傷つけられるのでしょうか。

中国に負けるだけではありません。日本のGDPが停滞する中、東アジア全体のGDPは大きく伸びているので、アジアにおける日本の経済的地位は相対的に下がり続けています。このままでは日本は「アジアの一小国」になることは間違いないでしょう。事実、このままのペースでアジアの国々が成長すれば、二〇二〇年には中間層が二三億人を超えることが予想されています。それに対し、二〇二〇年の日本の中間層はたった二一三八万人（「中間層、消費の主役」『日本経済新聞』二〇一三年一月八日朝刊。なお、ここで言う中間層は、年間可処分所得が五〇〇〇ドル以上三万五〇〇〇ドル未満という経産省の定義に従っています）。消費の主役とされた中間層の人口で見た場合、日本は、アジアの一％の市場でしかなくなるのです。少なくとも経済的な意味においては、日本の地位は、今後、急速に低下するのは間違いありません。

もっとも、敗戦のショックを経済戦争での勝利によって埋め合わせてきた高度経済成長期の戦争経験世代はともあれ、今の若い人達にとって、日本が経済的に勝つか負けるかはあまり関係のないことかもしれません。「経済大国」として威張るよりも、「アジアの一小国」として慎ましく生きるほうが、ずっと日本人らしい。そう思う人も多いでしょう。

増税できない社会

ただし、GDPが伸びなくなると、色々と現実的に困ることが出てきます。大きいのは租税収入が伸びなくなることです。GDPが伸び悩んでいる上、高齢化で働く人が減り、所得税その他の勤労に伴う税収が減るのですから、このままでは間違いなく国の税収は減っていくことになります。一方で、医療・介護などお金のかかる高齢者が増えます。税収は減るのに、歳出は増えるのですから、財政赤字は拡大の一途となります。

そこで、「増税」となるわけですが、経済が停滞する中で増税を行うことに国民的な合意を得るのは極めて難しいというのが現実です。消費税は上がったし、これからも上がるのではないかと思うでしょうが、二〇一二年八月に成立した消費税増税法案による消費税の増税（二〇一四年四月に五％→八％）は、基幹税の純増税としては、一九八一年度の法人税増税以来のことです。実に三〇年もの間、増税ができなかった珍しい国、それが日本です。

最初に消費税が導入されたのは一九八九年ですから、増税は実施されてきたのではないかと思えます。しかし、この時は、所得税と法人税の減税とセットになったものでした。一九九七年度にも消費税の増税が行われていますが（三％→五％）、これも九四年度以後の所得税減税で失われた財源の補填のためでした。つまり、減税の財源を得るために消費税が利用されてきたわけで、これでは増税というより負担の付け替えと言ったほうが適切です（井手英策『日本財政　転換の指針』岩波新書）。それなのに、税の導入や増税を判断した内閣は竹下、橋本、野田……とことごとく国民の不興を買い、直後の選挙で敗れています。これでは政治家が増税をタブー視するのも無理はありません。

それほどまでに日本人の増税に対する抵抗感は強いのです。増税ができない国で、ＧＤＰが縮小し、税収が減少するとどうなるか。当然、国民を支えるための公的サービスの質や量が低下せざるを得なくなります。そして、高齢化が進行する日本では、高齢者の声ばかりが強くなっていきますから、子どもや低所得者や障がい者など、声を上げられない人達が割を食うことになるでしょう。

事実、これらの人々向けの公的支出は、既に先進国の中で最低水準です。ＯＥＣＤの〈Education at a Glance（図表で見る教育）〉の二〇一八年版によれば、日本の教育に関する公的支出が政府全体の予算に占める割合は八・〇％で、ＯＥＣＤ平均の一一・一％に比べて随分と低くなっています。比較できる加盟国三五ヶ国の中で日本より低いのはチェコ、イタリア、ハンガリー、ギリシャのみです。特にお金をかけていないのが高等教育と就学前教育で、例えば、高等教育に関する公的支出が政府予算に占める割合は一・七％と、ＯＥＣＤ平均の三・〇％の半分程度になっています。義務教育以外は自己責任で、ということなのでしょうが、それでは親の年収の多寡が子どもの教育に与える影響が大きくなり過ぎてしまいます。親の年収が低いからと言って、子が受けられる教育の質が低くなるような社会は、公正とは言えません。しかも、高等教育ならまだ本人の頑張り次第で何とかなりますが、就学前教育については本人にはどうしようもなく、完全に親の責任です。その親の責任の大きい期間が、収入の多寡によって質の違うものになってしまうのは、大きな問題です。

教育関連支出と同様に、低所得者関連の公的支出、障がい者関連の公的支出も、先進国で最低水準です。ＧＤＰが縮小すれば、これらの公的支出はますます削られていくことになるでしょう。

「アジアの一小国」となる日本の未来は、子どもにお金をかけず、貧しい人や障がいを抱えた人に優しくない社会です。そんな国を誰がリスペクトし、好きになってくれるでしょうか。

格差と分断が止まらない

既に見てきたように、一九八〇年代から格差が徐々に広がってきていましたが、二〇〇〇年代になって、それは誰の目にも見えるようになってきました。

格差が問題なのは、それが再生産されてゆくことです。バブル崩壊後、年功序列や終身雇用といった「日本型経営」が崩壊し、大企業でも倒産する時代になったことで、「良い大学を出て、良い会社に入っても、幸せは保障されない」と思う人が増えています。それは本当にその通りだと思いますが、一方で、男性社員の場合、大企業と中小企業の間には、歴然と給与の格差が存在しているのも、また事実なのです。どんなに中小企業はやり甲斐があるぞと言われても、国税庁の「民間給与実態統計調査」（平成二九年分）によると、資本金二〇〇〇万円未満の小企業の平均給与（男性）が四四六万円、資本金一〇億円以上の大企業のそれが七〇九万円と平均で二五〇万円もの年収差があるというのが厳然たる事実ですから（国税庁「民間給与実態統計調査（平成二九年分）」）、大企業のほうを選択したくなるのは、これはもう致し方ないでしょう（年収で二五〇万円の違いは、四〇年間で一億円の違いになります）。加えて、大企業社員のほうが住宅ローンの利率が低くなるとか、福利厚生がしっかりしているとか、給与以外のフリンジベネフィットでも見返りが多いのです。

この待遇差が、次世代に影響を与えてしまうのが、今の日本のまずいところです。

今、東大生の親の六割以上は、年収が九五〇万円以上です（東京大学「学生生活実態調査」二〇一六年）。子どもの学力に家庭環境が与える影響を研究しているお茶の水女子大の耳塚寛明教授らのグループは、『教育格差の発生・解消に関する調査研究報告書［二〇〇七年～二〇〇八年］』（ベネッセ教育総合研究所）の中で、親の子どもに対する働きかけ（生活習慣付けや動機付け）と塾など学校外の教育支出が子どもの学力に大きな影響を与えていること、また、それらは親の学歴や職業や年収と相関していることを明らかにしています。両親共に学歴が高い家は父親が管理職や専門職で世帯年収が高いだけでなく、子どもの能力開発のための意識が高く、時間やお金を投資するので、その結果として子どもの学力が高くなる傾向があるというのです。〝持てる親〟から生まれた子は、その時点で既に優位だという身も蓋もない現実が浮かび上がってきます。学力が全てではありませんが、学力が高いほうが選択肢も広がると考えれば、持てる親の子ほど〝持てる人〟になっていく可能性が高いと言えます。すなわち、親の世代の格差が子の世代の格差にも受け継がれていく可能性が高いのです。

社会学者のロバート・マートンは、新約聖書の「おおよそ、持っている人は与えられて、いよいよ豊かになるが、持っていない人は、持っているものまでも取り上げられるであろう」（マタイ福音書第一三章一二節）という文言から、恵まれた人がより良い条件に恵まれてゆく累積効果に「マタイ効果」という名称を与えましたが、日本における格差は、まさにこのマタイ効果が働く問題だと考えられます。教育関連の公的支出を大幅に増額し、親の年収の多寡に関係なく高等教育を受けられるようにしたり、低所得世帯の子ども向けの施策を充実させたりするなどの手を打たない限り、マタイ効果によって、格差は連鎖し、拡大してゆくことでしょう。

格差の拡大を放置しないためには、何らかの再分配の方策を講じる必要がありますが、問題は、そのための財源をどこから捻出するか、です。できることは、他の支出を減らすか、借金を増やすか、税収を増やすかしかありませんが、いずれも、再分配の必要性に対する国民の合意をとりつけない限り、不可能です。そして、その合意をとりつけるのが、今の日本では恐ろしく困難なのです。ですから、難しい政治的合意のいらない「経済成長による税収増」に期待するほかなくなってしまいます。

なぜ、そんなにも再分配に対する国民的合意をとりつけるのが困難なのか。慶應義塾大学教授で財政学者の井手英策は、その原因を、「政府への不服従」と「社会的連帯の欠如」に求めます(井手、前掲書)。日本人は政府への不信感が根強く、(*)公的サービスに対する満足感も乏しいため、国民は増税のような負担増には徹底して抵抗します。これに、低所得者層に対する不信感が加わります。「低所得の仕事にしかつけないのは本人の自助努力が足りないからであって、そんな連中を甘やかしたら、より怠惰でダメな人間になってしまう」「自分達の生活だって苦しいのに、なんで怠惰な連中のために予算を割かないといけないのか」というような感情が、政治的に多数を占める中間層にはあります。これでは連帯どころではありません。毎日椅子取りゲームをして

(*)調査会社のEdelman Intelligenceが毎年実施しているグローバルな信頼度調査〈Edelman Trust Barometer〉(二〇一九年版)によると、政府を信頼していると答えた日本人の割合は三九%で調査対象となった二六ヶ国中最低ランク(ロシアに次ぐワースト二位)。調査対象となった二六ヶ国の平均値は五二%です。

いる余裕のない人達に、連帯を求めること自体が酷と言えるのかもしれませんが、残念ながら、中間層と低所得者層とは完全に分断されています。分断された存在である低所得者への再分配は、中間層にとっては「受益なき負担」であり「ムダな支出」以外のなにものでもありません。

一九九五年一一月に政府が出した「財政危機宣言」以来、財政破綻の恐怖をちらつかせながら財政再建の名の下に「ムダな支出」の徹底削減が行われるようになったことで、「政府への不服従」と「社会的連帯の欠如」の傾向に拍車がかかりました。そもそもビジネスの世界から見れば政府のやることなんてムダばかりですし、官官接待のような呆れる現実もあったので、それらの実態が露見するほどに政治批判・官僚批判の風潮は強まり、政府のやることなすことに疑惑の目が向けられるようになったのは致し方のないことでした。しかし、その結果として、「人びとの利益を満たすために知恵を出し合う政治ではなく、誰がムダ遣いをするかを監視し、告発する政治を、私たちは当たり前と考えるように」（井手、前掲書）なってしまったのです。このような「政府への不服従」の空気が広がる中で、地方や低所得者層への再分配は、「ムダな支出」の象徴とされてゆきます。実際、小泉政権下においては、補助金と地方交付税の見直し、生活保護の老齢加算や母子加算の廃止、生活保護基準の引き下げなど、地方と低所得者への再分配のための施策が、「ムダ」として次々に切り捨てられていったのです。「政府への不服従」が「社会的連帯の欠如」を増幅させたとも言えるでしょう。

社会保障や教育の充実で知られる北欧諸国が一様に高負担な社会になっているように、皆が安心して生きられる社会をつくるためには、どうしても増税が必要になる部分が出てきます。しかし、日本の有権者の大半を占める中間層は高負担になることを望みませんでした。中間層が望んだのは、公的サービスの充実による生活の安定よりも、ムダな支出の削減による負担の軽減でした。これによって生まれた「寛容なき社会」であり、格差と分断が進行する社会です。その意味で、「中間層自身が格差社会という絶望の社会を生み出した」（前掲書）という井手教授の指摘は、正鵠を得ています。

このまま増税もできず、GDPも成長しない状態が続くと、マタイ効果で格差はますます拡大してゆくでしょう。余裕をなくした人々は、ますます他者に対して不寛容になり、社会的な分断が進行します。このような負の連鎖が続いてゆくと、かつて一億総中流と言われた日本社会も、アメリカのような極端な格差社会になってゆく可能性があります。

崩壊する「土建国家モデル」

日本がこれまで比較的平等な社会を築いてくることができたのは、実によくできた再分配の方法が存在してきたからです。それは公共事業を通じた地方と低所得者層への再分配の方法で、時に「土建国家モデル」と呼ばれてきたものです。

土建国家モデルは、自民党政治を象徴するもので、利益誘導型の公共事業への過剰依存は、必要のない道路やダムやハコモノをつくることにつながり、財政赤字の拡大を招いただけでなく、日本の国土をコンクリートだらけにする弊害を伴っていたので、批判も多いやり方でした。その批判に応えるべく、また、自民党時代からの決別を宣言すべく、二〇〇九年に政権をとった民主党は「コンクリートから人へ」を掲げ、突如として公共事業依存を終焉させるのですが、民主党が、再分配の政策パッケージとしての土建国家モデルの意味合いをどれだけ理解していたかは疑問です。

再分配の政策パッケージとしての土建国家モデルは、一九七二年成立の田中角栄内閣以後に形づくられていったものです。それは、当初は、社会保障政策の充実と公共事業を通じた地方と低所得者への所得の再分配を二本柱としました（田中首相は、一九七三年に「福祉元年」を宣言しています）。財源は、社会保障が税金、公共事業は財政投融資です。財政投融資とは、郵便貯金や簡易保険などを原資に、国が関係機関や自治体に行う投融資のことです。結果、一般会計の予算において都市的ニーズ（社会保障費）への優先配慮をアピールしつつ、財政投融資の活用により地方部での公共事業を活発化させることで、都市部と地方部のどちらにも不満を生じさせないことに成功したのです。自民党の強固な支持基盤は、このようにして形成されてゆきました。

しかし、社会保障と公共事業を二本柱としたソフトとハードのバランスのとれた土建国家モデルは、長くは続きませんでした。一九七六年に成立した福田赳夫内閣は、公共事業の予算額を大幅に増額。社会保障の充実と称して、住宅や下水道、福祉関係施設（病院や福祉施設等）を整備するなど、社会保障に関しても、土建的な色彩を強めていきました。欧州各国がソフト面を中心に福祉を拡充し、「福祉国家」化していったのとは対照的に、日本はハード中心・公共事業偏重の「土建国家」と化していったのです。

社会保障的な観点から見た時の、公共事業の最大の意味合いは、それが地方部や低所得者への雇用創出と所得補償を担ったことです。公共事業は、農山村の余剰労働力を受け止め、兼業農家の収入安定に寄与することで、都市と地方の収入格差を解消し、地方に人をつなぎとめました。また、都市部でも、低所得者や低学歴の人達の雇用の受け皿となりました。国民皆保険・皆医療・皆年金の制度はあるので、正社員として雇用されるか、保険料や年金を積み立てるだけの給与が稼げる人であれば、社会保険の対象となり、社会保障の網はかかります。扶助（生活保護）による救済ではなく、「働く機会の提供」による自立を優先するのが日本の保守の基本思想ですが、公共事業の重視は、保守政党にとっても理にかなった社会保障の政策だったと言えます。

とは言え、地方や低所得者ばかりを優遇していると、都市中間層に不満が溜まってしまいます。そこで、地方の公共事業が一段落してからは、都市部の社会資本整備に比重を移します。同時に、減税という形で、中間層にも利益配分をしたのです。土建国家モデルを構成する、もう一つ重要な政策パーツ、それが減税でした。

減税は、実は、土建国家成立以前からたびたび行われています。一九六一年度予算以来、七五年度まで、七二年度以外のすべての年で、平均で税収の二・五％に相当する減税が行われていました。これは、二〇一二年当時の予算に置き換えると約二・三兆円、消費税〇・五％分とほぼ同額の減税規模になります（井手、前掲書）。以後も、節目節目で減税が行われています（所得税に関して言えば、一九八四年、一九八七年、一九八八年、一九八九年、一九九五年、一九九九年、二〇〇七年、二〇一五年の各年度に減税が行われています）。

これらの減税は、どのような意味を持っていたのでしょうか。

欧州型の福祉国家路線（＝大きな政府としての福祉国家）を歩まず、日本型福祉社会（＝小さな政府としての福祉国家）を目指してきた日本は、欧州のような無償か安価で利用できる公的サービス（＝現物給付）を充実させてはきませんでした。しかし、その分、減税によって、各家庭に資金を還付してきたのです。各家庭は、減税で還付された資金を、必要なサービスの購入に充てたり、貯蓄に回したりすることで、公的サービスで足りない分を自己責任によって補うことが既定路線となっていったのです。また、減税による還付が貯蓄を促し、その貯蓄が、財政投融資による公共投資や銀行による企業の設備投資資金の貸出に回されることで、社会資本の形成を促すという好循環を生む効果もありました。

このように、公共事業と減税で、全方位的におカネをばらまく土建国家モデルは、実にうまく機能してきました。一億総中流と言われた、世界でも稀に見る平等社会が実現した背景には、この巧みな再分配の政策パッケージがあったことは間違いありません。

しかし、土建国家モデルには致命的な欠陥がありました。それは、右肩上がりの高度経済成長による、税収の自然増を前提にしたモデルだったことです。税収が増えなくなった途端に、公共事業の財源も減税の財源もなくなります。事実、一九六一年度から毎年続けてきた減税を一九七五年度で打ち切るのは、高度経済成長が終焉し、低成長時代に入ったからです。しかし、それとは対照的に、公共事業への投資はむしろ七〇年代後半以後、本格化していくのです。それが何故可能だったかと言えば、借金に頼るようになったからです。

財政収支が急速に悪化するのは火を見るより明らかでした。財政収支の悪化を受けて、政府は、一九八一年度に法人税の増税に踏み切りますが、これが経済界の大反発を招きます。この時の経験が経済界と政府の双方のトラウマになり、以後、実質的な増税が不可能になってしまいます。そして、これを境に、「増税なき財政再建」が至上命題となり、中曽根改革に象徴される、新自由主義的な「小さな政府」を目指す行政改革が行われる素地をつくっていったのです。

実は、土建国家モデルが極大化したのは、バブル崩壊後の不況に悩む九〇年代でした。緊急経済対策の名のもと、繰り返し公共投資を柱とした財政出動がなされ、大型減税も行われます。しかし、経済はよくなりませんでした。その反省を踏まえ、また財政出動により景気回復ができるというケインズの理論が世界的に否定されていたこともあり、二〇〇〇年以後は、公共事業は劇的に減っていきます。「コンクリートから人へ」を掲げる民主党以前から、公共事業費は減少を続けていたのです。社会資本の整備が一定程度進んだこともあって、公共事業を求める国民の声が沈静化していたことを背景に、既得権益を握る族議員や各省庁の力を殺ぐための手段として、公共事業が標的とされたのです。

土建国家の遺産

財政赤字の拡大とケインズ主義の敗北、それに社会の成熟によって、土建国家モデルは終焉しました。今後も土建国家モデルが復活することはないでしょう。なのに、何故、執拗に土建国家モデルについて説明してきたかと言えば、土建国家モデルの、社会保障システムとしての側面に光を当てたかったからです。

土建国家モデルの本質は、地方と低所得者への雇用機会の提供を通じた再分配と減税による中間層への所得還付です。社会資本整備の名の下に地方と低所得者の雇用を創出し、都市中間層には現金をバラ撒くことで、再分配に納得してもらう。そして貯金をさせて万が一の時や教育・社会保障の自己負担に備えさせるのです。再分配にせよ、所得還付にせよ、前提にあったのは雇用です。「働かざる者食うべからず」ではないですが、働くこと、所得があることを前提にあまねくバラ撒くことで成立した社会保障のシステム、それが土建国家モデルでした。〝稼ぎをセーフティネットにした社会保障のシステム〟と言い換えても良いでしょう。

では、一九七〇年代初頭から九〇年代後半までの三〇年近くにわたって続いたこの土建国家モデルが破綻した後に残るものは何でしょうか。財政赤字と不十分な公的サービス（＝現物給付）です。地方と低所得者層への再分配が困難になり、中間層への減税による所得の還付もなく、不十分な公的サービスだけが残るのです。さらに悪いことに、都市においても地方においても、雇用の基盤が崩れ始めています。稼ぎをセーフティネットにしてきたのに、肝心の雇用が空洞化し、財政悪化でお金のバラ撒きもできなくなっています。

余裕のある人は、いくらでも選択肢がありますから、何ら困りません。特に、都心部では、お金さえあれば何でも揃うのです。長く続いてきた公共事業によって社会資本の整備もかなり進みましたから、便利で住みやすく、何の不満もありません。しかし、余裕のない人は、そういうわけにはいきません。特に、教育、医療、福祉に関しては選択の機会が限られ、不十分な公的サービスで我慢しなければいけないことになります。結果として、お金のあるなしが人生における選択肢の幅を決めることになる。そういう形で格差が広がっていくのが、これからの日本社会です。

土建国家モデルというバラ撒き型の政治手法に慣れてしまった私達は、わかりやすいメリットがなければ簡単に同意しません。「勝ち組」ならば寛容かと言えばそんなことはなく、弱者への再分配には猛烈に抵抗します。民主党が提案した子ども手当への高齢者の猛反発や、生活保護バッシングの苛烈さを思い浮かべれば、いかに私達が、自分と異なる階層に属する人に不寛容かがわかります。おまけに、中間層自身が余裕をなくしていますから、余計に他者に対して厳しくなる傾向があります。

今、地方創生が叫ばれ、一時的に地方にお金が流れていますが、有権者の過半数が三大都市圏に住んでいる現在、地方への再分配を本格実施することは難しいでしょう。杉並区ではふるさと納税で住民税が流出しているとして、パンフレットまでつくってふるさと納税反対のキャンペーンを行っていますが、地方への再分配に関しては、今後、このような都市側からの抗議行動が予想されます。既に、低所得者層への再分配に関しては、安倍政権による生活保護基準の引き下げ（扶助額の切り下げ）の実施に見るように、切り詰めが始まっています。貧困層の増加で扶助費が増大していることが理由ですが、〝最後のセーフティネット〟である生活保護まで切り詰めてしまうくらいですから、当面、低所得者への再分配が強化されることはないのでしょう。

土建国家モデルが破綻したことによって、私達は、地方や低所得者層に対する現実的な再分配の方法を喪失しました。再分配ができないのですから、格差は拡大し、社会の分断は進行する一方になります。中間層を含め、雇用が空洞化しているため、稼ぎをセーフティネットにしてきた社会保障システム自体が機能しなくなっています。土建国家モデル破綻の影響は、私達が考えている以上にじわじわと社会を蝕んでゆくはずです。

土建国家モデルの遺産として、インフラは相当に整備されました。全国津々浦々まで道路や通信網が整備され、陸の孤島状態に置かれている場所は少なくなっています。しかし、このインフラも老朽化しています。これからはメンテナンスが必要ですが、その財源をどこからどう捻り出すのか。新しくつくる際には相応の経済効果が見込めましたが、メンテナンスは負担ばかりで新たな経済効果は期待できません。国民の安全に直結するので、住民の安全をあずかる地方自治体にとって、インフラの維持改修は、深刻な課題となってゆきます。

　格差と分断の進行によって社会が根底から揺さぶられ、個人の居場所が切り崩されているだけでなく、コンクリートで覆い尽くされた国土も、今後は、手入れの行き届かなくなったところから、少しずつ崩壊してゆくことになります。社会と国土が崩壊し、人間の居場所が失われてゆく事態に、私達はどのように対処して行けば良いのでしょうか。土建国家モデルが破綻した後に残された負の遺産とどう向き合っていくのか。そのことが私達に問われているのです。

第二章　求められる安心の基盤

家族同士、手を離さぬように、人生に負けないように。
もしつらいときや苦しいときがあっても、
いつもと変わらず、家族みんなそろって、ご飯を食べること。
いちばんいけないのは、おなかがすいていることと、
独りでいることだから。

——『サマーウォーズ』
（細田守監督作品、二〇〇九年公開）

第一節　資本主義の本質

資本主義の〝効能〟

二〇一三年四月二三日付の朝日新聞に掲載されたインタビューで、「世界同一賃金」を導入する考えを明らかにしたユニクロ（ファーストリテイリング）の柳井正会長兼社長は、「将来は年収一億円か一〇〇万円に分かれて、中間層が減っていく」と不気味な〝予言〟をしました。

故郷山口県で父親が経営していた紳士服小売店の経営を柳井会長が引き継いだのは一九八四年のことです。その年、カジュアル衣料の「ユニーク・クロージング・ウェアハウス（ユニ・クロ）」の一号店を広島に設立してから快進撃が始まり、瞬く間に世界に冠たるグローバル企業ファーストリテイリングをつくり上げました。経営者として大成功を収め、二兆円以上の個人資産を得てソフトバンクの孫正義と長者番付首位の座を競い合っている柳井会長は、間違いなく資本主義の本質を知り抜いた人でしょう。その柳井会長が、グローバルな資本主義社会においては、格差の拡大は不可避であると言っているのですから、無視できない重みがあります。

資本主義とは、資本を大きくすることを目的に営まれる経済システムです。資本は、企業という装置を使って利潤を生み、その利潤の一部を自己資本に組み入れることで成長します。資本の自己増殖を認め、資本の自己増殖の力をエネルギーに駆動する経済システム。それが資本主義の本質です。

資本主義において、利潤を生まない企業は存在価値がありません。利潤を生むことを運命づけられた企業にとって、利潤の極大化が行動原理になるのは当然です。そして、利潤を極大化するために、できるだけコストを抑え、価格を高めようとします。

コストを抑えるため、企業はいつでもより安い労働力を探しています。労働者に払う賃金は、できることなら下げたい。逆に言えば、企業＝資本の思惑どおり、安い労働力が大量に調達できる環境が整うことが、資本主義のシステムが動き出すための条件になります。マルクス経済学は、資本主義の起源を「労働力の商品化」に求めますが、自分の労働力を商品として切り売りする労働者が大量に出現して初めて、資本主義は成立したのです。

ちなみに、歴史上、自らの労働力を商品として資本家に売り渡す労働者が初めて大量に出現したのは、一五〜一六世紀のイギリスです。ヨーロッパ全域で毛織物の需要が急増した時、イギリスでは、領主や地主が農民を追い出して羊を飼い始めたのですが（有名な「エンクロージャー」です）、これによって追い出された農民達が都市に流れつき、そこで当時勃興していた毛織物工場に雇われるようになります。土地から切り離され、生産手段を失った労働者にとっては、自らの労働力を商品とする以外、生きていく道はありませんでした。奴隷と違って、自由意志に基づく自由契約によって自らの労働力を資本家に売ってはいますが、他に選択肢がない中では、労賃の交渉権はありません。同じような立場の人が大量にいるのですから、文句を言えば雇ってもらえなくなります。どんなに安い労賃でも、仕事がないよりましですから、納得せざるを得ない。一方、資本の側にしてみれば、いつでも取り替え可能な安い労働力が大量に存在するのですから、こんなに良い話はありません。しかも、労働者は同時に企業の商品を買ってくれる消費者でもあるのです。

資本主義は、土地という生産手段から切り離され、資本に依存するほかない労働者＝消費者が大量に存在することを前提に成立するシステムです。このような資本主義の本質は、エンクロージャーをきっかけにして資本主義が動き始めた頃から、何も変わっていません。資本＝企業はいつでもより安い労働力を探していますし、賃下げの方策を探っています。新興国や発展途上国に生産拠点を移すのは、そこには安い労働力が膨大に存在するからですし、一般職を派遣社員に変えるのも、そのほうが安上がりな上、固定費が削減できて、繁閑に応じた調節が可能になるからです。経済が活況を呈している時は、人手不足になるので労賃は上がりますが、それも一時のこと。人件費が高くなり始めると、もっと人件費の安い国に移るか、機械化やコンピュータ化（ロボット化やＡＩ化）を進めて、できるだけ人がいらないシステムをつくり上げるかをします。ですから、特殊な技能を持たない平凡な労働者の賃金は、常に下方圧力にさらされることになります。グローバル化、ＩＴ化の進展は、この傾向に拍車をかけます。

企業にとっては、安い労働力＝低所得者層が存在するのは、コスト抑制につながるので、ありがたいことです。つまり、格差が拡大して低所得者が増えるのは、企業にとっては、願ってもないことなのです。そして、安い労働力を使い続けるには、社会は分断されていたほうが好ましい。貧しい人々に連帯を感じ、いちいち共感・同情していては、安い労働力として割り切って使えなくなるからです。相手とは違う人種・階級・文化に属する人間だと分断しておいたほうが、色々と具合が良いのです。

また、価格を高めようと思ったら、一番簡単なのは、独占状態をつくることです。競争相手がいなければ、値付けは自由になりますから、企業は独占禁止法に触れないかぎりにおいて、できるだけ自らが独占を享受できるように努力をします。オンリーワンの商品をつくる、それも他社が簡単に真似できないような、圧倒的に差別化できる独自商品をつくり、売る。或いは、競合のいない市場を見つけ出し、そこで圧倒的なシェアをとる。どちらもマーケティングの常道ですが、その狙いは、独占的な状態を享受して利益率を高めることにあります。そして、独占状態をつくる上では、分断があるほうが望ましい。市場が統合されず細分化されていた方が独占状態をつくり出しやすいからです。

よく「自由競争」と言いますが、企業は自由競争など求めていません。企業がしているのは、できるだけ自由競争に陥らない状態をつくるための工夫です。完全な自由競争になってしまったら、価格の下げ合いになって、企業は利潤を確保することができなくなってしまいます。ですから、少しの間だけでも独占を享受できるよう、差別化できる製品や市場をつくる努力を続けるのです。その意味で、競争が資本主義の本質というのは間違っています。できるだけ競争をしないで済むように、そして、その間、できるだけ価格を高くし、コストを安くし、多くの利潤を得られるように、工夫と努力をし続け、資本を蓄積する。それが資本主義社会における競争の本質です。そして、そのためには格差と分断があるほうが望ましい。企業は、格差と分断の間隙をついて鞘抜きをするのです。資本主義にとって、格差と分断こそが利潤の源泉です。利潤は資本を肥やすので、資本主義が駆動すればするほど、格差と分断は拡大してゆきます。つまり、資本主義は、格差と分断を原動力に、それを拡大再生産しながら成長し続けるシステムなのです。

ここに資本主義の最大の問題があります。この資本の自己増殖プロセスに歯止めをかけない限り、格差と分断はどこまでも進行してゆくことになるからです。このため、それぞれの国家は、法令や規制や課税によって資本の自己増殖のプロセスに一定の制約を設け、格差や分断が行き過ぎたものにならないよう再分配を行い、或いは、資本主義のプロセスからこぼれおちる人を、セーフティネットの網を張ることで、掬い上げてきたのです。介入の度合いや方法は、それぞれの国で異なりますが、資本の自己増殖のプロセスから人の暮らしを守るため、資本よりも強い権力を持った国家が何らかの介入をするというのが、これまでの経済と国家の関係でした。資本主義社会を健全に維持運営するためには、国家の力が必要なのです。

しかし、今やその国家の力が揺らいでいます。背景の一つには、サッチャリズム、レーガノミクスに象徴される新自由主義的な国家観（いわゆる「小さな政府」）が支配的になったことが挙げられます。とりわけ、〝政策のビジネス化〟が進んだ九〇年代以後の日本では、資本に対する国家の介入が忌避されるようになります。おまけに、国家財政は破綻寸前ですから、再分配やセーフティネットの整備という形での介入もできない。理屈の上でも、実力の面でも、今の日本国は資本主義経済に対する介入ができなくなっているのです。

介入を難しくしているもう一つの理由に、グローバル化の進展が挙げられます。国境を越えて活動する企業が増えたことで、資本に対する国家の統制がききづらくなっています。企業にしてみれば、資本の増殖にとって不利なことがある国には早々に見切りをつけ、他国に本拠地を移してしまいますから、国家による介入には限界があります。国家の側も、企業に逃げられてしまっては元も子もないので、資本の側の言い分を聞かざるを得ない。これは日本のみならず、世界各国が直面している課題です。中国やロシアのような特殊な国家を除けば、国家の力は、相対的に弱まっています。

その結果、資本の自己増殖のプロセスに歯止めがかからなくなっているのです。制約のなくなった資本主義のシステムは、自由自在に振る舞うようになり、全てを覆い尽くすようになります。歴史上、最も資本主義のシステムが解き放たれた時代、それが現代だと言えるでしょう。世界中で、格差と分断の問題が噴出しているのはそのためです。

どのように立ち向かうか

国家ですら太刀打ちできないのですから、私達はなすすべもなく、拡大を続ける格差と分断の中で生きていくしかないのでしょうか。GDPが伸びなければ国家の力はますます弱体化し、格差と分断は、ますます広がってゆきます。土建国家であった頃は、再分配の機能が働いていましたが、もはやそういう力はありません。

では、国が経済力を取り戻せば、何とかなるのでしょうか。経済成長して全体のパイが増えれば、地方や低所得者層にもお金が回って、格差問題の解消につながると言われます。税収が豊かになれば、全方位的なバラ撒き、土建国家モデルの復活だって夢ではないように思えます。まさに経済成長が万能の解決策とみなされるようになるのです。商売の世界には「売上は全てを癒す」という言葉がありますが、「経済成長は全てを癒す」とばかりに期待されるのも無理はありません。

しかし、残念なことに、経済成長は「全てを癒す」というほど万能ではありません。経済の成長により、低所得者層にもお金が回り、全体が豊かになることを「トリクルダウン（滴り落ち）」と言います。富裕層を優遇したレーガノミクスの頃から盛んに唱えられるようになった言葉で、その後の新自由主義的な経済運営を正当化することにもつながった経済理論ですが、OECDの報告書〈Focus on Inequality and Growth（Dec. 2014）（格差と成長）〉は、先進諸国においてはこのトリクルダウンが起きていないことを明らかにしています。経済成長によって、全体のパイが増えても、期待に反して「持たざる者」はその恩恵に浴することができないのです。結局、稼げる人がより稼げるようになるだけですから、経済成長を追い求めると、格差はむしろ拡大することになります。

一九七〇年代までの高度経済成長期には、経済成長によって、全員が豊かになることができました。かつて、トリクルダウンは確かに起きていたのです。その頃は、経済の成長に伴って賃金はあがり、あまねく富が行き渡りました。しかも、土建国家モデルという秀逸な再分配のメカニズムがあり、全方位的な所得の補塡が行われて、庶民の生活を下支えしました。しかし、現在は、企業の業績は上がっても、賃金は上がりません。所得を補塡する手段もありません。何が変わってしまったのでしょうか。なぜ、トリクルダウンは今の日本では起きないのでしょうか。

当時と今との違いで一番大きいのは、当時は、日本がほとんど唯一の新興国だったということです。競争相手がいないため、先進国、特にアメリカ市場に輸出して一人勝ちできましたし、そこで得た巨万の富を土建国家モデルによって低所得者や地方に還元することもできたのです。言うなれば独占です。しかし、新興国が次々に勃興したことで、この状況は変わります。より安い労働力の国の企業と戦わなければならなくなった日本企業は、コスト削減のためにグローバル化とＩＴ化を進めます。また、派遣が解禁されたことで、非正規化も進みました。株主資本主義も浸透し、株主への配当に配慮しないといけないため、労働分配率（企業が生産した付加価値に占める人件費の割合）もあげにくくなります。こうなると、当然、国内で稼げる仕事は減りますし、給与水準も常に下方圧力にさらされることになります。ユニクロではないですが、このままグローバル化、IT化、非正規化、株主資本主義化が進めば、一般労働者の年収は一〇〇万円とは言わないまでも、新興国の水準と変わらなくなっていくのかもしれません。つまり、今の経済構造では、経済が成長しても、一般労働者の暮らしが良くなる見込みはないのです。良くならないどころか、もっと稼げなくなって、今以上に生活が苦しくなる可能性もあります。

経済が良くなれば、みんながハッピーという時代ではなくなったのです。従って経済成長を追求するだけでは、格差や分断といった問題は解決しません。経済は良くなっても、社会は良くならないのです。社会を支えていくためには、経済成長とは別のアプローチが必要になります。

第二節　セーフティネットの空洞化

ポスト土建国家の社会保障

経済成長とは別のアプローチで社会を支えることの必要性は、早くから認識されてきました。生活保護のような福祉の制度や社会保障の仕組みは、そういう観点から設計・導入されてきたものです。一九六〇年代から七〇年代にかけて、欧州各国が「福祉国家」へと舵を切るのも、この時期に、経済成長の負の側面である社会問題が顕在化したからです。経済のシステムに任せておくだけでは社会は良くならないという認識が、先進各国に急速に広がっていったのです。

日本においても、与野党対立の徒花《あだばな》という側面はありましたが、田中角栄が一九七三年を「福祉元年」と称し、福祉国家への道を歩むかに見えました。しかし、日本社会が選んだのは、欧州型の福祉国家でなく日本独自の社会保障システムである土建国家でした。土建国家におけるセーフティネットは稼ぎ（＝お金）です。稼ぎを広くあまねくバラ撒くことで、「一億総中流」と言われる、先進国の中でも珍しいほど平等な社会を築き上げたのです。

それは、現物給付（＝無償で利用できる福祉サービス等）より、現金給付（＝所得）を重視した社会保障のシステムでした。必要なサービスを受けられる権利を保障するのでなく、必要なサービスを購入できるだけの稼ぎを保障したのです。平たく言えば、「稼げるようにはするから、あとは自分のお金で何とかしなさい」ということです。出口（サービス供給）にお金をかけるか、入り口（稼ぎ）にお金をかけるかの違いですが、日本は、後者を選んできました。

その結果、何が起きたか。

〝お金を拠り所とする社会〟＝〝お金があれば何とかなるけれど、お金がないと何ともならない社会〟の誕生です。土建国家モデルは、三〇年近くかけて、そういう社会をつくりあげてきたのです。

しかし、バブル崩壊、デフレ不況、高齢化（生産年齢人口の減少）により、経済が冷え込み、大企業も倒産・リストラする時代になった九〇年代後半以後、明らかに稼げない人々が出てきてしまいました。稼ぎをセーフティネットとする社会（＝お金以外に拠り所のない社会）で、稼げる仕事が減り、失業者が増え、公共事業や減税による稼ぎの補填もなくなったのだからたまりません。稼げなくなった時にすがれるのは、最後のセーフティネットである生活保護だけ。事実、公共事業費は一九九八年度をピークに急減しますが、この動きと反比例するように、失業率と生活保護受給世帯が急増しています。土建国家モデルの破綻によって、セーフティネットが空洞化してしまったことがわかります。

一方、九〇年代後半になると、セーフティネットの必要性が、盛んに議論されるようになります。これは、主として、規制緩和の推進によって激化する競争からこぼれ落ちた人をどう掬い上げるかという観点からの議論でした。

実は、セーフティネットという言葉（セイフティネット、セーフティ・ネットとも表記されます）が政府の公式な文書において使われるようになったのは、私が調べた限りでは、一九九五年が最初です。社会保障制度審議会勧告「社会保障体制の再構築　～安心して暮らせる21世紀の社会をめざして～」の中で、「内外市場における一層の競争を促し、経済の活力を高めることが期待される規制緩和も、セイフティネットとしての社会保障制度が整備されて初めて有効な政策となり得る」と指摘されているように、規制緩和を進めるための前提として、セーフティネットの整備が政府に勧告されたのです。

規制緩和や競争主義の導入という新しい事態に対応しようとして初めて、セーフティネットの不在が問題視されるようになったわけですが、裏を返せば、それまでの日本は、セーフティネットを意識せずとも安心して暮らしていけるような社会だったということです。土建国家モデルという独自のセーフティネットがそれだけうまく機能していた、とも言えるでしょう。

以来、セーフティネットについては、主に社会保障分野で議論されるようになるのですが、一九九九年版の『厚生白書』に興味深い記述があります。この『厚生白書』では、社会保障の第一の機能を「社会的安全装置（社会的セーフティネット）」と定義した上で、その必要性について、以下のようなかなり踏み込んだ記述をしています。

社会保障という社会的セーフティネットが存在することにより、人生の危険（リスク）を恐れず、生き生きとした生活を送ることができ、チャレンジング（挑戦的、魅力的）な人生に挑むことができるという効果がある。これが、ひいては社会全体の活力につながっていく。逆に言えば、社会保障という社会的セーフティネットが不安定になると、生活の不安感や不安定を通じて、例えば、多くの人々が将来に対する不安から貯蓄をするために消費を節約する等の行動をとることによって、経済に悪影響を及ぼしていき、社会の活力が低下していく。

セーフティネットが不安定になると、多くの人が不安になり、それがひいては経済に悪影響を及ぼし、社会の活力も低下していく……。まさにその後の日本社会の停滞を予言したかのような文章ですが、当時の政府は、単なる弱者対策以上の積極的な意義と可能性をセーフティネットに見出していたということがわかります。

しかし、その後、抜本的なセーフティネットの整備・張り替えが実現することはありませんでした。二〇〇〇年に介護保険制度が導入された以外は見るべきものはなく、その状態で小泉政権が生まれ、圧倒的な国民的支持を背景に、規制緩和が断行されてゆきました。社会保障制度審議会に「セイフティネットとしての社会保障制度が整備されて初めて有効な政策となり得る」と〝警告〟されていた規制緩和は、結局、社会保障制度の充実がないままに進められていったのです。小泉政権が終わる頃になって格差の拡大等のひずみが指摘されるようになりますが、ひずみが出てくるのも当然と言えるでしょう。

このように見てくると、実質的なセーフティネットとして機能していた土建国家モデルが崩壊する一方で、それに替わるセーフティネットの整備・張り替えが図られることのないまま、ここまで来てしまったということがわかります。最初に社会保障制度審議会がセーフティネットの整備を勧告してから、既に二〇年以上がたっています。

この二〇年で何が変わったか。「稼げるようにはするから、あとは自分のお金で何とかしなさい」というのが土建国家モデル時代の国のスタンスだったとすれば、「稼ぐことも含めて自己責任で何とかしなさい」と言わざるを得ないのが、今の状態だと言えます。

そして大企業、高学歴、中央志向は続く

稼ぎは自己責任だ、と言われれば、ぐうの音も出ません。大人になるとは、自分の手で稼げるようになることですから。

「稼ぐに追いつく貧乏なし」という諺があります。稼ぎに精を出していれば貧乏神に追いつかれることはない、つまり、真面目に働いていれば貧乏に苦しむことはない、という意味です。井原西鶴の『世間胸算用』にも出てくるところを見ると、生きていくために精を出して真面目に働くことが何よりも大事だという価値観は、少なくとも江戸の元禄時代には流布していたのだろうと

思われます。ただし、真面目に働いてさえいれば貧乏にならないかと言えば、そんなことはありません。非正規労働などはその典型ですが、今の日本では、どんなに真面目に働いても、大して稼げない仕事が増えています。ですから、どんな仕事をするか、どういう企業で働くかがとても大切になります。それによって、稼ぎが大きく変わってしまうからです。

大きな財産を築きたければ自ら事業を興すのが一番ですが、事業家として成功する上で必要な野心や才覚が万人に備わっているわけではありません。そうではない〝普通の人〟にとっては、給与が高く、簡単に潰れる心配がない、信用ある大企業に勤めるのが無難です。福利厚生も充実していますし、社会的な信用度や知名度も含め、大企業に勤めていると、得することも多い。実際、誰もが知っている大企業と知名度のない中小企業では、名刺を出した時の相手の反応も露骨に変わります。こういう目に見えないところでも大企業の社員にはメリットがありますから、どうせ働くなら大企業のほうが良いと思うのは、自然なことでしょう。公務員も似たようなものです。

かくして、有名な大企業には優秀な学生が数多く集まってきます。学歴と仕事の能力は必ずしも一致しませんが、少なくとも書類選考の段階では、やはり有名大学出身であるということは有利に働くので、人気企業に入りたかったら、有名大学に入らないといけないということになります。そして、有名大学に入るにはやはりそれなりの高校に入ることが必要で、そのためには中学校で好成績をとらないといけなくてと、どんどん遡ることになります。スタートは早いに越したことありませんし、少子化で一人ひとりの子どもにお金をかけられるようになったので、首都圏では、中学受験は当たり前になり、小学校の「お受験」ですら、珍しいことではなくなっています。
〝椅子取りゲーム〟への参戦は、どんどん低年齢化しています。大企業に入ることだけが目的ではありませんが、どのような道を行くにせよ学歴は高いに越したことはないので、子どもにはそれなりの高校、大学に行って欲しいと思うのが親心。高学歴の親は、自分が受けてきたレベルの教育を子どもにも与えたいと思うし、逆に、学歴で悔しい思いをしてきた親は、子どもには同じ思いをさせたくないと、やはり子どもの教育に熱心になります。早くからお金をかければ椅子が確保できるなら、それくらいはかけてあげようと頑張ります。ですから、かつてのような受験地獄、受験戦争の面影こそなくなったものの、学歴志向自体はいまだ根強く存在しています。

そして、大企業志向と学歴志向が続く限り、中央志向は続きます。有名大学も大企業の本社も、その立地は、圧倒的に大都市圏、特に、東京圏に集中しているからです。容積率の緩和や地価の下落で、二〇〇〇年代になってから都心回帰の傾向が顕著になっていますが、人口減少が加速化する今後は、地方で稼ぐことがいよいよ難しくなるので、東京一極集中がますます進む可能性が高くなります。東京は、暮らしていく上で何かとお金のかかる場所ですから、東京一極集中が進めば進むほど、稼がないといけなくなる。そうなると、余計に大企業志向と学歴志向が高まるので、ますます中央志向が強くなります。その結果、より一層、東京一極集中が進むので、ますます稼ぐ必要が出てくる……。結局、稼ぎを求めれば求めるほど、より稼がないといけない構造にはまりこんでゆくのです。

ここまで稼げば安心という絶対基準はありませんから、稼ぐことには際限がありません。年収一〇〇〇万円もらっていても、お金がかかる東京暮らしでは、安心とは程遠いのが現実です。狙い通り高学歴、大企業、東京暮らしの三点セットを得ても、安心が手に入るとは限らないのです。

「普遍的職業」の消失

頑張って椅子取りゲームを勝ち抜き、今の日本社会においては最も安心で確実な選択であるはずの高学歴、大企業、東京暮らしを手に入れても、必ずしも安心が手に入らない。それが実態だとすれば、一体、私達は何を目指せば良いのでしょう。

精神科医の中井久夫が「普遍的職業」ということを言っています。普遍的職業とは、「ある気質、ある特性、ある特異性、ある個性、ある特技などの持ち主でなければ就けないという職業でなく、まあ普通の人が青少年期という自己決定の時期において、やけつくほどにもなりたく思うものがない場合に選択する職業であり、また、多くの性格や好みや希望や安定性をそれぞれの形である程度実現する基盤になりうるもの」を意味します（「現代中年論」『「つながり」の精神病理』ちくま学芸文庫。以下の引用も同じ）。高度経済成長期を契機に、日本では、サラリーマンがこの普遍的職業になりましたが、そういう時代が終焉を迎え、代わりに、「特技のないものには場がなくなりつつあり、技能を有しない水準のサービス業しか用意されない可能性がある」時代になり始めている。その結果として、「普通人には生きにくい時代」が到来しつつある。それが精神科医として臨床の現場に立ち、多くの人の悩みと病《や》みに寄り添い続けた中井が、感じ取っていたことでした。

中井がこの文章を書いたのは一九八五年のことです。それから三〇年がたって、サラリーマンの中でも、特に条件の良い大企業に勤めることすら、かつてのようには充足を与えるものではなくなりつつあるのですから、サラリーマンはもはや完全に普遍的職業でなくなっていると言えるでしょう。かと言って、サラリーマンに代わる普遍的職業が創出されているわけではありません。中井が感じていた「普通人には生きにくい時代」が、より広く、深く現出しているのです。

今、急速に進化しているIT化とAI化（人工知能の導入）が進めば、この傾向にますます拍車がかかります。なぜなら、IT化・AI化は、ホワイトカラー（オフィスワーカー）の仕事を不要にするからです。工場労働者がロボット化・自動化の進展によって仕事を奪われ、付加価値を失い、非正規化していったように、ホワイトカラーもIT化・AI化によって仕事を奪われ、付加価値を喪失してゆくでしょう。このため、これと言った特技のない「普通人」は、ますます居場所がなくなってゆく可能性があります。

ロボット化・自動化によって工場が雇用を生まなくなった上、公共事業が減ったことで、高卒者が稼げる場所が減りました。文部科学省「文部科学統計要覧」などによると、九〇年代以降、大学進学率が急上昇し、一九九四年度には三割、二〇〇二年度には四割、そして二〇〇九年度には、ついに五割を超えます。この間、短大への進学率は一九九四年度をピークに減りつづけています。もはや、高卒・短大卒ではまともな仕事に就けないという認識が広がったために過半数の人が大学に行くようになっているのだと考えられます。

しかし、残念ながら、今後は、大学を出ても、まともな仕事に就けなくなる可能性が高いのです。IT化・AI化が奪うのは、これまで大卒者がやっていた仕事だからです。

例えば、今、大手の銀行の窓口で働いている若い女性達は、有名大学出身者が多くなっていきます（一般にMARCHと呼ばれる、明治、青学、立教、中央、法政あたりが多いようですが、早慶レベルもいます）。以前は短大出身者が中心だったものが、今は四大出身者が中心になっています。総合職ではないので、賃金は低い。先日、銀行の窓口で応対してくれた女性がちょうどそういう方で、書類を書いたり、待たされたりしている間、彼女とそんな話をしていたのですが、彼女は、自分が窓口でやっている仕事のほとんどは今はコンビニの店頭でできたり、ＩＴ化で代替できたりするので、自分の仕事に付加価値を感じておらず、数年後にはなくなっていく仕事だと思うけれど、そうなったら自分はどうなってしまうのだろうと、将来のことを本気で心配していました。

仕事が奪われるのは、付加価値の低いオフィスワーカーだけではありません。高給取りで有名な米ゴールドマンサックスの投資銀行部門では、二〇〇〇年には六〇〇人いた株式トレーダーが、今は二人しかいないそうです（〈MIT Technology Review, Feb.7 2017〉）。平均給与五〇万ドル（約五六〇〇万円）のトレーダーの仕事もコンピュータに置き換えられているのです。全く雇用がなくなるわけではなくて、代わりに、二〇〇人のコンピュータエンジニアが雇われています。残った二人のトレーダーと二〇〇人のエンジニアは、かつてのトレーダー以上に稼いでいるのでしょう。しかし、その椅子に座れる人間の数は、かつての三分の一になっている。ゴールドマンサックスと言えば、私が米国の大学で過ごしていた二〇〇〇年頃は、全米でもトップランキングの大学の経済学部や数学部、ビジネススクールの博士課程を出た学生達が目指す企業でした。その中でも花形だったトレーダーの仕事がほとんどゼロになり、座れる椅子の総数も三分の一になってしまっているという現実。

普遍的職業がなくなるということはこういうことです。普通に大学を出ても、満足な稼ぎを得ることはできず、その仕事もいつなくなるかわからない。普通に幸せになれればいいと思っていても、その〝普通〟すら手に入れることがとても難しくなっているのです。それを自己責任だと突き放しても、何も解決しません。稼ぎをセーフティネットとしてきた社会で、肝心の稼ぎが覚束なくなってしまったため、セーフティネットが完全に空洞化している。そこに問題の本質があります。安心の基盤が失われたため、多くの人が、将来に対する不安に苛まれて生きるようになっているのです。

一九九九年版の『厚生白書』には、「セーフティネットが不安定になると、生活の不安感や不安定を通じて、例えば、多くの人々が将来に対する不安から貯蓄をするために消費を節約する等の行動をとることによって、経済に悪影響を及ぼしていき、社会の活力が低下していく」とありました。セーフティネットの空洞化で安心の基盤が失われ、「普通人には生きにくい」社会となった今の状態が続くと、社会の活力がますます失われていく危険性があります。

第三節　稼ぎに貧乏が追いついた

「寅さん的」なるもの

ところで、映画『男はつらいよ』の中で、寅さんが「稼ぐに追いつく貧乏なし」という諺を口にするシーンがあります（一九七一年に公開された第六作「純情篇」）。どんなシーンかというと、仕事が忙しいからと、ちっとも寅さんの話し相手になってくれないタコ社長や義弟の博の態度に腹を立て、その当てこすりに、工場で働く職工達に対して、「労働者諸君！　稼ぐに追いつく貧乏なしかぁ!!」と言うのです。つまり、寸暇を惜しんで稼ぎに邁進する労働者に対して、何もそこまで稼ぐことに血道をあげなくても良いじゃないかと、皮肉や嫌味（或いは負け惜しみ？）を込めて言っている。

その寅さんはと言えば、「フーテンの寅」と自ら言うとおり、風まかせお天道様まかせの自由人です。定職につかず、定住もせず、テキ屋として全国を渡り歩く気ままなその日暮らし。行く先々で女性と出会っては、かなわぬ恋に落ち、実家のある葛飾柴又にふらっと戻ってきては、一悶着を起こす。その繰り返しで、全四八作という、ギネスブックに載るほどのシリーズとして続いたのが、『男はつらいよ』です。堅実に稼ぐ労働者の対極にあるヤクザ者の放浪記が、何故、そんなにも日本人の心を捉えたのでしょうか。

寅さんがお茶の間に登場するのは一九六八年のことです（最初はテレビ番組でした。映画第一作は一九六九年夏の公開です）。当時の日本は高度経済成長の真っ只中。一九六八年は、一九六四年の東京オリンピックから四年後、日本がＧＮＰで世界第二位になり、世界中に「日本の奇跡」を印象付けた年です。これを境に、奇跡の日本経済の原動力は、日本人の類稀なる勤勉さにあると世界中から称えられるようになりました。

しかし、日本人＝勤勉というイメージは、実は、六〇年代の高度経済成長期、とりわけ東京オリンピックを契機として形づくられた、比較的新しいもののようです。ノンフィクションライター、野地秩嘉の『ＴＯＫＹＯオリンピック物語』（小学館文庫）には、東京オリンピックを境に、日本人の働き方や価値観が大きく変わっていく様が描かれています。その中に、東京オリンピックの公式ポスターをデザインしたデザイナー、亀倉雄策の「日本人は時間を守るとか団体行動に向いているというのは嘘だ。どちらも東京オリンピック以降に確立したものだ」という証言があります。この証言も含め、本書から浮かび上がってくるのは、オリンピックという一大イベントに向けて邁進する中で初めて、日本人は、時間を守れるようになり、システム化、標準化、マニュアル化と言った、集団で効率的に仕事をするためのやり方を覚えていったという事実です。そして、本書がさらに興味深いのは、一九六四年を境に、東京から寅さんのような人が消えたという述懐があることです。オリンピックまでは、定職に就かず、昼間からブラブラとしていて、一体、何をやっているかわからない無職・無学の大人達を町で普通に見かけたけれど、オリンピックを境に、そのような人々が一斉に消えていなくなった、と。どうやら高度経済成長とは、東京から「寅さん的」なものが失われる過程だったようです。

「寅さん的」なるものを思いつくままに挙げれば、人情、恋、純愛、笑い、無学、市井の道徳、放浪、暇人、旅、自由、故郷、下町、田舎の原風景、大家族、隣近所の人付き合い等々となるでしょうか。いずれも「稼ぎ」とは無縁無用のことばかりです。稼ぐことに役立たず、むしろ邪魔になるようなものの象徴として寅さん的なものがあります。従って、それらは東京が経済都市として発展・高度化する過程で失われてゆく運命にあったと言えますが、一方で、稼ぎに無用だからと言って、本当になくしてしまって良かったのか。自分達は何かとても大切なものを失ってしまったのではないか。寅さんの生き様や言動を見ていると、時にそんな疑念がわいてきます。疑念とまではいかなくとも、「あぁ、寅さんの世界はいいなぁ、羨ましいなぁ」と思う瞬間が、誰しもあるのではないでしょうか。

私が何より羨ましいと思うのは、寅さんの故郷・葛飾柴又とそこに生きる人々との関係です。帝釈天とその周囲に暮らす、大らかで温かく、人間くさくて、魅力的な人々。柴又の人々は、寅さんのことをどうしようもない人だと思っていて、ことあるごとに、もっとちゃんと生きろ、額に汗して働けと諭しますし、寅さんの常識外れの言動に対してはきつく叱ります。それでも寅さんのことをなんだかんだ言って愛し、大事にしています。寅さんにしてみれば、一六歳の時に家出をし、以来、二〇年間、寄り付かなかった場所、自分が捨てた故郷だけれども、裸一貫で戻った自分を受け入れてくれる有り難い場所です。お金がなくとも、何者にもなっていなくとも、世間体の良い仕事をしていなくとも、迎え入れ、ご飯を食べさせてくれる人々がいる。それがどれだけ寅さんの心の支えになっていることか。寅さんが寅さんでいられるのは、柴又という故郷、そこに生きる人々とのつながりがあればこそと言えるでしょう。「俺はもう二度とこの柴又へ戻って来ねぇと、そう思ってもだよな、え、気持ちの方はそう考えちゃくれねぇんだよ。あっと思うと、また俺ここへ戻ってきちゃうんだよ。これ、ほんとに困った話だよ」というセリフが「純情篇」にはありますが、理性では戻らないと思っても、気持ち（＝感情）はそれを許さない。戻らないと思っても足が向かってしまうくらい大好きでかけがえのない場所、それが寅さんにとっての柴又です。

土建国家モデルのオルタナティブ

寅さんは、旅先で出会った女性に、しばしば「困ったことがあったら、葛飾柴又の団子屋を訪ねな。柴又の団子屋だぞ。そこに行けば、何とかしてくれるよ」ということを言います。柴又の団子屋とは、言うまでもなく、寅さんの実家（実際は叔父夫婦が経営）のことですが、特別裕福な家ではないし、凄い知恵者がいるわけでもない。それでも、困った人がいたら皆で何とかしようとしてくれる人々がそこにはいる。よそ者だからと排除せず、世話を焼いてくれる人々がいる。何より、人生に躓《つまず》いてしまった人の心を癒し、生きていこうという気持ちにさせてくれる温かさが、そこにはあります。

一言で言ってしまえば、下町ならではの人情味あふれるコミュニティが柴又にはあって、それが困った時には頼れるセーフティネットとして機能するわけです。そして、このコミュニティ＝セーフティネットは、この町出身の寅さんだけでなく、誰にでも開かれたものと捉えられています。故郷を捨て、二〇年間寄り付かなかったヤクザ者の寅さんを迎え入れたように、どんな人をも受け入れる度量と開放性が、柴又の団子屋を核とするコミュニティにはある。だからこそセーフティネットとして機能する。ここがポイントです。

一九六八年にテレビドラマとして始まり、翌一九六九年から映画版となって、一九九五年の第四八作までの寅さんがスクリーンを生きた時代は、ちょうど土建国家モデルの成立から終焉までと重なります。土建国家モデルによって生まれた〝稼ぎをセーフティネットとする社会＝お金を拠り所とする社会〟とは、お金があれば何とかなるけれど、お金がないと何ともならない社会です。お金の論理が幅を利かせる社会、金の切れ目が縁の切れ目の社会とも言えるでしょう。お金をバラ撒き続けた結果、日本の社会はすっかりお金に依存するようになってしまったのです。

寅さんは、そういう社会のありようとは真逆の世界を生きています。「稼ぐに追いつく貧乏なし」と他人には言っておきながら、自分は稼ぎにあくせくすることなく、人との出会いと縁を大事にしながら、困っている人のためには、どこまでも寄り添い、一肌脱ごうとします。稼ぐことに時間を使う必要がない自由人だからこそできる芸当ですが、恋に生き、人情に生きる寅さんの生き方は、時に愚かに見えようとも、会社に縛られた生き方をしているサラリーマンには、実に羨ましいものです。おまけに寅さんには、困った時には頼れる故郷があるのです。何者にもなれなくとも、裸一貫で帰れる場所がある。だからこそ寅さんは自分に嘘をつくことなく、自分に正直な生き方をすることができるのです。そういう安心ゆえの自由は、お金では決して手に入れることのできないものです。

つまり、どんなに稼いでも手に入れられないものを寅さんは持っている。それは一言で言ってしまえば、「稼ぎにあくせくせず、自由で、自分に正直な生き方」と「故郷での人情味あふれる人とのつながり」とでもなるでしょうか。この二つは、高度経済成長期を境に、日本から失われていった、日本人の原風景的なものです。かつて存在していたその原風景的な世界を娯楽喜劇の形で描き続けたことが、寅さんの魅力であり、愛され続けた理由だと思います。

それが単なるノスタルジーとして、懐古趣味的に描かれただけであったら、これだけ長く愛されるシリーズに『男はつらいよ』がなることはなかったでしょう。失われたもの、失われつつあるものへの郷愁に浸るだけでなく、そこに現代を生きる上でのヒントなり問いかけなりを感じとることができたからこそ、人々は寅さんを求め続けたのだと思います。少なくとも山田洋次監督は、そういう現代的意義を見出してもらえる作品として寅さんを撮り続けたはずです。

例えば、「稼ぎにあくせくせず、自由で、自分に正直な生き方」は、資本主義のシステムへの過剰適応を戒めていると解釈できます。稼ぐことは大事だけど、稼ぎを求めるあまり、資本の奴隷になり、自由も自分らしさも失ってしまっては元も子もないからです。一方の、「故郷の人情味あふれる人とのつながり」は、資本主義のシステムの外の人間関係を持つことの重要性を言っています。つまりは金の切れ目が縁の切れ目ではない人間関係を持てということで、それが何より重要なのは、資本の論理とは別の論理、損得感情抜きにつながる人間関係の網目こそが、いざという時に頼れるセーフティネットになり、幸福の基盤となるからです。

実際、稼ぎにあくせくすることのない寅さんは、資本の奴隷になることはなく、生活の隅々まで資本の論理に搦《から》めとられるようなことは決してありません。おそらくは税金も払っていないようですから、何とも身勝手な生き方をしている人物に見えるわけですが、その一方で、何も所有せず、何も望まない、とても禁欲的な生き方をしています。マイホームもマイカーも持たず、家財と言えばトランク一つだけ。服も着たきり雀です。寅さんは、消費とはほとんど無縁の世界に生きています。毎日の宿代、食事代、移動代は必要ですが、それ以外にはお金のいらない暮らしをしていますから、稼ぎにあくせくする必要がないのです。俗っぽく煩悩だらけで、清貧とは程遠いですが、何も持たずに漂泊する寅さんの生き様は、僧侶や聖者のように禁欲的です。女性に対しても、惚れっぽいけれど、絶対に一線は超えません。決して欲望に溺れ、欲望のままに相手を自分のものにしようとしたりはしないのです。

寅さんのような風来坊的な生き方は誰もが真似できるものではないですが、根底にある禁欲の行動原理は内面化できるはずです。禁欲と言っても、聖人君子である必要はなく、単に欲に負けないということです。欲に溺れ、欲に搦めとられたら、資本の思うまま。資本の奴隷として消費するために働くようになってしまうので、ギリギリのところで一線を踏み越えないような節制の努力をする。そういうやせ我慢をして初めて、人は資本主義と程よい塩梅《あんばい》の距離感で付き合っていくことが可能になる。自分らしい幸福を手にいれることができるようになる。寅さんの生き様を通じて、山田監督が同時代を生きる日本人に伝えたかったのは、第一にこのような禁欲＝やせ我慢の美学ではなかったかと思います（だからこそ「男はつらいよ」というタイトルで撮り続けたのではないでしょうか）。

資本主義のシステムには取り込まれない人間関係、すなわちお金ではないつながりを持つことが、資本主義から身を守り、自分らしい幸福を手に入れるために必要だというのも、山田監督が伝えたかったことだと思います。

寅さんにとって、「故郷での人情味あふれる人とのつながり」は、セーフティネットとして機能しています。金の切れ目が縁の切れ目ではない人間関係、金の論理とは別の論理でつながる人間関係こそが、人が人として生きていくためには必要で、故郷柴又の人々と寅さんとの関係は、まさにそういうものです。だからこそ、いざという時に頼りになるのです。

第二五作『寅次郎ハイビスカスの花』（一九八〇年公開）では、沖縄から飲まず食わずで帰ってきて行き倒れになった寅さんが、柴又の人達に戸板で担ぎ込まれるシーンがありますが、柴又には、どんな状態になっても、最後は助けてくれて、世話をしてくれる人がいるのです。こんなに安心なことはありません。柴又の人間関係に守られている寅さんを見ていると、セーフティネットとは、人のつながり、人間関係の網目のことなんだなと教えられます。そして、それこそが、山田監督が稼ぎ＝お金をセーフティネットと思い始めた日本人に問いかけたかったものではないかと思います。

このように、土建国家モデルによって、稼ぎをセーフティネットとする社会が形づくられていく中で、寅さんは、稼ぎにあくせくしない生き方と、人のつながりをセーフティネットとする社会のありようを、一つの可能態、オルタナティブな選択肢として、三〇年にわたって示し続けたのです。それがどれだけのインパクトを与えたかと言えば、残念ながら、現実社会のありようを変えるものにはなり得なかったと思います。寅さんのような生き方は現代の日本人にとっては非現実的ですし、スクリーンの中で息づいている柴又の人情味あふれるコミュニティも、過去の遺物です。山田監督自身、過去二〇年間の日本の変わりようがあまりに激しかったがために、寅さんの世界が「だんだんウソっぽくなってきてしまった」と一九八八年の時点で述懐しています(『キネマ旬報』一九八九年一月上旬号、№一〇〇〇)。

しかし、資本主義のシステムの中で懸命に生きる庶民の生き様を肯定・応援しつつも、その一方で、資本主義のシステムから距離を置き、お金とは別のセーフティネット＝人のつながりを頼りに生きる寅さんの生き様を描くことで、資本主義に過剰適応しようとする空気に水を差す。そういう役割は果たしてきたと思いますし、今になって思えば、そこには、「資本主義の問題は資本主義によっては解決できないのではないか」という原理的な問いかけが内包されていたように思います。稼ぐことは大事だけれども、稼ぐことに邁進していても安心も幸福も手に入らない。それどころか、格差と分断の進行で、不安は増すばかり。だとすれば、資本主義のシステムの埒《らち》外《がい》にある、お金ではない人のつながりにこそ安心と幸福の基盤を求めるべきでないか。『男はつらいよ』は、ほのぼのと笑えるエンターテインメント作品に徹しながらも、寅さんの生き様と柴又のコミュニティを通じて、資本主義に対するそのような原理的な問いを投げかけ続けていたのではないかと思えるのです。

「つながり」を求める人々

寅さんが投げかけた問いは、残念ながら、同時代の人には真剣に受け止められることはありませんでした。寅さんがスクリーン上で活躍した一九六九年から一九九五年は、日本が最も稼げた時代で、土建国家モデルによる再分配もうまく機能していましたから、庶民があまねく「稼ぐに追いつく貧乏なし」を実感できた時代です。ですから、お金より人のつながりなどと言われても、リアリティがなかったのでしょう。『男はつらいよ』が、大人の童話＝ファンタジー以上のものになりえなかったのは、同時期の経済が良すぎたからだと思います。

しかし、寅さんシリーズが終わった頃から、日本経済はデフレ不況に突入します。バブル崩壊の影響の本格化、護送船団方式否定のきっかけとなった住専問題＝不良債権問題の発覚、そして山一証券のような大企業までが破綻するに至った金融危機……。昭和が終わり、一九八〇年代までは世界中でさんざんもてはやされた「日本型経営」「日本型資本主義」が否定され、時代遅れなものとみなされるようになった中で、反動的に競争礼賛の空気が蔓延します。サッチャリズム、レーガノミクスが不況を乗り越えるための処方箋と信じられ、規制緩和の推進に象徴される〝政策のビジネス化〟が進行しました。以来、経済成長が最優先事項となり、資本の運動を阻害するものを取り除けば、経済は活力を取り戻すという言説が幅を利かせるようになって、新自由主義的な経済運営が行われるようになります。その前提として、〝敗者〟を救うためのセーフティネットの必要性が議論されるものの、結局、セーフティネットは張り直されることのないまま、「痛みを伴う改革」を断行する小泉政権が誕生したのです。

前章で述べたとおり、小泉政権下において、新自由主義的な経済運営に希望を見出し、「勝ち組・負け組」「自己責任」「自分の市場価値」と言った言葉を率先して内面化していったのは、当時、三〇代以下の若者達でした。一九九六年、東大在学中に起業し、二〇〇〇年には二七歳の若さで東証マザーズ上場を果たしたホリエモン（堀江貴文）は、「金で買えないものはない」と言い切って一躍、時代の寵児となります。同時期に、「もの言う株主」としてやはり時代の寵児となった村上ファンドの村上世彰は東大出身の元通産官僚でした。エリートと言われるような人々が、臆面もなく「お金がすべて」的な価値観を振りまくのですから、影響は甚大です。当時、東大の学生達に将来の夢を聞くと、ＩＴ起業家か投資家と答える子達が多かったことを印象的に覚えていますが、東大に行くような優秀な若者達にとって、お金を稼ぐことが何よりも格好よく見えた時代だったのです。

そういう「お金がすべて」的な価値観の広がりとは裏腹なようですが、同じ時期、若い人達を中心に急速に高まったのが「つながり」への希求でした。一九六九年生まれの私が同世代以下の人達と話していて、「つながり」とか「つながりたい」という言葉が頻繁に出てくるのに気づいたのが二〇〇〇年前後のことです。二〇〇二年一月にノンフィクション作家の武田徹は「つながり」をキーワードにした若者論『若者はなぜ「繋がり」たがるのか――ケータイ世代の行方』（ＰＨＰ研究所）を出版していますが、当時、「つながり」は確かにカギとなりつつあったのです。

背景にあったのは、一つには、インターネット、特に、ブログのような誰でもが表現主体になれ、見知らぬ人ともつながれる、双方向メディア（ブログの日本上陸は二〇〇二年頃）や、つながりそのものを広げていくSNS（ソーシャル・ネットワーク・サービス）の普及です（和製匿名SNSの草分けであるMixiがスタートしたのが二〇〇四年。実名SNSのFacebookが米国で設立されたのは二〇〇四年、日本に上陸したのは二〇〇八年です）。

ネットの世界だけでなく、勉強会や対話型ワークショップのような形で、人が実際に集まって、語り合ったり、学び合ったりする中でつながり、互いの関係を深めていくことも、二〇〇〇年代には至るところで行われるようになりました。それらが本格的なブームになるのは二〇〇〇年代後半で、例えば、「学びのコミュニティ」のブームをつくったシブヤ大学の開校は二〇〇六年のことです。

二〇〇〇年代後半は、二〇〇〇年代前半に日本列島を覆っていた熱狂が急速に冷めていった時代です。二〇〇六年一月にホリエモンが証券取引法違反で逮捕され、六月に村上世彰も逮捕されると、世の中を覆っていた「お金がすべて」的な空気・価値観は急速に萎んでゆきました。翌七月には第一章で触れたNHKスペシャル『ワーキングプア』が放映されて貧困や格差が注目されるようになり、九月には小泉首相の総裁任期満了に伴い五年五ヶ月に及んだ小泉政権が遂に終わりを告げます。国民に熱狂をもたらした小泉改革も、終わる頃にはその負の影響ばかりが目につくようになり、「小泉劇場」とは一体何だったのかという〝宴の後〟の空気の中で、人々は「つながり」にリアルな充実感を求めるようになったのかもしれません。

当時の空気をよく伝えてくれるのが二〇〇七年版の内閣府『国民生活白書』です。この白書は、「つながりが築く豊かな国民生活」と題して「つながり」（家族・地域・職場のつながり）を特集しています。二〇〇六年に編纂された白書が「つながり」を特集した背景には、第一に、国民の生活全般に対する満足度の低下がありました。内閣府の「国民生活選好度調査」によれば、生活全般に対する満足度は、八〇年代をピークに低下していて、二〇〇五年は、「満足している」はわずか三・六%、「まあ満足している」と合わせても三九・四%と、調査開始以来最低の数値を記録しています。一方で、「不満である」「どちらかといえば不満である」と答える人の割合は年々増加し、二〇〇五年には二八・三%と過去最高を記録しています。

第二に、人々が求めるものが、七〇年代後半を境に、「物の豊かさ」から「心の豊かさ」へと変化し、それが年々強まっていったという国民意識の変化がありました。内閣府が毎年行う「国民生活に関する世論調査」では「今後の生活で心の豊かさと物の豊かさのどちらに重点をおくか」という質問に対し、一九七二年には「物の豊かさ」と回答した人の割合のほうが「心の豊かさ」と回答した人の割合より高かったのですが(物四〇・〇%、心三七・三%)、七〇年代後半には「心の豊かさ」が「物の豊かさ」を若干ながらも上回るようになり、八〇年代以後その差は開く一方となってゆきます。白書が書かれた時点(二〇〇六年)では、「物の豊かさ」を求める人が三〇・四%に対し、「心の豊かさ」を求める人は六二・九%と二倍以上の開きになっていました(図表2—1)。その後は大きな変動はなく、どちらも似たような数字で現在に至っています(ただし、近年は、「物の豊かさ」を求める人が若干増加する傾向にあるように見えます)。

この二つの調査結果から、白書は、生活全般に対する満足度が低いのは、心の豊かさが満たされていないからではないかと推測します。そして、心の豊かさを「精神的なやすらぎ」と読み替え、「つながり」がどう関与するかを「国民生活選好度調査」(二〇〇七年)のデータを用いて統計的に分析したところ、「家族との交流」「隣近所の人との交流」「職場の人との交流」が多い人ほど「精神的なやすらぎ」を感じている傾向があることが明らかとなったのです。また、「家族」「隣近所」「職場」における交流が多い人ほど「生活全般に対する満足度」が高い傾向にあることもわかりました。すなわち、つながりを豊かにすることが、精神的なやすらぎ＝心の豊かさや生活全般に対する満足度を高めることにつながるということです。

その一方で、家族・隣近所・職場でのつながりは年々希薄化・形式化しています。白書はNHKの調査を引用しながら、地域や職場での人間関係について、「全面的な付き合い」（なにかにつけ相談したり、たすけ合えるようなつきあい）を求める人の割合は二〇〇〇年代前半まで一貫して減少し、もっと部分的な付き合いや形式的な付き合いを求める人の割合が増えてきたことを指摘しています。深い付き合いを求めない人が増えた結果、つながりの実感が乏しくなり、それゆえ、心の豊かさは満たされず、生活満足度も低下するという悪循環に陥っているのではないか。そう白書は問題提起し、家族・隣近所・職場でのつながりの再構築を訴えたのです。

このような白書の訴えが奏功したわけではないでしょうが、この頃を境に、つながりへの関心が急速に高まります。例えば、内閣府「社会意識に関する世論調査」の二〇〇二年一二月調査と二〇一一年一月調査の結果を見比べてみると、「地域での付き合いは、どの程度が望ましいと思いますか」という問いに対し、「住民全ての間で困ったときに互いに助け合う」と答えた人は一〇ポイントも増えています（三四・二％→四四・〇％）。知っていようが知っていまいが、困った時は助け合うべきだという声が強まっているのです。一方で、「困ったときに助け合うことまではしなくても、住民がみんなで行事や催しに参加する」（一九・三％→一五・七％）や「困ったと

(%) **図表2−1 これからは心の豊かさか、まだ物の豊かさか**

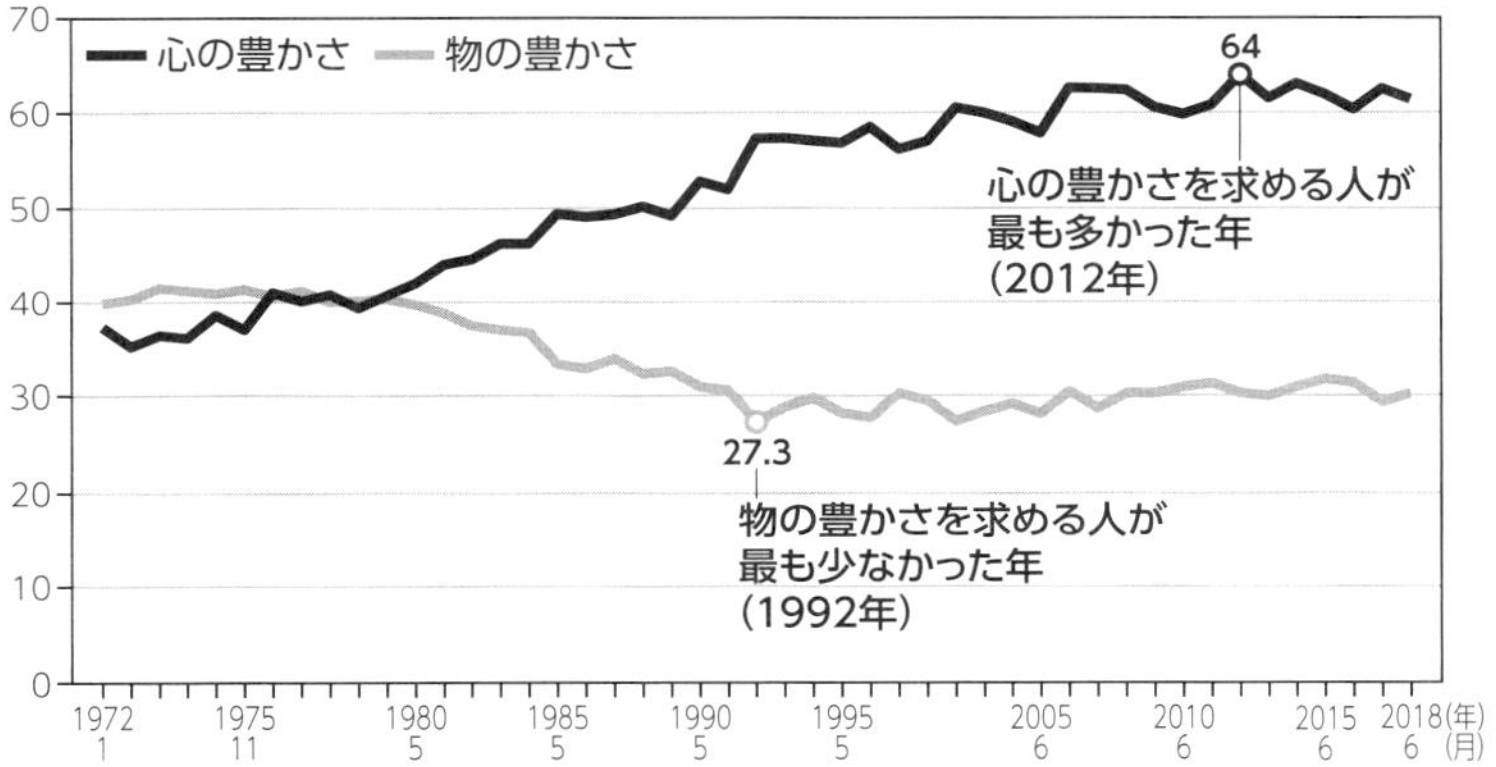

出所：内閣府「国民生活に関する世論調査」から筆者作成
注1：「心の豊かさ」＝「物質的にある程度豊かになったので、これからは心の豊かさやゆとりのある生活をすることに重きをおきたい」と答えた人の割合、「物の豊かさ」＝「まだまだ物質的な面で生活を豊かにすることに重きをおきたい」と答えた人の割合
注2：2015年6月調査までは20歳以上の者を対象として実施。2016年7月調査からは18歳以上の者を対象として実施

きに助け合うことまではしなくても、住民の間であいさつを交わす」（二〇・二%↓六・六%）は減っています（図表2―2）。これら調査結果が示唆するのは、挨拶や行事だけ参加するような形式的な関係は求めていないけれど、実質的な助け合いの機能には期待しているということです。地域コミュニティに、いざという時のセーフティネットとしての機能を発揮することを求める人々が増えているのです。

そして二〇一一年三月の東日本大震災によって、その傾向は一層強まります。

震災後の二〇一二年一月に内閣府が行った「社会意識に関する世論調査」では、震災前に比べて社会における結びつきを大切と思うようになった人の割合は七九・六%と圧倒的な割合になっています。中でも、「家族や親戚とのつながり」を大切に思うようになったという人の割合が六七・二%

図表2-2　地域での付き合いは、どの程度が望ましいと思いますか

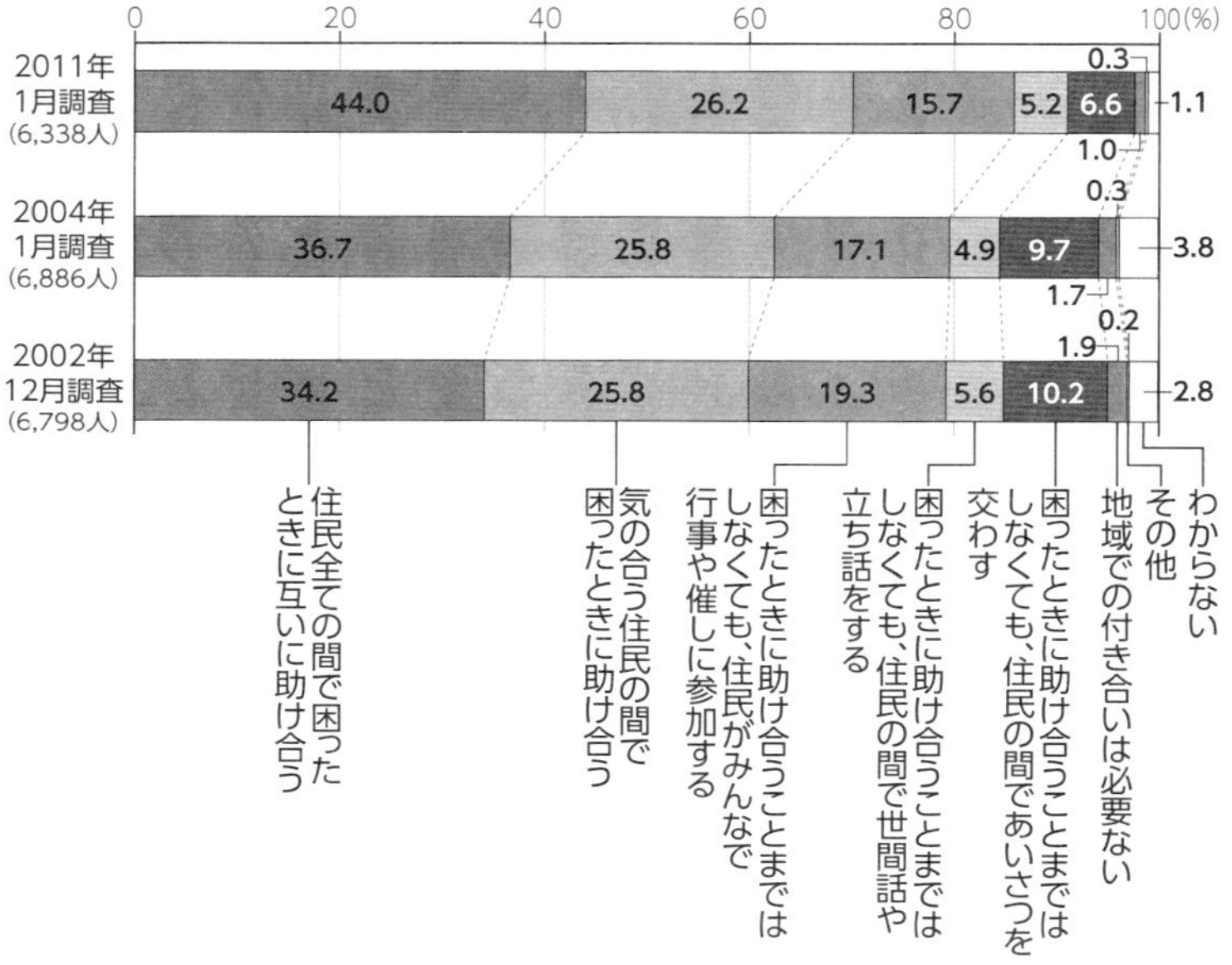

出所：内閣府「社会意識に関する世論調査」（2011年1月調査）

と高く、「地域でのつながり」（五九・六%）、「友人や知人とのつながり」（四四・〇%）が続きます。震災によって、特に、家庭や地域におけるつながりの価値が見直されていることがわかります。

私自身も、震災によってつながりの価値を再発見した一人です。もっとも、真っ先に感じたのは、近くの家族や地域より、遠く離れた友人や知人とのつながりの有り難さでした。例えば、福島第一原発が水素爆発した影響で、東京の水道水が放射能に汚染されたとの噂が広がり、ミネラルウォーターが品薄になった時期がありましたが、それをニュースで見た紀伊半島に住む友人が、「水道、大変なんやろ、ミネラルウォーター送っ

といたから」と連絡してきてくれたのです。「送ってあげようか?」ではなく「送っといたから」と、自然にお節介をできるところが田舎の人の人間力のすごさなのですが、久しぶりに連絡があったと思ったら、そんな温かい心配りで、本当に有難いことだと思いました。

この時、いざという時に頼りになるのはお金ではなく、人のつながりなんだなと心から思いましたし、人の真心の大切さも痛感しました。同時に、自分には紀伊半島があったんだと思いました。二〇代の頃、たった一年半住んだだけでしたが、強烈に自分の中に残っていて、自分の心のふるさとになっている紀伊半島の山や海に囲まれた風景と、そこで出会った人々のことを思い出したのです。いざとなったら、紀伊半島に行けばいい。あそこに行けば何とかなる。そう思った時の心の底からの安心感は、今も鮮明に覚えています。

三陸の孤立集落で見た究極のセーフティネット

東日本大震災では、もう一つ、印象的なことがありました。東日本大震災から一ヶ月程が過ぎた四月の終わり頃、ボランティアとして宮城県石巻市を訪ねました。南三陸町との境にほど近い石巻市郡部の海岸沿いは、津波に流され通れなくなっていた道路を、自衛隊が何とか通したというところでした。このため、リアス式海岸沿いの、湾ごとに点在する小さな集落は、それまで支援の手が届かない孤立集落となっていたのです。

現地で緊急支援にあたっていたボランティア団体から、手が回っていないので、そこに支援物資を届けて欲しいと言われて、そのうちの一つの集落を訪ねたのですが、実際に行ってみて驚いたのは、そこの集落では、漁師のお父さん達が中心になって、皆で助け合いながら、和気藹々と生活していたことでした。停電はしていましたが、漁船に積んでいた発電機を利用して電気は使えていましたし、ガスは、もともとプロパンの地域ですから、コンロとボンベを直結して、問題なく使えていました。裏は杉山ですから、いざとなれば薪はいくらでもあり、煮炊きには全く困らない状態です。また、被災地で一番困るのがトイレと水ですが、山と海に囲まれた場所ですから、自然のトイレで用が足りてしまうし、水も、震災後に裏山の沢から引いてつくったお手製の簡易水道で使い放題。おまけに、瓦礫の中から拾ってきたという風呂桶に簡易な小屋をかけ、脱衣場を備えた共同浴場まで手づくりしていました。その直前までいた石巻市の市街地では、たくさんのボランティアが入って、支援物資も潤沢でしたが、電気もガスも水道も使えず、多くの人が不便な避難所生活を強いられていました。処理しきれない汚物やゴミを詰めたビニール袋が溢れ、津波が運んできたヘドロの臭いと相まって、衛生状態はかなり劣悪でした。

しかし、郡部の孤立集落では、ボランティアもおらず、支援物資もないけれど、住民達は、毎日お風呂に入ることができ、ゴミや汚物の山とも無縁な、清潔で快適な生活を送ることができていたのです。勿論、完全に孤立し、支援物資も届かなかった間は、それなりに大変だったようですが、その時も、流されなかった家に残った食べ物を持ち寄って、皆で均等に分け合って何とかしのいだのだそうです。

この孤立集落と出会った時の衝撃はいまだに忘れられません。そこで目撃したものは、何よりも共同体の力でした。昔からそこに共に住んできた人達ゆえの結束力の強さと助け合いの力の凄さ、それが第一に感じたことでした。まるで集落全体が一つの家族と化しているかのようで、〝つながり〟とか〝コミュニティ〟と言った都会的な言葉では言い表せない、〝共同体の絆〟とでも呼ぶしかないものがそこにはありました。私は、学生時代から山村調査で各地の村に入り、村落共同体のことを研究していましたし、紀伊半島の小さな集落に一年半にわたって住んだ経験もあるので、共同体の世界はわかっているつもりでした。しかし、非常事態に直面した時に共同体が発揮する力は想像以上でした。同じ石巻市でも、市街地にはこのような強固な共同体はありません。普段から海と山に囲まれた狭い湾の中で肩を寄せ合うようにして暮らしてきた人達ならではの結束力なのでしょう。

このような共同体の力に加えて印象的だったのが、自然の力、特に、森の力でした。森には、木と水と土があります。木があれば、薪で暖をとったり煮炊きをしたりできるし、小屋もかけられます。水は命の源であるだけでなく、炊事洗濯洗浄に使えるので、健康で清潔で文化的な暮らしをもたらしてくれます。そして土は、生ゴミや糞尿を土に戻してくれるため、悪臭やゴミとは無縁の生活をかなえてくれます。市街地の避難所がどこもゴミの山となって、悪臭が漂っていたことを考えると、このゴミや糞尿を受け止め分解してしまう土の力は、人間にとって、本当にかけがえのないものだと心の底から思いました。

それだけではありません。木と水と土からなる森には、春には山菜が芽吹き、秋にはキノコや木の実が実り、野生鳥獣達が一年を通じて暮らすのです。これらもまた森の恵みです。恵み豊かな森さえあれば、私達は、とりあえず食べていける。そう考えると、森は、いざという時に頼れるセーフティネットと言えるでしょう。三陸海岸のように、森に海が隣接していれば、なお言うことはありません。山の幸だけでなく、魚介や海藻などの海の幸にも恵まれるからです。豊かな森と豊かな海があれば（川や湖でもいいです）、人は狩猟・採集・漁撈で十分に生きていけます。

実際、原日本人とも言える縄文人は、山野河海の恵みだけで一万年以上もの長きにわたって高度な文明を築いて暮らしていくことができたのです。

日本列島に豊かに存する山野河海の恵み。それを本書では山水の恵みと呼ぶことにします。東北地方、とりわけ世界でも屈指の漁場に隣接した三陸沿岸は、この山水の恵みに溢れた日本列島の中でも、特に恵まれた場としてあり続けたところです。

山水の恵みは、ただし、それを生かす技術を人の側に要請します。〈Into the Wild〉という映画があります（ショーン・ペン監督、二〇〇七年公開）。人間嫌いの青年が、人間の汚れのない清浄な場所で理想の暮らしをしようとアラスカの大地を目指す物語ですが、この青年は、狩猟採集の技術が乏しかったため、動植物に恵まれたアラスカの大地で、何と最後は餓死してしまうのです（実話です）。鳥獣や魚を射止め、さばき、腐らせたり虫がわいたりしないように干し肉や燻製にする技術、食べられる植物かどうかを見分ける技術、怪我や病気に対処するための薬草の知識等々、山水の恵みを生かすには、山水に対する知識と技術が必要です。そういう知識と技術がない人には山水は厳しい存在になりますが、逆に、知識と技術さえあれば、山水は恵みに満ちた存在となります。

孤立集落で出会った漁師達は、山水の恵みを生かす力を持った人達でした。「山水の恵みを生かす力」とは、例えば、沢の水を引いてきて水道をつくったり、あり合わせの材料で小屋や共同浴場をつくったりと言った、そこにあるものや自然の素材を使って、当面、生きていくのに必要なものを生み出してしまえる力のことです。それは、きちんとした設計図や材料がなくとも、見よう見真似で何とかしてしまえる手《て》業《わざ》と、試行錯誤しながら新しいものを生み出し、生きられる世界をつくることのできる知恵とから成ります。その手業と知恵は、山水と共に生きる中で自然と身につけてきたものです。

三陸の孤立集落には、共同体の力に加え、豊かな山水の恵みとそれを生かす力がありました。それらが組み合わさることによって、お金のあるなしに関係なく、人が生きられる世界がつくり上げられていました。津波の被害に加え、道路が通れなくなって孤立するという非常事態にあっても、誰も置き去りにすることなく、皆が人間らしい暮らしができる世界がそこにはあったのです。これこそが究極のセーフティネットだ、と思いました。

この究極のセーフティネットと出会って教えられたのは、逆説的ですが、人のつながりだけではダメなんだということでした。共同体なり、コミュニティなりに裏打ちされた人のつながりは、確かに人に安心感をもたらしてくれます。しかし、人のつながりは、生存を保障するものにはなりません。生存の保障のためには、山水の恵みと、それを生かすための手業・知恵も必要になるのです。すなわち、人のつながりと山水の恵み、そしてその恵みを生かす力の三つが揃って初めて、私達は本当の意味での安心を手に入れることができるのです。

それらが揃うのは、都市ではなく、田舎です。田舎の中でも、森が豊かで、水に恵まれ、川や海や湖があって、かつ、人が古くから住んできた場所です。「古くから」とあえて言うのは、人が古くから住んできた場所は人が住むのに適している上、豊かな手業や知恵の伝統が受け継がれているからです。このような場所のことをここでは「山水郷」と呼ぶこととします。

山水郷には絶対的な安心の基盤、究極のセーフティネットが残っています。この山水郷に残る安心の基盤をうまく生かすことで、今の日本社会が直面している困難を乗り越え、普通の人でも安心して生きられる社会をつくることができるのではないか。三陸の孤立集落で究極のセーフティネットの姿を垣間見て以来、私は山水郷に次の社会をつくる鍵があるのではないかと考えるようになったのです。

第三章　山水郷の力

日本がどうなってもこういう風景は残る。
日本の資源は、山林と狭い谷間の川と田畑、
そして人間の頭脳と知恵だけだ。

――『希望の国のエクソダス』
（村上龍著、文春文庫）

第一節　天賦のベーシックインカム

山水郷とは何か

山水郷に残る絶対的な安心の基盤、究極のセーフティネットをうまく生かすことができれば、今の日本社会が直面している困難を乗り越え、普通の人が安心して生きられる社会をつくることができるのではないか。山水郷には次の社会をつくる鍵があるのではないか。

前章でそう書きましたが、一体、この言葉にはどれだけのリアリティがあるのでしょうか。東京のような都市に暮らす人に三陸の話をしたところで、「いいところかもしれないけれど、現実問題、そんなところには住めないよね」という反応が返ってくるのが関の山です。仕事がなく、不便で、お洒落なカフェも服を買う場所もなく、もしかしたらコンビニすらない。病院や学校の数は限られていて、選択肢は極端に乏しい。おまけに、田舎は人の距離が近くて、人間関係が煩わしい。そんなところには、都市生活に慣れた現代人はとてもではないが住めない。それが大方の反応でしょう。

今、山水郷の多くは過疎に悩んでいます。若い人は出ていってしまって、残るは高齢者ばかり。これ以上高齢化と人口減少が進んだら、集落が存続できない限界状態にあるところも多いというのが実態です。本当にそんなところに次の社会をつくる鍵があるのでしょうか。

ある、と思うから本書を書いているわけですが、一方で、ほとんどの方が山水郷のことを深く知らない現代の日本において、何を語ったところで伝わらないだろうなという思いもあります。

海に囲まれ、七割が山に覆われている日本列島は、都市部や平地農村を除けば、ほとんどの地域が山水郷と呼ぶべき場所です。離島や半島の大部分、中山間地域と漁村、全て山水郷です。山と海に囲まれた小規模な地方都市の中にも、山水郷と呼んでいいような場所があります。中山間地域に位置づけられるのは国土の六五％。そこに住むのは、少し古いデータですが、一四七四万人、総人口の一一・五％です（二〇一〇年時点、農林水産省の推計値）。同時期の漁村の人口が二三四万人（二〇一〇年時点、水産庁調べ）ですから、仮に中山間地域と漁村を合わせた地域を山水郷と呼ぶとしても、人口は一七〇〇万人、全国比一三％です（この一〇年でより減っているでしょう）。一部の地方都市を加えたとしても、現代日本においては、山水郷は完全にマイナーな存在です。

しかし、かつての日本では、大半の人が山水郷を暮らしの場とし、仕事の場としていたのです。生活・生産の中心があった山水郷は、少なくとも中世までは一等地でした。近世になって平野部の開発が進み、都市と平地農村が発達して、生活・生産の中心は平野部に移っていきますが、それでも山水の恵みに頼った暮らしをしていた江戸時代までは、山水郷はなくてはならない存在でした。山水郷には、山水の恵みを生かすための多様な生業が成立し、大勢の人が暮らしていました。

この状態に変化が訪れる契機となったのが明治の近代化で、本格的な転機となったのが戦後の高度経済成長でした。高度経済成長期以後、都市を目指す人の流れが加速し、山水郷は急速に衰退していきました。

すなわち、山水郷がマイナーな存在になったのは、たかだかここ六、七〇年、明治の近代化から数えてもせいぜい一五〇年間のことなのです。それまでの圧倒的な期間、山水郷はこの列島に暮らす人々にとって、なくてはならない存在でした。その事実を現代の日本人はほとんど意識していません。

国土の七割を占め、縄文時代から人が住み続けてきた山水郷は、日本という国を語る上で欠かせない存在です。国土を国の〝身体〟と捉えれば、日本という国の身体は大半が山水郷でできています。そして、この国の歴史もまた、山水郷と共にありました。身体と歴史は、アイデンティティの重要な構成要素ですから、日本国・日本人のアイデンティティを語る上で、山水郷を抜きにはできないということになります。

自身の身体と歴史を置き去りにして、自分が何者で、何になりたいのかを論じても意味がないのと同様に、次の社会のあり方を考える時の前提に、日本という国の身体であり歴史とも深いつながりのある山水郷についての理解があるべきです。画家ポール・ゴーギャンの晩年の作品に、《我々はどこから来たのか　我々は何者か　我々はどこへ行くのか》というタイトルの大作がありますが、私達がどこから来て、何者で、どこへ向かうのかを知るためにも、山水郷のことをもっときちんと知る必要があるのです。

そこで、本章では、山水や山水郷がこの国においてどのような存在であったのか、歴史をひもときながら、辿ってみようと思います。

縄文人の心得

山水郷が中世まで一等地であり続けたのは、そこが何より暮らしやすい場所であったからです。暮らしやすさには二つの側面がありました。第一に、食料・水・燃料等の、人の生存に必要な資源が豊富に賦存したこと。これは森の存在に依るところが大きいです。森があって、川や湖や海があれば、山水の恵みで食べていけますし、生活の用も足せます。

第二に、水に悩まされない場所であったことです。『古事記』や『日本書紀』に「豊葦原瑞穂国」（葦の穂が豊かに生い茂る国）とあるごとく、日本列島の平野（河川の河口部に形成された沖積平野）の大部分は、葦が生い茂る低湿地・氾濫原で、雨が降り続けばすぐに水が出るような場所でした。それに対し、山麓部や台地の辺縁部は、湧水や沢水が豊富な割に乾燥していて（高燥地）、水害とも無縁。どちらが人にとって住むのに適しているかは言わずもがなです。

事実、原日本人である縄文時代の集落跡地は、山麓部や台地の辺縁部に多く見られます。縄文時代、最も人が多く住んでいたのは、関東地方ですが（その次が中部地方です）、関東の遺跡の多くは、台地（洪積台地）の辺縁部のものです（山の多い中部地方では八ヶ岳山麓など山麓部に遺跡が集中しています）。実は、現在の関東平野の低地（沖積平野）の多くは、縄文時代には海の底か低湿地・氾濫原で、とても人が住めるような場所ではありませんでした。貝塚が内陸部に多く見つかっているのは、今よりも気候が平均で一～二度温暖だったために（温暖化のピークは六〇〇〇年前）、海面が二～四メートルも高く、海が内陸の奥深くまで入り込んでいたからです（縄文海進）。内陸部まで海が入り込んでいたので、武蔵野台地や上総台地等の洪積台地の辺縁部は、現在の三陸海岸のように、森と海が隣接し、水と食料（山の幸と海の幸）が確保しやすい山水郷と呼ぶべき場所でした。森と海に由来する山水の恵みに満ちていたことが、関東地方に縄文人が集まった理由です。

縄文時代は狩猟採集社会です。狩猟採集というと、狩猟が中心のイメージがありますが、狩猟は不安定ですから、食料の大半は、植物資源の採集と漁撈から得るのが普通でした（以下、本書では、漁撈も含めての「狩猟採集」とします）。季節の変化に応じて利用可能なものが変わるので、結果として、実にバリエーションに富んだ食生活を送ることになります。

考古学者で縄文研究の第一人者である小林達雄の提唱したものに〝縄文カレンダー〟があります。縄文人の食生活のサイクルを模式化したものですが、それをここで再現すれば、春は山菜や若草、木々の新芽のほか、カタクリやワラビなど根茎からデンプンがとれるものの採集です。海辺なら貝掘り・貝拾いに良い季節でした。夏になると、植物が硬くなるので、川や湖沼や海で魚をとることが中心になります。秋は木の実、とりわけ堅果類（クリ、クルミ、ドングリ等）と果実、それに球根（ユリ根等）、根茎類（ヤマイモ等）、キノコの採集です。東日本以北では、この時期に川を遡上してくる大量のサケが、貴重なタンパク源となりました。まさに実りの秋、恵みの秋です。しかし、冬になると、一転、植物資源が乏しくなり、採集では食料を確保できなくなるので、もっぱら鳥獣の狩猟に頼ることになります（図表3―1）。

このように、縄文人の暮らしは、山（森）と水（川・湖沼・海）の恵みをあますところなく利用することで成立していました。中でも特に重要だったのが、保存のきく堅果類です。クリやドングリ、トチやクルミ等の堅果類は、縄文人の主食的位置づけで、貯蔵用の穴も見つかっていますから、秋に採り貯めた堅果類で、食料の乏しい冬を乗り切ったのでしょう。

一般に狩猟採集生活というと、獣を追って移動するイメージが強いのですが、縄文時代の集落には定住集落だったと考えられるものが数多くみられます。定住集落が成立するには、そこに定住するに足るだけの食料があることが条件となります。縄文人が定住集落をつくるに当たって重視したのは、主食たる堅果類が豊富にとれる森がそばにあることでした。堅果がなるのは、シイ、カシなどの照葉樹か、クリ、クヌギ、トチ、クルミ、ブナなどの落葉広葉樹ですが、常緑で、一年中鬱蒼と茂った照葉樹林よりも、冬は葉を落とし明るくなる落葉広葉樹林のほうが、狩猟がしやすく、山菜等の林床植物も豊かなため、狩猟採集生活には適していました。縄文時代、東日本に人口が極度に偏っていたのは、落葉広葉樹林が分布するのが、東日本だったからです。一年中鬱蒼と茂る暗い照葉樹林に覆われていた西日本は、縄文人には住みにくい場所でした。

図表３－１　縄文カレンダー（小林達雄『縄文人の世界』朝日選書より）

以上をまとめると、山麓部や台地の辺縁部の高燥地で、湧水が豊富で、落葉広葉樹主体の豊かな森がそばにあり、漁撈ができる川や湖や海が近いことが、縄文時代の一等地の条件でした。縄文時代の遺跡の多くはそういう場所にあります。そして、今、訪れても、実に住みやすそうな場所なので、縄文人達の場所を見る力の確かさには感心します。

縄文時代は、一万六五〇〇年前頃から、弥生時代が始まる紀元前五世紀頃までの一万年以上の時代をいいます（弥生時代の始まりには諸説ありますが、ここでは紀元前五世紀としておきます）。水田稲作が始まって本格的な農耕社会に移行する弥生時代までの一万年以上の間、狩猟採集中心の生活だったわけですが、狩猟採集生活が一万年以上続いた文明は、ほかに存在しません。いや、そもそも特定の生活形態が一万年以上続いたという例がないのです。その意味で、縄文時代は人類史上、極めて特殊な時代だったと言えます。

世界的に著名な歴史家・人類学者で、UCLA教授のジャレド・ダイアモンドは、日本の縄文人のことを「世界で最も豊かな狩猟採集民」と呼んでいます。人類学の定説では、狩猟採集時代は農耕時代に比べて遅れたもの、劣ったものと見なされてきましたが、縄文時代の研究が進み、縄文人が築いていた高度な文明の内実が明らかになるにつれて、その定説が覆されるようになっています。ダイアモンド教授は、縄文時代が一万年以上の長きにわたって続いたのは、農耕に移行するのが遅れたからではなく、山水の恵みがあまりにも豊かで、狩猟採集生活でも十分に豊かな暮らしが送れたからではないかという仮説を述べています(*)。農耕に移行する必要がないほどに、日本列島の山水の恵みは豊かだったということでしょう。そして、その豊かな山水の恵みを持続可能な形で利用する知恵と技術を縄文人達は持っていたのです。

とりわけ縄文人は、山＝森の恵みである木を生かすことに長けていました。縄文の人々は、森のそばに住み、森の恵みを享受する一方で、森に主体的に働きかけることで、より豊かな森の恵みを引き出すことのできた〝森の民〟でした。

そんな縄文人と森との関わりを教えてくれるのが、一九九二年から本格的な発掘調査が始まり、二〇〇〇年に国の特別史跡に指定された青森の三内丸山遺跡です。三内丸山遺跡は、最盛期には五〇〇人ほどが住んでいたと考えられる大規模定住集落跡地で、今から約五五〇〇年前〜四〇〇〇年前のおよそ一五〇〇年間にわたって続いた集落です。

三内丸山遺跡からは、幅一〇メートル、長さ三二メートルにも及ぶ大型の竪穴式住居や、直径一メートルのクリの大木六本を使った大型掘立柱建物の跡が発掘されています。五〇〇〇年前、我々の祖先は、このような巨大な建造物をつくることができるほどの建築・土木の技術を有していたのです。花粉分析や出土した木の分析から、周辺にはかつてクリやトチやクルミの森が広がり、それは縄文人達によって植林されたり、選択的に残されたりして、人為的につくられてきたものだということも判明しました。縄文時代の遺跡からは漆器が見つかっていますが、三内丸山遺跡の周囲にも、漆の木が植えられ、漆器が生産されていたことがわかっています。

すなわち、縄文人は、受動的に森の恵みを享受するだけでなく、自ら欲しいものを手にいれやすくするため、能動的に森に働きかけ、環境の改変を行っていたのです。日本列島には、自然のままに放置された手つかずの森（原生林）はないと言われますが、縄文の昔から、人々は森をつくりかえてきたのです。そうやって持続的な人の営みの中で形づくられてきたのが、日本の森であり、山水であると言えます。

（＊）NHKスペシャル「アジア巨大遺跡（第4集）」『縄文　奇跡の大集落〜1万年　持続の秘密〜』（二〇一五年一一月八日放送）における発言。

中世までは一等地だった山水郷

一万年以上続いた狩猟採集中心の生活は、弥生時代に入ると農耕中心の生活に変わります。縄文時代晩期に気候が寒冷化し、主食だったクリの生産力が低下したタイミングで、大陸での戦乱を逃れてやってきた大量の渡来人達（現代風に言えばボートピープル）が、水田稲作の技術を持って、日本列島各地に移り住んだことが、「世界で最も豊かな狩猟採集」中心の生活から、水田稲作中心の農耕生活へと短期間でシフトした原因ではないかと言われています。

弥生時代は、色々な意味で現代に通じる日本の原型ができた時代です。日本文化の基底となってゆく水田稲作が入ってきて農耕革命が起きたことは最大の〝事件〟でしたが、稲作・農耕の技術や器具以外にも、養蚕・絹織物、青銅器、鉄器、造船、紙すき、製塩等の技術が渡来人によって持ち込まれています。日本の近代化を支えた製糸、紡織、製鉄等の技術の原点は、既に弥生時代に日本に入ってきたわけで、そう考えると、弥生時代に起きた変化というのは、近代の産業革命に匹敵するほどの革命的変化であったということができそうです。

技術は技術だけ入ってきても定着しません。技術の使い方を教える技術者がいて初めて定着するわけですが、弥生時代にこれだけの技術が入ってきて定着していったという事実は、それだけの数の技術者・職人達も同時に入ってきたことを示唆します。司馬遷の『史記』には、秦の始皇帝の時代、方士の徐福が三〇〇〇人の工人集団を連れて海を渡り、そのまま平原広沢の地で王となって秦には戻ってこなかったという記述がありますが、日本各地に徐福伝説が残っていることから、この徐福が移住した場所は日本だったのではないかと考えられています。徐福伝説の真偽のほどはともあれ、かなりの数の技術者・職人達が弥生時代に入ってきたことだけは間違いないでしょう。

弥生時代は移民・難民を大量に受け入れた時代でした。大量の移民・難民と共に、異国の技術・文化が一気に流入した弥生時代は、変化の激しい時代だったはずです。そして、原日本人である縄文人とは別のＤＮＡを持った移民・難民達の血を受け入れ、混血する中で、今の日本人の原型が出来上がり、異国の文化や技術を取り入れる中で、コメづくりとモノづくりが始まり、今につながる日本の文化・社会の基底が形づくられていったのです。

コメづくりを持ち込んだ渡来人は、稲作・漁撈を生業とした長江河口域の人々だったと考えられています（例えば、安田喜憲『稲作漁撈文明』雄山閣）。戦乱の大陸を逃れてきた稲作・漁撈民にとって、海に囲まれ、山からの湧水が豊富で、川や湖沼が多い日本列島は、新天地とするのに最適な場所と思えたことでしょう。豊かな森の存在は、衣食住に求められる原料や燃料の供給源として理想的でした。縄文の人々にとって一等地だった山麓部は、渡来人達にとっても理想的な生活場所でした。

現代を生きる我々からすれば、水田というと平野部に広がっているイメージがありますから、農耕中心の生活になったことで、人々の生活拠点は山麓部から平野部に移っていったはずだと考えたくなります。勿論、そういう動きはありましたし、王を名乗る権力者が出て自らの王国を建設するようになってからは、平野部の開発も進みました。しかし、それも北九州や畿内の一部のこと。日本全体で、平野部が生活・生産の中心に移るのは、近世以後のことです。中世までは、平野部の多くは葦が生い茂る低湿地・氾濫原で、人が住めるような場所ではなく、未開の土地でした。

低湿地・氾濫原は、用水が不要でそのまま水田化できるため、一見、稲作に向いた場所に思えます。しかし、排水ができないため、稲の生育に応じた水量調節をすることができないという致命的な欠陥を抱えています。おまけに、長江のような大河川と違って、長さが短く急勾配の日本列島の河川は、雨が降ればすぐに増水し、氾濫を繰り返すため、低湿地・氾濫原での稲作は、洪水・水没による不作のリスクが高く、不安定でした。このため、大半が低湿地・氾濫原であった平野部は、一部の乾いた場所を除いて、安心して稲作を営めるような場所ではなかったのです。

それでも、低湿地・氾濫原に住み、稲作をした人々はいました。それらの人々は、湿地の中の微高地・自然堤防上に集落を構え、微高地上で畑作をし、その後背湿地で稲作を行いました。有名な静岡県の登呂遺跡は、まさにそういう場所に築かれた遺跡です。それもあってか、弥生時代の稲作は、低湿地・氾濫原で行われるのが一般的であったと書いている歴史の本もあります。

しかし、安心して稲作を営めないような場所が水田稲作の中心地になるはずはありません。農業史家の古島敏雄は、古墳時代までの古代の定住跡が山麓部に多く見つかる事実に着目して、最初、沍地中の微高地に集落を構え、後背湿地で稲作を試みた弥生時代の人々も、より安定的に稲作ができる場所を求めて、山麓部に移り、山麓部の谷間、沢沿いを拓いて、そこを稲作の中心地としたのだろうと、平野から山麓への人の流れがあったことを指摘しています。そして、「律令時代に入り、朝廷の権力の下に大規模土木事業が可能になり、条里制地割の施行が可能になるまで、生産力発展の中心は山麓部に移り、平野部には水害になやまされる小集落が自然堤防上に点在し、その後方湿地で不安定な稲作が続けられるに止まったのであろう」と結論します（『土地に刻まれた歴史』岩波新書）。

古島は、奈良盆地を訪ね歩く中から、当時の稲作の中心地が山麓部にあったことをつきとめています。古代日本の中心地であった奈良盆地ですら、平野部の開発が進むのは律令時代になってからですから、日本全体で見れば、中世まで山麓部が一等地だったということも頷けるかと思います。関東平野東半部の歴史から村落の類型化を行った村落史家の原田信男は、その類型の中で、山麓型と低地乾田型（低地で湧水に恵まれ、かつ水はけの良い場所）が古代から最も安定的に農業生産が行われてきた場所だと指摘しています（『中世の村のかたちと暮らし』角川選書）。中世までの一等地は、山麓部と、水に悩まされない一部の恵まれた平野部だったのです。

しかし、「水に悩まされない恵まれた平野部」は、この国では、本当に恵まれた一部の地域に限定されていました。信州松本盆地安曇平（一般に安曇野と呼ばれる地域です）の郷土史家・中野正實がまとめた安曇平の水利史『命の水』（豊科町教育委員会、一九八二年）によれば、安曇平では、平野部は洪水と渇水のために稲作適地がほとんどなく、山麓部で行う稲作（それを中野は「山水灌漑」と名付けています）が近世までの主流であったと説明しています。美田が広がる今の安曇野の風景からは想像できないことですが、平野部に水田が開かれたのは、堰による用水工事に成功した江戸時代以後のこと。安曇平の平野部が隅々まで美田で埋め尽くされるようになるのは、戦後、土地改良事業が行われるようになってからのことです。

古代において山麓部が稲作の中心地となったのは、水害のリスクがないことに加え、湧水が豊富で、土が柔らかく、木製農具だけで水田の造成ができるという点で平野部より勝っていたからです。また、山＝森という食料供給基地があったことも大きな利点でした。狩猟採集から農耕に生活の基盤が移ったと言っても、狩猟や漁撈や採集活動が行われなくなったわけではありません。

稲作では得られないたんぱく質は、狩猟と漁撈によって得ていましたし、山菜やキノコ、果実・木の実は貴重な栄養源でした。煮炊きに使う薪を集めるのにも、山麓部は好都合でした。土地が狭く、まとまった面積の田んぼが確保できないという点を除けば、山麓部は古代から中世にかけて、生活・生産のための理想的な場であり続けたのです。

新天地を求めてはるばる海を渡り、理想的な生活・生産の場を求めて川を遡っていった渡来人達は、最終的に山麓部に辿り着き、そこに定着します。山麓部に安住の地を見出した渡来人達は、緑と水に満ち溢れ、清浄な気の漂うその光景を見た時、中国の神話に出てくる理想郷＝桃源郷をついに見つけたという思いがしたのではないでしょうか。

そして、異国の技術と文化を受け入れるだけの度量がこの列島の山水郷にはありました。水田稲作が日本に定着できたのは、山水灌漑による稲作が可能だった山麓部＝山水郷があったからです。つまり、山水郷が仲立ちすることで稲作の技術を取り入れることができ、その結果、狩猟採集による生活の行き詰まりを打開することができたと言えるのです。縄文人と渡来人が大きく争った形跡は見つかっておらず、原日本人である縄文人と渡来人は比較的、平和裡に融合していったのではないかと考えられています。縄文人は稲作を渡来人から学び、渡来人は狩猟採集を縄文人から学んで、双方が共に生きられる場をつくりあげていったのでしょう。異文化を受け入れる度量と余裕が山水郷にはありました。山水郷が異文化融合の培地となることで、寒冷化し、狩猟採集だけで生きていくことが難しくなってきていた日本列島は、人が生きる場としての力を取り戻していったのです。

弥生時代に起きたことは、現代風に言い直せば、グローバリゼーションです。一万年以上続いた狩猟採集社会が、大陸の最先端の文化文明の洗礼を受け、コメづくりやモノづくりの技術を取り入れて農耕社会へと移り変わっていったのが弥生時代です。この時に取り入れたコメづくりとモノづくりは、今につらなる日本社会の基層を形成するものとなります。

この根源的な社会変革を生み出す舞台となったのが山水郷でした。山水郷が、グローバリゼーションの洗礼を受け止め、日本の風土に合うようにローカライズさせ、普及定着の道筋をつけたのです。山水郷は、次の社会のモデルを生み出す培地＝インキュベーションセンターとして機能したと言えます。

三〇〇〇万人を支えたポテンシャル

山水郷が一等地であり続けたのは、中世までです。戦国時代には、戦国大名のリーダーシップの下、河川改修等の大規模な土木工事が行われ、平野部に耕地や集落が拓かれるようになります。広大な濃尾平野から織田信長と豊臣秀吉が出て、秀吉が天下統一を成し遂げると、平野部の開発はいよいよ本格化します。そして、徳川の治世になって本格的な平和が訪れてからは、それまでとは比べものにならないほどのスピードで、新田開発が進みました。戦の世が終わったことで、大名達が安心して土木工事に投資できるようになったからです。通貨に等しい力を持ったコメを生み出す新田の開発は、金鉱を掘るのと等しいくらいカネになることでしたから、大名のみならず、商人資本による新田開発（町人請負新田）も進みました。この結果、江戸時代最初の一〇〇年間で耕地面積はほぼ二倍になります。

生産力が上がれば人口も急増します。人口学者の鬼頭宏は、一六〇〇年には一二〇〇万人だった日本の人口は、一七二〇年には三一〇〇万人になったと推計しています（『図説　人口で見る日本史』ＰＨＰ研究所）。最初の一〇〇年間で人口が二・五倍以上に増えた江戸時代前期は、第二次世界大戦後の高度経済成長期と同じく、まさに右肩上がりの時代でした。

江戸時代は町人文化が花開いた時代ですが、その拠点となったのが城下町です。平野部の開発に合わせて、それまで山の上に築かれていた城（山城）も、平野部に築かれるようになり（平城）、その周囲に城下町が建設されました。城下町に住んだのは武士と商工業者です。

近世に建設された城下町は一つの社会システムです。この社会システムのフォーマットをつくりあげたのが織田信長でした。信長は、それまでは未分離だった百姓と武士を切り離し、武士は城下町に住まわせて専属の戦闘集団として訓練を積ませました（兵農分離）。戦闘に特化し、コメをつくらなくなった武士には俸給を与え、関所の撤廃と市場の自由化（楽市楽座）により城下町に商工業者を集めて、生活に必要なものが手に入るようにしました。武士が消費者として需要を牽引することで、城下町の経済は活況を呈し、この城下町の経済を財政基盤とすることで鉄砲のような最新の技術を導入する軍備増強が可能となりました。一方、土地から切り離された武士達は生産手段を持たず、俸給に全面的に依存して生きるので、俸給を与えてくれる主君に絶対忠誠を誓うようになります。こうして信長は、自分のために二四時間戦ってくれる強い軍隊と強い経済を手に入れ、天下統一を狙えるまでになったのです。信長のイノベーションは、城下町建設を通じた富国強兵のシステム構築にありました。

信長のイノベーションは秀吉と徳川家康に引き継がれます。秀吉は刀狩りを行って全国規模で兵農分離を進め、家康は身分制度をつくってそれを固定化させました。以来、武士は城勤めの給与生活者＝サラリーマンとなり、百姓は農業を中心に生産活動に専念することとなったのです。

新田開発と分業による生産力の向上、人口の増加、そして武士という消費者集団の誕生は、商工業の発達を促しました。城下町を中心に経済が急成長し、元禄時代（一六八八―一七〇四年）になる頃には、資本を蓄積した町人の文化が花開きます。繁栄の象徴として後々まで語り継がれる元禄文化は、このような急激な人口成長・経済成長を背景にしたものだったのです。

江戸時代を通じて、経済と文化の中心は、山麓部から平野部に移り、山麓部＝山水郷が一等地だった時代は終わりを告げました。しかし、それは山水郷の衰退を意味しませんでした。江戸時代の人々は、山水郷に存する山水の恵み、とりわけ森の恵みに強く依存する暮らしをしていたからです。

江戸時代は鎖国（海禁）をしていましたから、当然、食料もエネルギーも、国内での自給です。田畑と山水の恵みを食べ、稲藁と森林資源（粗朶《そだ》・薪炭）を燃料に、そして水車と牛馬と人力を動力にする生活でした。家も生活に必要な道具も、そのほとんどが草木竹を原料としました。鉄や陶磁器のように、一見、森とは関係のなさそうなものも、その製造過程では膨大な燃料が必要で、それは全て薪炭で賄われましたから、やはり豊かな森があってこそのものでした。さらに、田畑も森を必要としました。森で採集される草や落ち葉は、土に鋤《す》きこまれる肥料（緑肥・刈敷）となり、竹や杭丸太や板材は農業用資材となったからです。

これら生活・生業の用に供されてきた森が、いわゆる里山です。里山は再生可能な資源で、きちんと管理すれば、持続可能な形で使い続けることができます。薪炭利用を例にとれば、薪炭材として伐り出した後、一〇年から二〇年も放置すれば、根株から出てきた芽が育ち、再び薪炭材としてちょうど良い太さの木立になります（萌芽林）。ですから、その期間を計算し、計画的に薪炭材を伐り出していけば、持続可能な形での薪炭林の維持ができました。逆に、人口増等により増加した薪炭需要に応えるため、森の回復期間を無視して伐採をすると、過剰伐採のために森は劣化し、極端な場合、禿山状態になってしまうリスクがありました。

実際、江戸時代になってからの急激な人口増加は、各地で過剰伐採問題を引き起こしました。里山のほとんどが禿山状態となり、土砂流出や水害が多発するようになります。過剰伐採は、薪炭利用のせいもありますが、農業用に意図的に草山にされてきたということもあったようです。百姓達は、田畑を開くと里山を切り開いて草山にし、刈敷用の草や牛馬用の飼い葉を調達しました。耕地を維持するためには、その一〇倍以上の面積の草山が必要とされたという試算もあるくらいで、新田開発のたび、かなりの面積の里山が草山化されたと考えられています（武井弘一『江戸日本の転換点』ＮＨＫブックス）。

土砂流出や水害の多発という事態を重く見た幕府は一六六六年に「諸国山川掟」を出します。これは新田開発とそれに伴う山林開発により、山が荒廃し、水害が多発しているとして、新田開発や山林開発を制限すると共に、河川流域の造林を義務づけるものでした。幕府だけではありません。岡山藩の儒学者、熊沢蕃山も、一七世紀後半には、「山林は国の本《もと》なり」「木草しげき山は（中略）洪水の憂《うれい》なし。山に草木なければ（中略）洪水の憂あり」（『集義外書』）と記すなど、森林の荒廃への対策として伐木の停止、造林、計画的な伐採の必要性を説き、幕府や諸藩の治山治水政策に大きな影響を与えました。

新田開発が拡大し、人口が急増した一七世紀は、森の利用圧力が最大限に高まった時代でした。

土砂流出や水害の多発は、既に森の利用が限度を超えていたことを示しています。それに対し、開発や利用の制限により何とかバランスをとろうとしたのです。根本にあるのは人口の急増ですから、これ以上人口が増えないよう、産児制限による人口抑制も行われたようです。

その結果、江戸時代の人口は、最初の一〇〇年で三〇〇〇万人超に急増した後、三〇〇〇万人前後で定常状態となります。これは閉鎖的な環境で生きる生物の個体群によく見られる現象で、その環境で収容できる個体数が飽和点（＝環境収容力）に達したことを意味しています。すなわち、三〇〇〇万人余というのが、当時の条件下で、日本列島が養える環境収容力ぎりぎりいっぱいの人口だったのです。

定常状態は幕末までの一五〇年以上続きます。三〇〇〇万人が生きるのに必要な食料とエネルギーと資材とを山水の恵みでほぼ自給しながらの一五〇年間です。

この間、それまで中国等から輸入していた産品の輸入代替が進み、日本独自の文化が花開きました。現在の中国では、中国政府によるインターネット鎖国政策によって独自のインターネット文化が花開きましたが、それと同じく、日本の象徴とされるような独自の文化のほとんど全てが江戸時代に生まれ、或いは進化をしています。三〇〇〇万人が生きることができたというだけでなく、現代人をも魅了するような高度な文化文明を発酵・発展させたのが江戸時代でした。しかも、その全てがこの列島に存する山水の恵みと人の力から生み出されたのです。この列島にはそれだけのポテンシャルがあるということを私達は再認識すべきでしょう。

国民全てに最低限度の生活を保障する金額を支給する制度をベーシックインカムと言いますが、

江戸時代の日本において、山水の恵みは、三〇〇〇万人の生活・生業を支えるベーシックインカムとして機能していたと言えます。いわば〝天賦のベーシックインカム〟が、この列島には備わっていて、それが一万年以上続いた「世界で最も豊かな狩猟採集」の時代をつくり、異国の文化を受け入れて独自の水田稲作文明を育て、鎖国を可能にして、江戸の特異な庶民文化の発達を促したのです。

第二節　多様性と自立を促した山水郷

「平地人」と異なる世界

天賦のベーシックインカムたる山水の恵みは、それを生かすための手業・知恵を必要とします。その手業・知恵を持つ人が専門分化する中で、多様な生業が生まれました。山水郷には平地農村にはない多様な生業があり、それが山水郷に生きる人々の生き方や価値観の多様性につながりました。

林業（杣師《そまし》）はもとより、マタギ（猟師）、木地師《きじし》（ろくろを使って、木製の日用品をつくる人々）、炭焼き、たたら師（製鉄師）などが職業として成立し、養蚕・機織り、製紙、鍛冶、製蠟、竹細工など、山水の恵みを生かした多様な仕事がありました。これらを組み合わせながら山水郷の人は生きてきたのです。
マタギや木地師や炭焼きなどは、今で言うノマドで、山の中を転々と移動しながら生きた漂泊の民でした。私は学生時代、下北半島のマタギ集落を研究していましたが、驚いたことに、かつて下北のマタギは、南は長野県あたり、北は樺太まで猟をしに行っていたのです。一つ所の土地に丹精を込める農家と違って、獲物や資材を求めてこの列島の森の中を自由に行き来し、土地に縛られない生き方をしている山人達が、かつての山水郷には住んでいました。保守的な農耕民族という日本人の一般的なイメージは、かつて山水郷に生きた人々の生活を知ると大きく裏切られます。今のノマドワーカーなどよりもずっと大胆で自由に生きた人々がこの列島にはいたのです(何せ下北のマタギは樺太にトドを獲りに行っていたのですから!)。

山水郷には自給自足的な世界のイメージがありますが、これも正しくありません。実際は、かなり早くから商品経済・貨幣経済に組み込まれていたのが山水郷です(交易の歴史は縄文時代まで遡れます)。この列島に住む人々にとってほとんど唯一の資源であった山水の恵みには、それだけ需要があったということです。山水郷の商品となったのは、木材、薪炭、山菜・茸・薬草、漢方薬(熊の胆《い》、木の根・皮、茸等)、和紙、木蠟、絹糸・絹織物、鳥羽・毛皮・獣肉、石、鉱物などでした。これらを生み出すことを生業にする人々が山水郷にいて、それを買い付けつつ、山水郷では手に入らないもの(例えば塩、海産物、都会の文物等)を持ってくる商人が頻繁に出入りしていたので、一見、不便に見える場所でも、人の往来は常に、かなり頻繁にありました。

山という山には道があり、山水郷の村々は、これらの道で結ばれていました。車社会になってから道路は谷伝いにつくられるようになりましたが、かつて人々が往来した道は尾根伝いです。

今も山登りをしていると出くわすことがありますが、かつて人が多く往来していた尾根道には、茶屋や旅籠《はたご》の跡があったりします。何でこんな山奥に、と驚きますが、茶屋や旅籠が経営できるほどの人の往来があったことの証です。今は登山でしか行かないような道を、かつての日本人は日常的に使っていたわけで、移動や距離に対する感覚は、今とは全く違うものであったのでしょう。

日本民俗学の創始者・柳田国男は、『遠野物語』の序文に、「願わくはこれを語りて平地人を戦慄せしめよ」と記しています。柳田が『遠野物語』を発表したのは明治四三年（一九一〇）のことです。日露戦争に勝って以来、急速に軍国主義化・帝国主義化し、拡大路線をひた走る日本の国のあり方に、柳田は強い危機感を抱いていました。近代化を急ぐあまり自らを見失いつつある日本人、「平地人」化し、国家主義の下で画一化し、平板化してしまった日本人に対し、日本人の原点としてのアイデンティティを色濃く残している山水郷の人々の考え方や暮らしのあり方を提示することで、内省を迫り、変革を促す。そういう意図と覚悟を『遠野物語』には感じます。

柳田の意図はともあれ、近代化以前の山水郷には、多様な生業と生き方があったことは事実です。古代神道と中世仏教の影響で、平地人には忌避されるようになった獣肉も、山水郷では食べられ続けました。平地人的な価値観に染まることなく、自由な生き方が許された場。それが山水郷でした。ある種の治外法権ですが、そういう場があったことは、平地人的価値観に馴染めない人々にとって、救いとなったことでしょう。

もっとも、山水郷を支えたのは、山水の恵みに対する平地側の需要でした。山水郷にいれば大概のものは手に入りましたが、塩のようにどうしても手に入らないものはあったので、それを買うためのお金は必要です（お金を介した取引ではなく、物々交換の場合もあったでしょう）。山水郷の人々の元手と言えば山水の恵みしかありませんから、それに対する需要がなければ、お金を稼ぐことは難しく、従って、山水郷に住み続けるのは難しくなります。山水の恵みに対する需要が最高潮に達した江戸時代は、山水郷の生業の多様性が最高潮に達した時代でもありました。江戸時代を通じて、生産・生活の中心は平野部に移っていきましたが、その一方で、山水郷には平野部にはない多様な生業や価値観を持った人々が暮らしていたのです。

自力救済の伝統

その多くが近世以後に拓かれた平地農村と違って、山水郷は中世以前から人が住んできた地域です。中世以前から続いてきたムラには共通して受け継がれてきたものがありました。自力救済の伝統です。

中世は戦乱の時代でした。特に、鎌倉幕府が滅亡して以後は、不安定な時代が続きます。建武の新政を経て、足利尊氏が京都に室町幕府を開いたものの、すぐに京都と奈良に朝廷が分裂した南北朝時代に突入。応仁の乱以後は、戦国大名達が領土拡大を求めて相争う戦国時代となりました。まさに乱世でした。

朝廷も幕府も権威を失い、国のたがが外れた乱世を民衆はどう生きたのか。

民衆が頼れるのは、同じ立場の民衆だけでした。それまでのムラは、耕地のそばに住居が点在する散居・散村と呼ばれる形式が一般的でしたが、この時期、人々は、耕地と居住地とを切り離し、住居は住居でまとまった集落を形成するようになります。そして、集落を形成した人々は、単に集住するだけでなく、用水・共有林野（入会地《いりあいち》）・道路等、共有資産の管理・運営を行い、農作業や家の普請を協働し、盗賊や鳥獣から協力して田畑を守り、ムラの内外の紛争処理を行う共同体として機能するようになります。ムラの運営のために、全員参加の定期的な会合（寄合）を持ち、ムラ独自のルール（村掟）を決め、祭祀を執り行う宮座の代表がリーダーとなって、ムラの自治が行われました。誰にも頼れず、誰も守ってくれない。自分達の生命と財産を守るためには、同じ立場の者が結束し、自治・自律・自衛のために共同するしかない。そういう状況の中で生まれ、進化してきたのが、中世のムラでした。

自治・自律・自衛の共同体となったムラは、畿内を中心に、〝惣村《そうそん》〟と呼ばれるようになります（畿内から遠い関東や東北では〝郷村〟と呼ばれました）。惣村は、自分達の暮らしは自分達で守る自力救済を基本としました。結束し、共同することで、外部の脅威から一人ひとりの生命と財産を守ったのです。

当然、武力も保有しました。武士化した地侍は勿論のこと、普通の百姓も刀や鉄砲を持ちました。百姓にとっての武器は、何よりも田畑を荒らす鳥獣を追い払うためのものでしたが、中世以後は、頻繁に起きた水の取り合い（水争い）や、薪や刈敷の取り合い（山争い）の際にも用いられました。時に殺し合いに発展するような激しい戦いを繰り広げたのです。自力救済の社会は、やられたらやり返す、目には目をの原則に貫かれた社会でしたから、最終的には、武力に頼っての紛争解決になることが常態化していました。自治・自律・自衛の共同体であったこの時期のムラは、牧歌的で平和なイメージとはほど遠く、実に血なまぐさいものです。常に外部に対して身構え、必要な時には、自ら武装蜂起し、実力行使に打って出た百姓達の姿がそこにはあります。そうしないと生きていけない世の中だったのです。まさに仁義なき時代です。

百姓達が何よりも求めたのは、豊かになることでした。天災や戦争が頻発した中世は、百姓にとって、食べていくのが厳しい時代だったからです。せっかく耕した田畑も戦の場となれば荒らされてしまい、ムラのことごとくが略奪の対象となってしまうのですから、とても安心して耕作に打ち込めるような環境ではありません。生産性は上がらず、蓄積もできませんから、豊かになれるはずがない。そんな状態でしたから、百姓の中には、耕作せずに、各地で行われる戦に〝出稼ぎ〟に行くことを習いとする人々も出てきました（戦に行けば略奪ができたので、手っ取り早く稼ぐことができたのです）。また、ムラのそばを落ち武者が通れば、皆で寄ってたかって追い剝ぎするようなことも、当たり前に行われたようです。同じムラの中では人々は助け合いましたが、ムラの外に対しては、食うか食われるかの仁義なき戦いの世界。それが自力救済を基調とする中世の村々の現実でした。

豊かになれない百姓達の鬱憤や憤懣は、時に、一揆や逃散《ちょうさん》（百姓達が村を捨てて他国に逃げること）という形で爆発します。百姓による実力行使の象徴であった一揆は、飢饉の年などに、税の減免や借金の棒引き、世直しを求めて行われた武装蜂起であり、デモです。横暴な領主、無能な領主に対して、百姓達は武装蜂起し、実力行使に訴えました。

中世史研究家の黒田基樹は、その著書『百姓から見た戦国大名』（ちくま新書）の中で、戦国大名が領土拡大を目指し、戦争をし続けたのは、背後に、そうしなければ武装蜂起や逃散といった実力行使に出る百姓達の圧力があったからだということを明らかにしています。他国から略奪してでも領内を富ませないと、百姓達が黙っていない。戦国大名は、すぐに実力行使に出る百姓達を慰撫し、自らの権力基盤を維持するために、戦争をしかけ、領土拡大を行わざるを得なかったのだというのです。百姓というと立場の弱いイメージがありますが、中世の百姓達は戦国大名を動かすほどの力を持っていたというのが、どうやら真相のようです。

結局、百姓達の実力行使を止めさせない限り、平和はこない。そのことをわかっていた豊臣秀吉は、天下統一後、真っ先に刀狩りをして強制的にムラの武装解除を進めます。ムラ同士の争いに際しても、当事者間の武力に頼った紛争解決を禁じ、裁判を通じた裁定に委ねるようにしました。秀吉は、ムラの自力救済の伝統を断ち切って、権力者に対する武装蜂起とムラ同士の武力衝突が起きないようにしたのです。

武力による自力救済は禁止されましたが、集落の形成、共有資産の管理・運営、農作業や家の普請の協働、寄合、村掟、村祭りなど、中世に築かれた惣村の伝統は、山水郷から平地農村にも受け継がれて、今に至ります。今、私達が思い浮かべるムラの風景は、動乱の世を生き抜くために民衆達が編み出した自治・自律・自衛の精神の結晶と言えるでしょう。

ムラの源流には、権力に屈せず、武力衝突をも辞さない自力救済の伝統があります。それは言わば〝土着のセーフティネット〟として、民衆の生命と財産を守ってきました。中世以前から続く山水郷の村々は、〝自分達を自分達で守る〟という点において、近世の開拓村である平地農村よりも分厚い経験の蓄積があり、それがムラの底力となってきたのです。

自立経営が育んだ多様な生業と人材

秀吉は刀狩りと同時に検地を進めました。刀狩りは軍事独裁の基盤づくり、検地は徴税の基盤づくりです。軍事と財務を固め、自らを頂点とする中央集権的な統治体制を秀吉は築いたのです。徳川家康は、秀吉の築いた統治体制を引き継ぎますが、徳川の幕藩体制は、中央集権的な統治を基礎としながらも、藩の運営自体は各藩の自主性に委ねる、地方分権色の強いものでした。藩が負っていたのは軍役と労役（公共事業への労務提供）、それに一年おきの藩主の江戸勤め（参勤交代）で、年貢米を幕府に納める必要はありませんでした。各藩の運営は藩主の裁量に委ねられていて、藩は、百姓から徴収する年貢を歳入にして、藩の経営を行いました。それはまさに〝経営〟でした。幕藩体制下の藩は、国からの補助金や交付税に頼る今の自治体と違って、自立的な経営体と言ってよい存在でした。全国に三〇〇余ありましたから、今の都道府県より小さく、市町村よりは大きくて、自治の単位としても程良かったのだと思います。

年貢は自主財源にできたものの、幕府に対する義務（軍役、労役、江戸勤め）が、藩にとっては負担でした。歳入を百姓からの年貢に頼った各藩は新田開発に努めました。しかし、それも一七世紀後半には開発余地がなくなり、頭打ちとなります。

そこで歳入を増やす手段として各藩が注力したのが商品作物（茶、桑、楮《こうぞ》、三椏《みつまた》、漆、木綿、麻、紅花、藍《あい》、荏《え》、茜《あかね》、イ草、菜種等）の栽培や特産品の開発、地場産業の育成でした。外貨流出を嫌った幕府の国産化政策とも相まって（鎖国はしていましたが、中国・オランダとの貿易は続いていました）、輸入代替が進み、それが土地土地の、風土に見合った地場産業を育てることにつながっていったのです。現代に受け継がれている各地の伝統的な特産品や地場産業のうち、かなりのものがこの時期に生まれています。特に山水郷において多様な商品作物が栽培されるようになり、特産品が生まれ、山水の恵みを生かした地場産業が興りました。

後に近代化の過程で大きな役割を果たすこととなる製糸業や紡績業も、この時期に絹や木綿の国産化が進められたことがベースとなっています。とりわけ養蚕は、蚕の餌となる桑の木が水を好むことから、山水郷で普及し、絹織物の産地化も進みました。養蚕・絹織物は、昭和に至るまで、長く山水郷のみならず、日本の経済を支える重要な生業となったのです。

藩が育成したものは地場産業だけではありません。人材の育成にも力が注がれました。ほとんど全ての藩で、藩士の子弟の教育のために藩校が開設され、全ての子弟に無償で教育が施されました。藩校は、藩士の子弟を対象にしていましたが、一部、庶民の子弟も入学が認められました。また、藩校とは別に、庶民の子弟の教育のために郷学と呼ばれる学校を農山村に設立した藩もありました。

藩校や郷学は、藩の開設する、いわば官製の教育機関ですが、それとは別に民間人によって開設された庶民のための教育機関が、寺子屋・手習所です。幕末期には全国に一万五〇〇〇以上の寺子屋・手習所があったと言われており、庶民にとっては最も身近な教育機関でした。寺子屋・手習所は完全な民間教育機関で、運営に藩は関わっていません。しかし、教師役を担ったのはしばしば武士でしたし、寺子屋・手習所の教育内容は藩校を模したものが多かったようですから、藩が藩校を開設して藩士の教育に力を入れたことが、結果として、庶民の教育レベルを高めることにも寄与したと言えそうです。江戸時代の日本は、識字率が五〇%を超えるという、非常な教育レベルの高さを実現していましたが、その背景には、各藩の教育への注力があったのです。

江戸時代後期は、各藩に、経営感覚に優れたリーダーや人材が多く出ましたが、それは経営感覚を磨く実践の機会に事欠かなかったからです。商品作物の栽培や特産品の開発には経営感覚が必要でしたし、藩とその構成員たる家は自立的な経営体としての性格を有し、そのどちらもが、一八世紀には財政難に陥り、経営改革が求められていました。藩や家の大事を解決することのできる才能があれば、家柄や身分、年齢を問わずに登用され、そこで頭角を現せば、より大きな経営体のマネジメントに関われるようになるというダイナミズムが、江戸の後半期にはありました。藩や家という自立的な経営の単位が数多く存在したことが、経営力を有する人材を世に出すきっかけとなったのです。

江戸時代後半に農村復興で力を発揮した小田原藩の二宮尊徳（金次郎）もそうやって世に出た一人でした。尊徳は没落した農家の生まれでしたが、経営感覚に優れ、それこそ薪を売ったり（金次郎の銅像が背負うあの薪です）、商品作物を育てたりしてお金を貯め、家の再興を成し遂げた後、その能力を買われ、小田原藩家老・服部家の財政改革担当に抜擢されます。そこでも成果を上げ、それを契機に藩の中で頭角を現して各地の農村復興で功績を残し、最終的には幕府に召し抱えられて、幕府天領の改革を担当するようになったのです。有事になると平時は埋もれていた才能・才覚が世に出るものですが、尊徳も、家や藩や幕府が火急の危機に直面していたからこそ、取り立てられたと言えます。

討幕運動を率いた薩長土肥の西南雄藩が力をつけたのも、藩が自立的な経営体だったからです。これらの藩は、若手や下級武士の登用と重商主義的な政策の導入でいち早く藩政改革に成功し、海外の最新の情報や文物を仕入れ、軍備を増強したことで、幕府以上の力を持つに至りました。

こうしてみると、自立的な経営体である藩と家を基礎とする分権的な統治体制が、いかに重要な意味を持っていたかがわかります。自立的な経営体であったからこそ、各藩は生き残りのために必死になり、未利用地であった平野部の開拓をし、山水の恵みを生かした多様な生業を育て、人材を育てたのです。限られた藩の領地の中、頼れるものは、山水と人しかありませんでした。ほかに資源がないからこそ、唯一の資源である山水と人に投資をし、ポテンシャルを最大限に引き出すことに努めたのです。その結果として、特産品や地場産業、さらには人材が育ち、以降長きにわたって地域の経済を支えました。分権的な統治体制がこの列島のポテンシャルを最大化した、と言えるでしょう。裏を返せば、それに応えるだけの多様性と奥深さが、この列島の山水と人には秘められていたのです。

第三節　〝強い国づくり〟を支えた山水郷

山水による資本蓄積

鎖国をしていた江戸時代ですが、一九世紀になると潮目が変わります。一八〇六年の露寇《ろこう》事件や一八〇八年のフェートン号事件等、外国船によって日本の主権が脅かされる事件が続き、外国との国交を閉ざした鎖国体制を続けることが難しくなったからです。欧米列強に対して無力で、内政統一のリーダーシップも発揮できない幕府は急速に信頼を失い、一八五三年の黒船来航を機に倒幕運動が巻き起こると、短期間で瓦解してしまいました。幕府による朝廷への政権返上（大政奉還）が一八六七年ですから、黒船来航からたった一四年で幕藩体制は崩壊したことになります。二六〇年以上続いた長期安定政権の最期としてはあまりに呆気ないものでした。

幕府に代わって政権をとった新政府の目標は、何よりも富国強兵でした。大国・清ですらアヘン戦争（一八四〇—四二年）では英国に敗れています。日本国としての主権を奪われないためにも欧米列強に負けない軍事力を身に付ける必要があり、それにはまず経済力が必要でした。すなわち殖産興業です。

殖産興業と富国強兵の二つを短期間で実現することを国是とした新政府は、中央集権的な統治体制を築きます。自立した経営体である藩の集合体国家から、中央集権的な統一国家へと国体を変革することで、近代国家としての成立を急いだのです。

殖産興業と富国強兵は、近代技術を筆頭に欧米の文化文明を導入して進められましたが、それには先立つものとして外貨が必要でした。その外貨はどのようにして稼いだのか。明治九年（一八七六）に設立され、近代日本の海外進出・輸出入を支えた三井物産（現在の三井物産株式会社の前身）の輸出重要品目の推移を見ると、米、石炭、蚕種・生糸、茶、海産物、枕木等が明治初期（明治九—二六年）においては重要な役割を担っていたことがわかります（図表3—2）。

このうち生糸や茶は、江戸時代の地場産業振興策の結果、産地が形成されていたものです。石炭は、古くからその存在が知られていましたが、採掘が本格化するのは、開国後です。蒸気機関の燃料を求めていた欧米諸国の需要に応える形で、炭鉱の採掘が開始されたのです。枕木も米国

図表3-2　三井物産の重要輸出取り扱い商品の推移

時期区分	期間	商品名
第1期	明治9～26年	米、石炭、蚕種、生糸、茶、海産物、枕木等
第2期	〃　27～36年	石炭、綿糸、綿布、生糸、米、金物、マッチ、枕木、局紙、寒天
第3期	〃37～大正2年	石炭、綿糸布、生糸、羽二重、絹織物、砂糖、木材、セメント、マッチ、樟脳、銅、小麦粉

(1) 第一物産「三井物産会社小史」(130～135ページ)より作成
(2) 時期区分は、三井物産の経営とは無関係に、日本経済からみて区分されている

出所：萩野敏雄（1973年）「明治・大正期における木材輸出の発展(4)-出超時代形成の起動力-」『林業経済』26(9) P.1-9

や中国大陸を始めとしアジアでの鉄道建設ブームに応える形で奥地・奥山から大径木が伐り出され、輸出されていきました。北海道開発が始まってからは、北海道の原野に眠っていた大径木が、貴重な輸出資源となりました。今では信じられないかもしれませんが、実は大正九年（一九二〇）まで、日本は木材純輸出国だったのです。図表3―2には、マッチ、木材が重要輸出品目となっていたことが記載されていますが、枕木、マッチ軸、その他用材へと用途を変えながら木材の輸出が続けられたのです。

また、明治中期から大正時代にかけて次第に工業製品（綿糸、綿布、金物、マッチ、局紙、寒天、羽二重、絹織物、砂糖、セメント、樟脳、銅、小麦粉）へと輸出の比重が移っていったことがわかります。興味深いのは、工業製品も含め、輸出品の多くが山水の恵みと深く関わった産品であるということです。明治中期までは特にその傾向が強いです。水を抜きに語れない米、山を掘る石炭、森を伐る木材、海で獲る海産物は言わずもがなですが、生糸や茶も豊かな山水があればこその産品でした。これは桑や茶の栽培適地が山水郷であるということに加え、どちらもその製造過程で熱源としての薪炭を

必要としたからです（製糸は、養蚕段階で蚕室の暖房のために木炭を大量に消費し、繭を煮て生糸をとる段階でも薪炭を使います。製茶は、生茶葉を煎茶にする過程で木炭を必要とします）。明治中期になって輸出品となる綿製品の製造においても薪炭は使われましたし、局紙（上質な和紙）は三椏（木の名称です）から、寒天は海藻からつくられたものです。

山水の恵みは、外貨の獲得に寄与しただけでなく、都市やインフラの建設にも使われました。急激に人口が増大する都市には膨大な建材需要が生まれ、道路や橋梁の資材、電信柱等にも木材が使われました。明治二年（一八六九）から始まった鉄道建設は大量の枕木を必要としましたし、造船にも木材が使われました。家庭用の煮炊きや暖房は薪炭が中心で、軽工業の工場にも薪炭が使われました（図表3―3）。家庭での薪炭利用が震災時の火災の拡大を招いたとして、関東大震災を機に、ガスが一般家庭に入り始めますが、本格的にガスが普及するのは、第二次世界大戦後のことです。

明治三〇年代になると鉄鋼、造船、化学などの重化学工業が立ち上がります。重化学工業のエネルギー源は石炭と、明治二〇年代に始まった水力発電でした。石炭も水力発電も石油によるエネルギー革命が起きる昭和四〇年代まで日本の主力エネルギー源であり続けましたが、これもまた山水の恵みと言っていいものです。

明治二七年（一八九四）、日本は日清戦争に勝利し、明治三七年（一九〇四）には日露戦争でロシアを破りました。黒船来航の時に何もできなかった日本は、一八六七年の明治維新から四〇年足らずで大国ロシアに勝つまでになったのです。このように短期間で富国強兵に成功した背景には、豊かな山水の恵みがありました。

図表3-3　明治10年(1877)ごろの木材需要量 (単位:尺〆≒約0.33m³)

用途		数量	構成比	
			用薪とも	用材のみ
用材	建築材	11,884,286	6.5%	88.6%
	道路、橋梁、堤、樋材	465,680	0.3%	3.5%
	鉄道用材	9,696	0%	0.1%
	電信柱材	37,861	0%	0.3%
	造船用材	574,591	0.3%	4.3%
	車輿其他器械材	428,042	0.3%	3.2%
	計	13,400,156	7.4%	100%
薪炭材	工場製作に用いる薪材	7,420,205	4.1%	—
	工場製作に用いる炭材	7,336,480	4.0%	—
	通常薪材	133,018,052	73.1%	—
	通常炭材	20,720,707	11.4%	—
	計	168,495,444	92.6%	—
合計		181,895,600	100%	—

(1) 山林局「山林共進会開設の大意」(8〜14ページ)より作成
(2) 各用途によって、調査年次などの算定基礎が異なっているので、細部は原資料を参照のこと
(3) とりまとめの時点は明治14年(1891)6月
出所:荻野敏雄(1972年)「殖産興業政策下の木材資源政策(1)」『林業経済』25(4)P.7〜17

企業のスタートアップには資金が必要ですが、多くの起業家は、この資金を融資でなく、出資で集めようとします。いつ成功するかわからない起業段階においては、返済期限のある融資では何ともならないからです。その点、投資家や篤志家からの出資は成功してから配当等の形でお返しすれば良いので、都合が良いのです。

近代日本のスタートアップにおいて資本となったのは山水の恵みでした。いわばこの列島が山水を現物出資する形で、日本の近代化というプロジェクトがスタートしたのです。この出資は、返済の必要がなく、配当支払いの必要もない、何とも都合の良いものでした。山水の恵みは、山水郷に生きる人々にとっ

ては〝天賦のベーシックインカム〟であると述べましたが、その顰《ひそ》みに倣えば、明治期の国家と企業にとって、山水は〝天賦のキャピタル（資本）〟として機能したと言えます。〝天賦のキャピタル〟は、森林資源、水産資源、水資源、鉱物資源、化石資源として原材料やエネルギー源となり、或いは換金されて、国家や企業の資本蓄積に貢献しました。近代国家のスタートアップ段階で山水という国富の源（富源）があったことは、日本にとって極めて幸運なことでした。この富源があったからこそ、富国強兵（〝強い国づくり〟）に向けてロケットスタートを切り、短期間で欧米列強に伍す国家となることができたのです。

中央集権と立身出世

山水と並び近代化の元手となったのが人的資本でした。江戸時代、藩が自立的経営体であったことが、人材の底上げにつながったことは既に述べた通りです。三〇〇余あった藩のそれぞれにおいてそれぞれに教育を受け、実践を積んだ有能な人材が各地にいました。維新の立役者となった西南雄藩は、いずれも江戸から見たら辺境のような場所にありますが、多彩な人材を輩出しています。今と違って、居住地や職業の選択の自由はなく、生まれ落ちた土地、藩の中で身を立てていくしかなかった時代です。今であれば東京に出てしまうような多彩で有能な人材も、活躍の場は藩に限定されていました。裏を返せば、地方には人材がいたのです。

新政府にしてみれば、これらの有能な人材は是が非でも手許に置いておきたい存在です。そして、旧武士階級の人々の、主君のためには自らの命をも投げ出すほどの忠節を国家に対して誓って欲しい。粉骨砕身、国のために働いてもらって、富国強兵を進めたい。幕末期のような内乱にかまけている暇はなく、一刻も早く欧米列強の仲間入りをするためにも、旧藩主に向けられていた忠節のベクトルを、国家へと向けなければなりませんでした。そのために何をするか。

明治政府が最初にやったことは、国家の上位概念に天皇という人格神を置くことでした。その上で、統治者としての天皇の正統性を示しつつ、藩の枠を超え、日本国民全員が共有できる、統一国家としての物語をつくったのです。神話の世から断絶することなく続いてきた万世一系の皇室、天照大神の子孫であり、唯一絶対の主君である天皇を奉る国家神道の発明です。そして、「王政復古」「祭政一致」を掲げて、神道の国教化を進め、国民の教化に努めました。

明治政府は、明治元年（一八六八）に神仏分離令を発しています。神仏分離令は、それまで広く行われてきた神仏習合（神仏混淆）の風習を禁じ、仏教と神道とを切り離すことを命じるものでした。国家神道の純度を高めることが目的でしたが、明治元年に行われていることからも、いかに明治政府が国家神道の確立を急いでいたかがわかります。

そして、天皇を頂点とする中央集権的な国家に再編すべく、明治四年（一八七一）には廃藩置県を実施します。これにより藩は廃止され、県となり、明治二年の身分制度の廃止で「華族」と呼ばれるようになっていた旧藩主は、東京への移住を命じられました。代わりに、中央政府から派遣された県令が各県の統治を行うこととされ、藩主は名実共に存在しなくなったのです。

信長による兵農分離以来、武士は土地から切り離された給与労働者＝サラリーマンとなってきました。武士の忠誠の対象は土地ではなく主君でしたから、維新後に士族となった元武士達が藩主なき後の地元にどれだけ未練や愛着があったかと言えば、それほどではなかったはずです。加えて、士族の中央志向を高める現実もありました。それは、中央政府の官吏や軍人になれた士族とそうでない士族との間に生じていた露骨な格差です。

映画化もされた『武士の家計簿』（磯田道史、新潮新書）は、加賀藩に御算用者として仕えた猪《いの》山《やま》家の日記と家計簿を通じて、幕末から明治の時代にかけての武士・士族の暮らしや価値観がどのように変容していったのかを具体的に浮かび上がらせてくれる好著です。

加賀藩の経理担当として、幕末の動乱期の兵站事務で天才的な能力を発揮した猪山成之は、その能力を買われて、新政府で「軍務官会計方」に任官されます。そこから兵部省（のち海軍省）出仕となり、順調に出世するのですが、海軍に出仕できた成之の明治七年（一八七四）の年収は、今の金額にして三六〇〇万円です。これに対し、官職を得られなかった成之の親族の年収は、今の金額にしてわずか一五〇万円です。著者の磯田は「新政府を樹立した人々は、お手盛りで超高給をもらう仕組みをつくって、さんざんに利を得た」と辛辣に評価していますが、同じ親族の士族でも、これだけの格差があったのです。これが士族にとっての明治維新の現実でした。

当然、多くの士族が勝ち馬に乗るべく政府・県庁への出仕を希望しますが、それは、「目立った学才と弁舌、縁故と周旋」がなければかなわない、狭き門でした。特に、政府の官吏になるためには、東京か京都か大阪での猟官活動が必要で、その滞在費用が出せない人にはチャンスすら巡ってこない。明治一四年（一八八一）の時点で、官職にありつけた士族はたった一六％だったと磯田は書いていますから、いかに狭き門であったかがわかります。

「目立った学才」がなければ生き残れない世の中になったことを身をもって味わった士族達は、自らの子弟には、是が非でも学問を身につけさせようとします。目標は官僚や軍人にさせることでした。猪山家も、二人の息子を海軍に入れることを望み、成之の父親が、教育担当として、幼少の頃から徹底した英才教育を施しています。それは、満五歳の子どもに、「海軍一等官にするために」と算盤《そろばん》で頭を殴ることも辞さずにしごくというようなやり方だったそうです。何ともすさまじい限りですが、士族の家庭はどこも似たり寄ったりだったといいます。このような士族の教育熱の高まりの中で、「立身出世のために」と勉強させられて育った世代が、その後の近代化の歩みを推し進めてゆくのです。

「立身出世」は、維新後に使われるようになった言葉です。明治時代は立身出世熱が異様に高まった時代でした。明治時代を通じ、一番の立身出世は、中央省庁の官吏か軍人になることでした。それくらい明治の役人や軍人は名誉の面でも待遇の面でも他を圧倒していたのです。

立身出世熱を生み出すきっかけとなったのは、「学問は身を立《たつ》るの財本」（明治五年の太政官布告第二一四号。いわゆる「学制序文」）の理念に基づき確立された学校制度です。この学制公布以後、「立身・治産・昌業」のための学問という考えが広まります。明治一七年（一八八四）の文部省唱歌として生まれ、卒業式の定番ソングとなった『仰げば尊し』は、「身をたて名をあげ、やよはげめよ。今こそわかれめ、いざさらば」と歌います。立身出世の価値観そのものです。

また、学制公布と前後して出版され大ベストセラーとなった二冊の書物、『西国立志編』（サミュエル・スマイルズ著、中村敬宇訳、明治四年出版）と『学問のすゝめ』（福沢諭吉著、明治五年出版）も、立身出世観の形成に大きな影響を与えました。

「天は人の上に人を造らず人の下に人を造らずと云へり」で始まる『学問のすゝめ』は、人は生まれながらにしては区別がないはずなのに、貴賤貧富の別が生まれてしまうのは、学問の有無によるのだと述べ、四民平等の理念と共に学問を身に付けることの重要性を説きました。その底流にあるのは「富貴のための学問」（富と名声のための学問）という考え方です。下級藩士の出だった福沢は、故郷の中津藩（大分県）を出て、長崎、大阪で学問を修めることで身を立て世に出ました。まさに「富貴のための学問」を体現したその当人が語る「学問のすゝめ」でしたから、説得力はことさらでした。

この『学問のすゝめ』以上に影響力を持ったと言われるのが『西国立志編』です。英国の医師であり作家のサミュエル・スマイルズが著した〈Self-help〉を儒学者・中村敬宇（正直）が翻訳したものです。「天ハ自ラ助クル者ヲ助ク」という有名な一文で始まる本書で、スマイルズ＝中村は、西洋の偉人達がどのような努力を経て後世に残る偉業を成し遂げたのかを述べながら、偉業や立身出世は、個々人の品行にかかわる美質（努力、勤勉、節約、忍耐、注意深さ……）の産物であり、これらの徳目を伸ばし、実践することが、偉業や立身出世のための唯一の方法であると説きました。スマイルズ＝中村の重視した品行にかかわる美質は、武士が重視してきたものです。武士として生きてきた個々人の価値観は何ら否定せず、個人の努力次第で人生は何とでも開ける時代が来ていると説いたことが、士族の、特に若者達の心を捉えたのです。

スマイルズ＝中村の言う立身出世は、富や名声を得ることではなく、物質的・文化的に、現代文明を進歩させる何かを成し遂げることを意味していましたが、『西国立志編』を読んだ人々は、富貴功名としての立身出世を夢見るようになります。それは『西国立志編』より『学問のすゝめ』の立身出世観に近いものでしたが、スマイルズ＝中村の立身出世観より、福沢のそれのほうがシンプルでわかりやすかったのでしょう。

その福沢の立身出世観とは、極めて中央志向的、上昇志向的なものでした。『学問のすゝめ』

には、「医者、学者、政府の役人、豪商、豪農」以外は「身分軽き人」とあります。「天は人の上に人を造らず」と四民平等の理念を謳い上げながらも、明らかに福沢は職業には貴賤があると見ていました。また、下級藩士として差別されたことから、封建的な価値観を憎み、因習に満ちた田舎には立身出世の芽がないと思っていました。立身出世できたのも、親の反対を振り切り、故郷を捨てて学問の道を生きたからです。福沢自身の思想と生い立ちは、「田舎に埋もれるな。田舎を捨てて、富と名声を手に入れよ」というメッセージに満ちていました。

中央政府の官僚や軍人を目指す立身出世観は、当然ながら中央志向を招来します。まず、官僚や軍人になった士族が、東京に移住していきました。また、教育熱の高まりが、子どもの教育を東京でという風潮を生みだしました。『武士の家計簿』の猪山家も、明治一二年（一八七九）に、子どもの教育を考え、東京に本拠地を移しています。

明治一〇年（一八七七）には初の大学として東京大学が設立され、明治一九年（一八八六）には帝国大学になり、官吏養成機関としての位置付けが明確にされました。明治二七年（一八九四）には高等文官試験制度が導入され、試験に受かれば、誰でも上級官吏になれる道が開かれましたが、合格者の多くは、帝大、とりわけ東京帝大卒業生でしたから、結局、東京帝大に入ることが、上級官吏になるための最善の経路であり続けたのです。

帝大に入るためには、帝国大学と共に設立された五つの高等中学校（のちの旧制高等学校）に入ることが必要でした。東京の第一高等中学校に入れば、東京帝大への切符を手に入れたようなものでしたから、立身出世を夢見る全国の青少年達は、第一高等中学校に入ることを切望しました。このため、早くも明治二〇年代には、「試験地獄」という言葉が生まれ、立身出世を「雪中登山」

（転げ落ちたら闇の、非常に厳しい道のり）や「人間の篩《ふるい》」（ひとたび篩から落ちれば一生落伍者になる）に喩えるような言説も生まれています（E・H・キンモンス『立身出世の社会史』玉川大学出版部／竹内洋『立身出世主義』日本放送出版協会）。四民平等の原則の下、広く一般に門戸を開いてエリートの養成を図ったことは画期的でしたが、それは苛烈な競争と学歴社会化をもたらすこととなったのです。エリートになるためには他人を蹴落としてでも試験に受かることが必要でしたから、立身出世は、もはや競争というより、戦争でした。こうして、若者達は、早くから「知識の戦場」（明治二一年に発行された雑誌のタイトル）に駆り出されていったのです。

明治政府にしてみれば、立身出世熱の高まりにより、「知識の戦場」を勝ち抜いた優秀な頭脳をもった戦士達を全国から動員することが可能になったわけですから、好都合でした。地方に住む者達にとって、立身出世とは中央政府のある東京でするものでした。文字どおり「世を出て」（郷土を捨て）、「世に出て」（広い世界に入り）、「身を立てる」（富と名声を手に入れる）こと、すなわち、故郷を離れ、高等中学や帝国大学のある都市を経て、首都東京で官職を得ること、それがエリート予備軍が夢見る立身出世の理想となったのです。地方に住む青少年にとって、「立身出世」は「上京」と同義でした。

このように、維新後の新政府に各藩の有能な実務家を集めて好条件で遇する一方で、天皇を頂点とする中央集権的な思考と立身出世の価値観を学校で教え込むことで、士族とその子弟を中心に立身出世熱が高まり、中央志向と富貴を求めて努力する上昇気流が生まれました。以後、その中央志向と上昇気流に乗って、全国各地から有能な人材が続々と中央に集まってくるようになったのです。藩の中で身を立てるために己を磨いていた人々は、中央で立身出世するために切磋琢磨するようになりました。その切磋琢磨のエネルギーが原動力となって、短期間での富国強兵が実現したのです。

『ふるさと』を歌う理由

士族出身のエリート予備軍から広がった立身出世熱は、庶民にも広がってゆきました。明治三一年（一八九八）には民法（親族編、相続編）で長子相続が規定されます。山水郷や農村部の次男三男達は、故郷にいても将来がないので、外国や北海道への移民か、工場へ働きに出るか、都市への移住を志すようになりました。日露戦争の頃には重化学工業が育ち始め、男子工員の需要が増えていましたし、人が集まる都市には、様々な雑業・サービス業がありました。明治三〇年代の戦争景気で「実業ブーム」が生まれ、それもまた都市に人を集める要因となりました。

政府はこの都市への人の流れを積極的に後押しします。その証拠に、〝離郷の歌〟とでも呼ぶべき、遠く離れた都市から故郷を思う内容の歌が相次いで作られました。そして、高等中学校の設立を受けて上京がブームになり始めた明治二一年頃から唱歌で採用され出したのです。『故郷の空』（明治二一年）、『旅愁』『故郷の廃家』（明治四〇年）、『故郷を離るる歌』（大正二年）等が離郷した者の立場で故郷を歌う歌として知られますが、何よりも故郷のイメージを決定づけたのは、大正三年（一九一四）の尋常小学唱歌として採用された『ふるさと』でしょう。

「兎追いし」で始まる『ふるさと』は、故郷の山や川を歌い、「父母」や「友がき」を気遣った後、三番で、「志をはたして　いつの日にか帰らん」と、いつの日にかの帰郷を誓います。「志」とは、おそらく立身出世のことでしょうが、志を果たすべき場所は異郷（都市）で、立身出世したら帰る。逆に言えば、立身出世しない限り、帰れない（帰らない）。遠く故郷を思う気持ちを美しく歌い上げるこの歌が、帰郷しない自らの事情を正当化したであろうことは想像に難くありません。『ふるさと』は、帰郷を誓う歌というより、離郷を正当化する歌として機能し、広まっていったのです。

『ふるさと』に代表される〝離郷の歌〟を日本の未来を担う子ども達に歌わせ続けたということは、政府自身が離郷を後押ししたことを意味します。富国強兵のためには、国を率いるに足る有能な人材を中央に集めると共に、農山村に滞留する余剰労働力には、近代産業の発展を支える労働力になってもらうことが必要でした。そのための〝離郷のすゝめ〟、それが『ふるさと』に象徴される〝離郷の歌〟の数々だったのです。

『明治大正国勢総覧』によると、明治九年（一八七六）の東京の人口は一一二万一八八三人、大阪は三六万一六九四人。これが、大正九年（一九二〇）になると、東京は二一七万三二〇一人、大阪は一二五万二九八三人です。半世紀の間に物凄い勢いで人口が増加していることがわかります。『ふるさと』が歌われた背景には、故郷を離れ、東京や大阪で暮らす人が急増していた現実がありました。

唱歌『ふるさと』が興味深いのは、この歌に二つの物語が含意されていることです。一つは、既に述べた、「故郷を出て、世に出て、志を果たす」という立身出世の物語です。これは裏を返せば、「故郷を捨てよ」というメッセージに他ならないわけですが、何故、それが正当化され、奨励されたかと言えば、殖産興業・富国強兵のために身を尽くすという大義名分があったからです。「国（国家）に尽くすならば、クニ（郷土）は捨てていい」、父母の世話や田畑山林の管理も大事だけれども、それ以上にやるべきことがある。学問を修めれば、道も開ける。誰にでも等しくチャンスがあり、末は博士や大臣も夢ではない……。

立身出世の物語は、封建制度のもとで土地や家や身分に縛られていた人々に、あり得べきもう一人の自分を夢見させ、「お国のために」という大義名分の下でなら、生まれ故郷を捨ててもいいという自由を与えたのです。『ふるさと』に含意される第一の物語、立身出世の物語は、土地に縛られていた人々を解き放つ〝自由の物語〟であったのです。

しかし、自由は後ろめたさと背中合わせです。自分が出ていった後、父母の面倒は誰が見るのか。田畑山林の管理はどうなるのか。長兄が家を守ってくれるとは言え、働き手がいなくなるのですから、負担が増えることは間違いありません。

また、自由は不安とも隣り合わせです。都会で自由に生きているようでも、異郷の地で生きるのはやはり心細いものですし、夢叶わず、志を果たせないのではないかという不安もあります。理想に燃えていた人ほど、理想と現実のギャップに悩み、不安を抱えて生きていたはずです。

その後ろめたさや不安に対して、「父母も友も、山青きふるさとも、水清きふるさとも、何も変わらない。だから心配しなくていい」と『ふるさと』は歌うのです。そして、懐かしい風景や人々が、自分が帰るのを変わらずに待ってくれているであろうことを仄めかすのです。たとえそれが幻想に過ぎないとしても、そう思えることが、どれだけ離郷した人々の心を慰め、安心をもたらしたことか。この〝安心の物語〟があればこそ、離郷する自由を行使でき、自由がもたらす痛みに耐えることができたのでしょう。

二〇一一年の東日本大震災の後、『ふるさと』が様々な場面で歌われました。それを聞いていて思ったのは、『ふるさと』という歌には、強烈な想起力がある、ということです。実際の故郷は津波で失われているのに、『ふるさと』を歌っていると、かつてあった故郷の風景が目の前にありありと浮かび上がってきます。それは所詮、幻想＝ファンタジーです。しかし、たとえファンタジーとわかっていても、『ふるさと』が想起させる〈ふるさと〉のイメージには、人を安心させる力があるのです。

このファンタジーとしての〈ふるさと〉の持つ安心力に、きっと日本人は大正時代以来、何度も励まされ、力をもらいながら、復興に身を尽くし、新しい国の建設に邁進してきたのでしょう。関東大震災、太平洋戦争の敗戦、そして阪神・淡路大震災や東日本大震災……。近代以後の日本は、復興、やり直しの機会には事欠きませんでした。明治維新後の殖産興業と富国強兵、戦後の所得倍増計画、高度経済成長、列島改造など、新しい社会建設の機会も多くありました。そのたびに日本人は『ふるさと』が含意してきた〝自由の物語〟と〝安心の物語〟に背中を押され、慰められ、力をもらってきたのだと思います。

平成生まれの子ども達には、大正の唱歌『ふるさと』より、小山薫堂が作詞し、アイドルグループの嵐が歌う『ふるさと』のほうが馴染み深いかもしれません（二〇一〇年の紅白歌合戦で発表）。平成の『ふるさと』には兎も鮒も出てきません。それでも、「ふるさと」は、「帰りたくなる」「なつかしい匂いの町」で「巡りあいたい人」がいて、「山も風も海の色」も「やさしさ広げて待っている」場所なのです。「志」という言葉こそ出てきませんが、「進む道」「夢の地図」という言葉に、「夢を追うために故郷を離れた自分」が描かれています。大正時代の唱歌『ふるさと』が含意した〝自由の物語〟と〝安心の物語〟というモチーフは、平成のアイドルグループが歌う

『ふるさと』にも引き継がれています。何かを志す者、夢を実現したい者は故郷を出なければいけない。父母や友を故郷に残していくことにはなるが、その人達は、山や風や海と一緒で、いつも変わらぬ優しさで自分の帰りを待っていてくれる。「出ていく自分」と「変わらずに待っていてくれる故郷」という物語の構図は、多くの人が都市部に住み、故郷を持たなくなった今も再生産されています。

文部省唱歌の『ふるさと』でも嵐の『ふるさと』でも、山と水（川や海）が歌われていることからわかるように、日本人の思い浮かべる〈ふるさと〉の原型には明らかに山水があります。山水に満ちた山水郷は、この一〇〇年間、イメージとしての〈ふるさと〉を体現し続けてきました。実際には山水郷を故郷に持たなくとも、山水郷には〝日本人の心の原郷〟という根強いイメージがあり、〝安心の物語〟を起動させる力があるのです。

山水は、〝天賦のベーシックインカム〟として、古代以来長く人々の暮らしを支え、多様な生業を生み出してきました。山水郷には、自治・自律・自衛のムラの伝統があり、それが長く〝土着のセーフティネット〟を形づくってきました。

近代日本のスタートアップ期に〝天賦のキャピタル〟として機能した山水は、山水郷の供給する人的資本と相まって、〝強い国づくり〟を支えてきました。その傍ら、山水郷は、〈ふるさと〉のイメージの原型となり、安心のファンタジーを再生産し続けることを通じて、近代化・富国強兵に邁進する日本人の心を慰め、力を与えてきたのです。

山水郷なくして近代化も強い国づくりも不可能だったと断言するのは、こういう理由からです。山水郷の人と山水がこの国の発展を支えてきたのです。

さて、こうして歴史を振り返ってみると、山水郷には、大きく分けて二つの役割があったことがわかります。一つは、〝生きる場〟としての役割です。この列島に豊かに賦存する山水の恵みを享受しながら、多様な価値観・生業を持つ人々が、自治・自律・自衛の共同体を築いて生きてきた場。それが山水郷です。

縄文人が「世界で最も豊かな狩猟採集民」になれたのは、〝生きる場〟としての山水郷が、世界でも稀に見るほど豊かで住みやすかったからです。この〝生きる場〟としての山水郷のポテンシャルは、三〇〇〇万人がこの列島の資源だけで暮らした江戸時代に極限まで引き出されました。自立的な経営体としての藩を基礎とする、分権自治的な統治体制が、それを可能にしたのです。

もう一つの山水郷の役割は、資源供給源としての役割です。木材（建築用材、薪炭用材）や水や鉱物（金属と石炭）といった山水資源（自然資本）、それに人材（人的資本）を都市や国家の求めに応じて供給する場。それも山水郷が担ってきた役割でした。

生きるための資源が豊かに存在したからこそ〝生きる場〟に適していたわけで、そういう意味では、資源供給源としての役割は、〝生きる場〟としての前提になるものです。しかし、その役割が本格化するのは、明治の近代化以後のことでした。明治政府は、富国強兵を実現するため、中央集権的な統治体制をつくり、山水郷に動員をかけて、人と山水資源とを集めました。山水郷は、〝強い国〟をつくるための〝動員の場〟となったのです。〝天賦のベーシックインカム〟として人々の暮らしと生業を支えてきた山水は、近代国家としてロケットスタートを切るための〝天賦のキャピタル〟に変質しました。

皮肉なことに、〝動員の場〟となってからは、〝生きる場〟としての山水郷の地位は低下していきました。国は、〝生きる場〟としての山水郷を守ることより、都市に出て、〝強い国づくり〟に参画し、立身出世することのほうに価値を置くべく国民を教化・誘導しました。その結果、〝生きる場〟としての山水郷は、歌の中、人々の心の中にのみ生きる存在となっていったのです。

しかし、〝動員の場〟に山水郷がなったのは、たかだかここ一五〇年間のことです。それまでの圧倒的な長い時間、人々が山水郷に期待してきたのは〝生きる場〟としての役割でした。そのことを私達は忘れているのではないでしょうか。

本章の冒頭で述べたように、日本という国も日本人も、山水郷抜きにそのアイデンティティは語れません。ただ、間違ってはいけないのは、その時の山水郷は、〝動員の場〟でなく、〝生きる場〟であったということです。ここ一五〇年の間で、私達はすっかり山水郷を〝動員の場〟として見る癖がついてしまいましたが、それはこの列島の歴史からすれば、むしろ異端な見方です。私達のアイデンティティの源流にあるものを正しく理解するためにも、山水郷を〝生きる場〟として捉え直すことが必要な時期が来ています。

第四章　動員の果てに

きみは、きみが飼いならしたものに対して、
永久に責任があるんだ。
きみは、きみの薔薇の花に責任があるんだよ……。

――『星の王子さま』
（サン＝テグジュペリ著、中公文庫）

第一節　捨てられた山水郷

ニーズの低下

古来、〝生きる場〟として人々の生活を支えてきた山水郷は、近代になると、中央集権的な〝強い国づくり〟を支える〝動員の場〟へと変質しますが、実のところ、それはほんの束の間のことでした。かつて外貨を稼いだ生糸や絹織物や木材、エネルギー源となった薪炭や石炭、そして単純労働を担った労働者達、これらを現代の日本はもはや必要としていません。産業構造とライフスタイルが大きく変わったからです。

明治の開国以後、山水郷は大きな変化にさらされてきましたが、根本的な転換は、第二次世界大戦後、石油によるエネルギー革命によって引き起こされました。一九六〇年代、中東やアフリカに相次いで油田が発見され、一九六二年に原油輸入自由化が決定されると、石油が一躍、エネルギーの主役に躍り出ることとなります。それまで石炭、木炭、水力といった山水資源に頼るほかなかったエネルギー問題が、石油の輸入で一気に解決したのです。

石油はまた、燃料としてだけでなく、あらゆるものの原料としても使われるようになりました。ビニールやプラスチック、繊維や建材、肥料や農薬や薬品。これら全てが石油を原料にして化学合成されるようになりました。それまで山水の恵みからつくりだしていたもののほとんど全てを、石油から安価に、大量につくることができるようになったのです。その結果、大量生産・大量消費の社会が到来しました。

それに加えての自由貿易体制です。一九五五年にGATT（関税及び貿易に関する一般協定）に加盟した日本は、一九六〇年の農産物一二一品目の輸入自由化を皮切りに、一九六二年には生糸、一九六四年には木材と、次々に輸入自由化をする品目を増やし、関税も段階的に引き下げてゆきました。輸入自由化により外国から入ってきたものは、安く、しかも品質が良いものでした。わざわざ国内で苦労して採ったり、つくったりしなくても、外国から良いものが安く手に入れられるようになったのですから、国内産が輸入品に駆逐されるのは当然でした。日本のスタートアップを支えた木材、生糸、農産物、石炭等の山水郷の産物は、外国産品との競争に負け、需要が激減しました。

産物だけではありません。人もまた求められなくなりました。地方から東京圏への流入がピークとなったのは一九六二年で、この時の転入超過数（東京圏に入ってくる人数と東京圏から出ていく人数との差）は三八・八万人です。以後、一九八〇年代後半と二〇〇〇年代にも転入超過の山がありますが、今では人の移動は沈静化しています（図表4―1）。

二〇一六年度の調査では、東京圏（東京都、千葉県、埼玉県、神奈川県）在住者のうち東京圏出身者が占める割合は六七・〇％に達しています（国立社会保障・人口問題研究所「第八回人口移動調査」）。これに対し、一九七六年度の調査では、東京圏在住者のうち東京圏出身者の割合は二六・二％です（厚生省人口問題研究所「第一回人口移動調査」）。かつて地方から東京圏に出てきた移住者達の子ども世代が育ち、それで十分に東京圏の労働力需要が賄えるようになっているのです。わざわざ遠く山水郷から出てきてもらわなくても、学力の面でも頭数の面でも、既に十分な労働力が大都市圏には存在している、ということです。

(万人)**図表4−1　3大都市圏の転入超過数の推移（日本人移動者）（1954年〜2018年）**

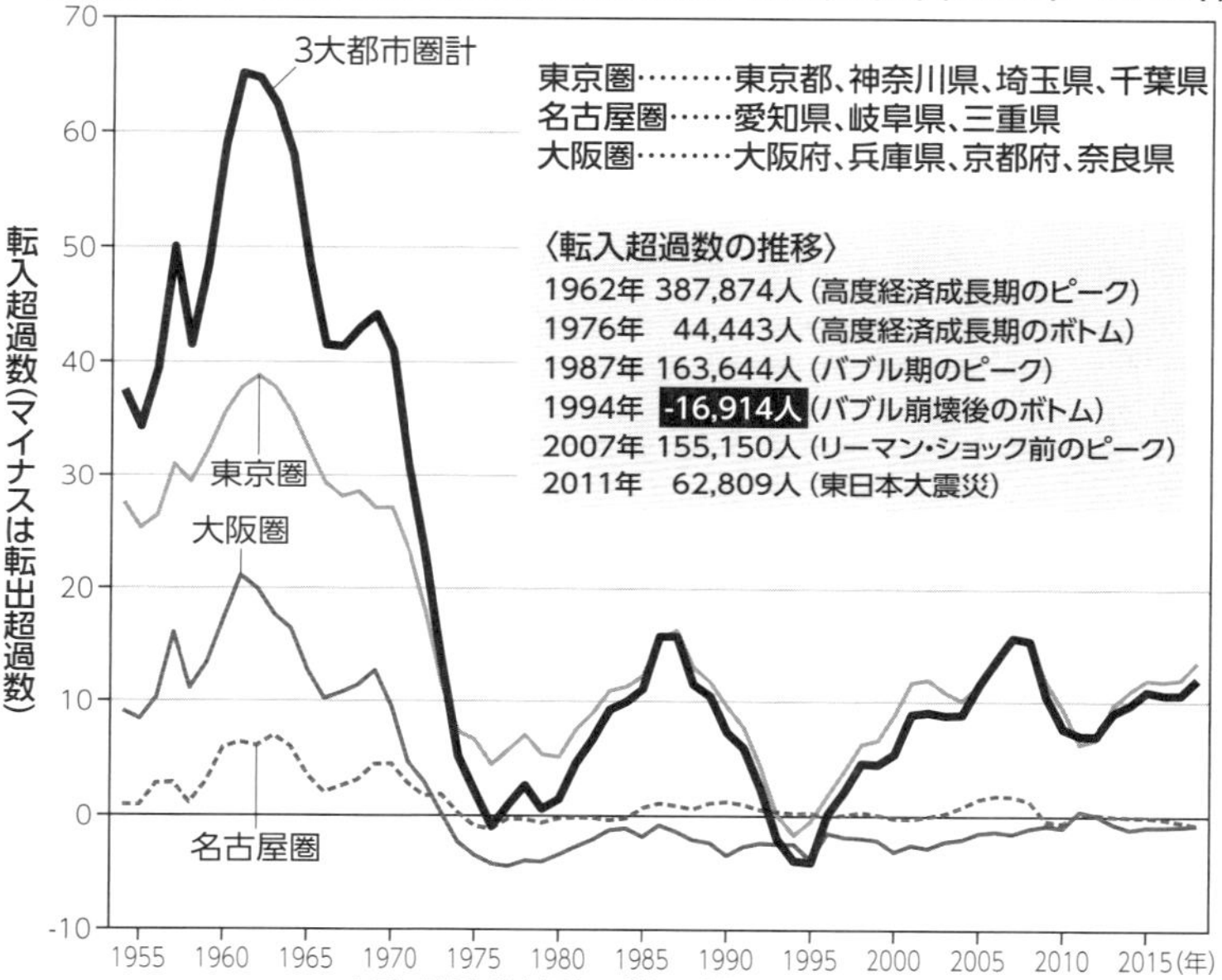

出所：総務省統計局「住民基本台帳人口移動報告」2018年結果

このように、かつて産物や労働力の供給源として機能してきた山水郷の役割は今ではもうほとんど失われています。明治の近代化以後、山水郷に動員をかけ続けてきたわけですが、もうその必要はなくなりました。〝動員の場〟としての役割を山水郷は終えたのです。

今でも山水郷に求められている役割と言えば、発電と水資源の涵養《かんよう》、さらには二酸化炭素の吸収くらいと言っては言い過ぎでしょうか。都心の生活に必要な電気と水を送り続けてくれて、文明の老廃物である二酸化炭素を森の力で吸収・固定してくれればいいというわけです。勿論、コメや野菜や畜産物の供給源としての役割はありますが、それだって外国から輸入してきたほうが安かったりしますし、そもそも平地が少なく、耕地が小規模になりがちな山水郷は、食料生産の適地ではありません。世界的な食料不足に陥っているわけでもない現状では、もっと農業に向いた場所でつくるほうが全体の効率は高まります。経済学で言うところの比較優位の原則に照らせば、自給用を除いて、食料を山水郷で生産する理由は乏しいのです。

山水郷が過疎に苦しみ、限界集落と化し、近いうちに消滅する可能性が高いと聞けば、誰だって問題だと思うでしょう。でも、その何が問題かと問われて明確に答えられる人はほとんどいないはずです。山水郷がなくなったとして、現実的に困ることが想定できないからです。それくらい山水郷は大半の日本人にとって不要な存在になっているというのが、残念ながら現実なのです。

〝生きる場〟としての機能の低下

エネルギー革命と貿易自由化は山水郷の産物に対する需要を激減させました。その結果、山水の恵みをお金に換えることで成り立ってきた山水郷の多様な生業が成立しなくなりました。現金収入源がなくなり、山水郷は稼ぐのに難しい場所になってしまったのです。

山水の恵みを生かして十分に稼ぐことができたのは、昭和三〇年代までです。エネルギー革命の結果、薪炭の需要が激減し、自由貿易の結果、木材や繭・生糸、石油・石炭の輸入が増えると、国内産に対する需要は低下し、価格は下落しました。主な炭鉱は一九七〇年代にはほぼ閉山し、林業や養蚕も急速に衰退します。林業や養蚕に関しては、それでも一九八〇年代まではまだ何とかなっている地域もありました。しかし、一九八五年のプラザ合意以後の急激な円高の進展で、輸入品の価格が一気に下がり、いよいよ国産品では太刀打ちができなくなりました。近代化以後、山水郷の現金収入源として大きな役割を果たしてきた毛皮、石炭採掘、木炭・木材生産、養蚕は、高度経済成長期の終焉と共に急速に衰退し、平成に変わる頃までに、ほとんど壊滅状態となってしまいました。これにより山水郷の経済基盤は事実上崩壊してしまったのです。〝動員の場〟として機能していた時には流入していたお金の流れがストップしてしまったのですから、山水郷の暮らしは途端に厳しくなります。

現金がなくとも〝天賦のベーシックインカム〟で生きていけるのが山水郷であったはずです。しかし、第一章で見たように、土建国家モデル成立以後、日本は、稼ぎをセーフティネットとする社会に急速に変化していきます。その中で、お金に頼らずに生きていくと肚を括れる人がどれだけいたでしょうか。親の世代は何とかなりました。でも、子どもの学費は必要です。欧州のように、高等教育無償化等の現物給付を制度化してこなかった日本では、子どもに高等教育を授けるには、どうしたって現金が必要になります。そのために親達は出稼ぎをしてでも子どもの学費を稼ぎましたが、子ども達には同じ苦労をさせたくありませんでした。地元で安定的に稼げる仕事は役場や郵便局、消防署など公共系の仕事か農協や信金など地域密着型の金融機関くらいですから、子の幸せを願う親達は、「こんなところにいては駄目だ」「外に出ろ」と子ども達の背中を押したのです。

若者達が出て行った後には過疎の村が残り、過疎の村を守り通した世代が亡くなり始めると、「限界集落」化が指摘されるようになりました（「限界集落」という言葉は、一九九一年に高知大学の大野晃教授〔当時〕が言い出したのが最初とされています）。

このように、稼げなくなったことが、特に若い世代にとって、山水郷に生きるのを難しくさせたわけですが、〝天賦のベーシックインカム〟たる山水自体の変質により山水郷の〝生きる場〟としての機能が低下したという側面もありました。どういうことでしょうか。

第一に挙げられるのが、森の変容（＝「山」の変容）です。背景には、過剰な動員（＝資源収奪）による森の荒廃がありました。限界を超えて森が伐採された結果、早くも明治二〇年代には全国で水害が多発するようになります。鉱毒による森林荒廃と下流域の汚染が問題となった足尾鉱毒事件の被害が表面化したのもこの時期です。

明治三〇年（一八九七）には森林法ができ、水害等の防備の観点から森林の伐採に規制をかける保安林制度が創設されますが、その後、戦争に突入していく過程で、増え続ける木材需要を満たすため森林の収奪は続きました。第二次世界大戦を遂行するための国家総動員体制の下では、それこそ戦闘機の燃料とするために松の根の油までが採取されるなど、山にある資源は根こそぎにされたのです。その結果、森林は著しく荒廃し、敗戦時には、見渡す限り禿山だらけという状態になってしまいました。

このため、荒廃森林の復旧が戦後復興の大きなテーマの一つとなります。終戦の翌年の一九四六年には造林と治山が公共事業に組み入れられ、一九四七年には森林愛護連盟が結成されて、緑化運動が始まります。一九五〇年には国土緑化推進委員会が組織され、緑の羽根共同募金や全国植樹祭が始まって、国民を巻き込みながらの大造林運動が本格展開されるようになりました。ちなみに第一回全国植樹祭のスローガンは「荒れた国土に緑の晴れ着を」でした。

この大造林期に植えられたのが、スギやヒノキなどの針葉樹でした。戦後復興で建材需要もうなぎ登りで増えていたため、建材として使い勝手が良く、日本人にも馴染み深いスギとヒノキを植えることが合理的と思われていたのです。とりわけ成長の早いスギが好まれました。

今でこそスギやヒノキは花粉症の元凶として厄介者扱いですが、当時の日本人にとってはスギやヒノキはむしろ愛着の対象でした。それは、一九四八年に緑化運動の歌として公募され、藤山一郎・安西愛子に歌われてヒットした『みどりの歌』に「マツです　スギです　ヒノキです」という一節があることからもわかります。やはり戦前に公募でつくられ、戦後は歌詞を一部変えて造林の啓発歌として使われたのは、そのものズバリの『お山の杉の子』という名の歌でした。

荒廃林地の復旧造林が一段落した一九六〇年代になると、広葉樹林や雑木林をパルプ用に皆伐(一定の広さの森を一斉に伐り倒すこと)し、その跡地にスギ・ヒノキ・カラマツ等の針葉樹を植える「拡大造林」を国が推進するようになりました。拡大造林は、エネルギー革命で利用価値がなくなった薪炭林や農用林を、需給が逼迫していた建材用の針葉樹林に林種転換するための政策でした(図表4―2)。拡大造林により、伐採と造林の賃労働の機会が増え、山水郷は一時的に潤います。しかし、その一方で、多様性に富んでいた雑木林・広葉樹林が、林齢も樹種も単純な針葉樹一斉林(同じ樹種を一斉に植林してできた森のこと)に換えられたために、山水郷の風景は一変しました。

風景が変わっただけではありません。人の森との付き合い方も変わりました。そもそも伝統的な林業地帯以外では、人工林を植え育てて木材として生産する育成型林業の経験がありませんでした。一般的だったのは、薪炭林としての利用で、この場合、伐っても放っておけば切り株から萌芽して一〇年から二〇年で自然に雑木林に戻りました。しかし、針葉樹の一斉人工林は、畑と一緒で、植えた後も定期的な手入れを必要としますし、造林から伐採までのサイクルも五〇年以上と長期にわたります。それだけの長いサイクルで森と付き合う経験は、多くの山水郷の人々にとって、かつて経験したことのないものでした。

また、薪炭林・農用林として里山が使われていた時には、畑に必要な緑肥や煮炊きに必要な焚き付けを確保するために、下草刈り、落ち葉掻き、柴刈り（小枝集め）といった作業が常時行われ、それが結果として森の手入れにもなるという関係がありました。しかし、化成肥料の普及で緑肥が不要になり、煮炊きにガスが使われるようになってからは、植栽した苗木の生長を助けるために下草刈りをするといった森の手入れ自体が、作業の目的となっていきました。それでも林木が価値を生むと信じられていた間は、手入れもなされていましたが、外材に負けて国産材の価格が下落してからは、放置される人工林が増えてゆきました。

図表4-2 戦後の人工造林面積の推移

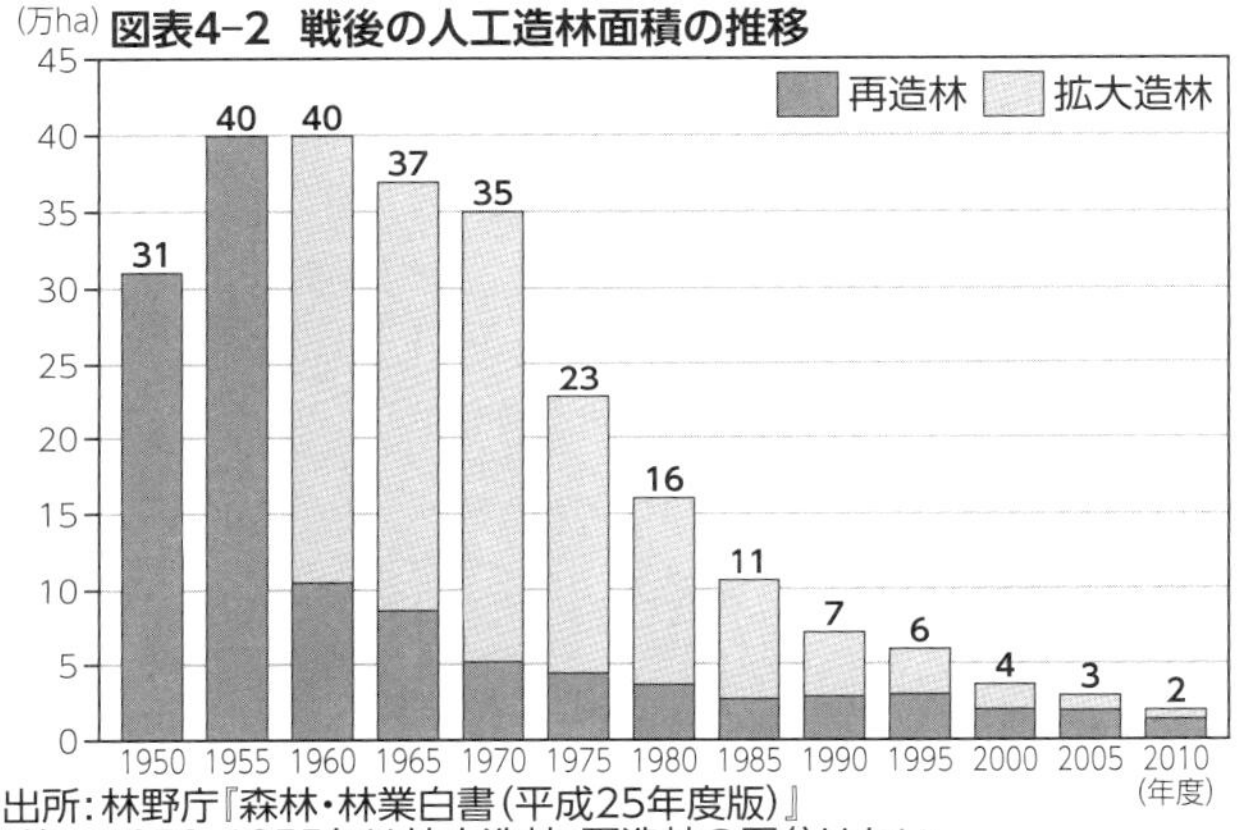

出所：林野庁『森林・林業白書（平成25年度版）』
注：1950、1955年は拡大造林、再造林の区分はない

森は人の手が入らなくなるとそこに生きる動植物の様相が変化し、人にとっては使い勝手の良くない森、端的に言えば恵みの乏しい森になってゆきます。例えば、松林の落ち葉掻きをしなくなるとマツタケは出てこなくなりますし、枝払いやつる伐り（つる性植物の

除去）もせずに鬱蒼と茂らせたままにしておくと、光が入らなくなって山菜が乏しくなります。また、鬱蒼と茂った森は人の進入を拒み、見通しが悪いので、狩猟採集活動もしにくくなります。明るく見通しの良い森は多様な動植物の棲息を促し、それが人にとっての恵みの豊かさとなりますが、暗く鬱蒼とした森は多様性が低下し、恵みも乏しくなります。すなわち、森が明るく親しみやすく多様で恵み豊かであるためには、人の手が入り続けることが重要なのです。

そもそもスギ・ヒノキを一斉に植えてつくった人工の森は、樹種や樹齢の面で多様性に欠けています。また、常緑樹で一年を通じて葉が茂っているので、相当に手を入れないとすぐに林内が真っ暗になり、下層植生も生えず、地面がむき出しになってしまいます。こうなると、森の恵みどころではなく、雨が降れば地面が削られ、土砂の流出や崩壊の危険性が高まります。人が植えてつくった森は、きちんと手をかけてあげないと、暴れて手がつけられなくなるのです。手のかかる子どもと一緒で、放任ではうまく育たず、よく見てあげて、必要な時に必要な手を入れてあげることが重要です。戦後の大造林運動の結果、このような手がかかる割に恵みの乏しい森が、森の四割以上を占めるまでになりました。国土の約七割が森で、その四割ですから、国土の約三割がスギ・ヒノキを中心とする人工林です。よくもまあ植えたものだと先人達の努力には敬服しますが、その結果の森の変容が、山水郷の〝生きる場〟としての機能の低下を招いてしまったのですから、わからないものです。

森だけでなく、川や湖沼の変容（＝「水」の変容）も、山水郷の〝生きる場〟としての機能を低下させてゆきました。明治三〇年の森林法と同時期に成立した砂防法と河川法によって、水害や土砂災害を防備するための砂防事業と治水事業が制度化され（森林法では治山事業が制度化されました）、以後、治山・治水・砂防は、国土を守り、人の命と財産を守る公共事業として展開されてゆくことになります。しかし、それは、どんな山奥にもダムや堰堤《えんてい》がつくられ、河川が護岸され、或いは三面コンクリート貼りになり、河口には河口堰がつくられるという事態を招きました。とりわけ、列島改造が宣言され、土建国家モデルが成立するようになった一九七〇年代以後は、積極的に山や川が削られ、コンクリートが注ぎ込まれ続けるようになります。それはまさに山水の「改造」でした。改造された結果、〝緑のダム〟である森の保水力が低下する一方、コンクリートのダムが上流で水をせき止めてしまうため、かつて水量豊かだった川が水無し川になってしまったり、河口堰や堰堤によって鮭類が遡上してこなくなったり、という事態が至る所で生じるようになったのです。関東以北では、秋に遡上してくる鮭が貴重なタンパク源であり現金収入源でしたから、鮭が遡上しなくなったことは、流域の経済に大きな打撃となりました。

このように、戦時下の総動員による森の荒廃及び、その後の復旧造林・拡大造林による「山」の変容とコンクリート化による「水」の変容とによって、山水郷の風景も、山水と人との関係も一変しました。それだけの変化をもたらす「改造」が山水郷には施されたのです。

「山」の変容を促した拡大造林は、木材生産の拡大を企図したものですから、その根底には山水郷から資源を動員しようという〝動員の論理〟がありました。突き詰めて言えば、拡大造林とは、〝生きる場〟であった山水郷を〝動員の場〟へと「改造」するものだったと言えます。

一方の「水」の変容は、山水郷に稼ぎをもたらす、再分配（＝経済的な「改造」）のための公共事業として行われましたが、それが効果的だったのも一時のことでした。コンクリートだらけになった山や川からは山水の恵みを享受することが難しくなり、山水郷の持続的な経済基盤が失われてしまいました。良かれと思って山水郷に施されてきた「改造」は、結局のところ山水郷の〝生きる場〟としての機能を低下させるという皮肉な結果をもたらすものとなったのです。

閉鎖的な共同体

稼げなくなったことに加え、山水の変容により〝生きる場〟としての機能が低下したことが、山水郷からの人口流出を促したわけですが、このような経済的な要因に加え、人が山水郷を出ていきたくなるような社会的な要因もありました。田舎に特有の、共同体の閉鎖性の問題です。

山水郷は、中世以来の自治・自律・自衛の伝統を色濃く受け継ぐ共同社会です。人々は自他の区別なく助け合うし、シェアリングエコノミーなどという言葉が生まれるずっと前から、色々なものをシェアする仕組みが埋め込まれています。この共同性にくるまれている限り、人は孤立感を味わうことはないし、稼ぎや能力がなくともここにいる限りは何とか生きていけるという安心感を持つことができます。人のつながり、共同性は、山水の恵みと共に、〝生きる場〟としての山水郷を特徴づけてきたものです。

一方、自治・自律・自衛の共同体は、共同体自身を守るための厳しさを併せ持つ社会でもありました。武装した中世のムラは自ら警察権も持ち、ムラの内部のことはムラで決めて処理しました。「村八分」は、村の禁を犯した人や家系への制裁措置ですが、時にそういう厳しい措置も発動しながら、ムラの維持存続を図ってきたのです。そういうムラの裏面にある厳しさを日本人は知っています。「ムラ社会」という言葉があまり良い意味で使われることがないのは、それが閉鎖的で同調圧力の強い社会、共同体の論理を優先して個人の自由を抑圧する社会を想起させるからでしょう。そして、用水管理や田植え・稲刈りなどで共同作業が必要な水田稲作を古代から続けてきた日本人は、ムラ社会的な性向がことのほか強い民族と言われ続けてきたのです。

ただ、日本人がムラ社会として思い浮かべるネガティブな要素が強くなるのは、実は近代以降のことです。近代になり、中世以来のムラの伝統に、武家社会由来のイエの伝統が接ぎ木されたことで、封建的な色彩の強い独特なムラ社会の形成が促されたのです。

中世以来の自治・自律・自衛のムラの伝統はヨコのつながりを重視するヨコ社会をつくりますが、儒教の影響を色濃く受けた武家社会は、年齢や父母が絶対のタテ社会です。江戸時代になると儒教が国教化され、武家社会の価値観や伝統が次第にムラ社会にも浸透してゆきますが、決定打となったのは、明治三一年（一八九八）の明治民法によるイエ制度の確立です。

イエ制度は、武家社会の伝統を引き継いだために、極めてタテ社会的なものでした。タテ社会的で権威主義的な武家社会の伝統が加わったことにより、ムラ社会は大きく変質します。家長の権威・発言権が絶対的なものとなり、女性や若者には発言権のない家父長的なムラ社会が生まれたのです。民俗学者の赤松啓介は、近代以前の日本のムラ社会に広く見られた「夜這い」の風習の研究を通じて、近代、とりわけ明治民法と教育勅語（明治二三年発布）が普及する以前のムラ社会にあった自由で大らかで男女同権的な側面を明らかにしています（『夜這いの民俗学・夜這いの性愛論』ちくま学芸文庫）。社会学者の上野千鶴子はこのような民俗学の発見も含む膨大な実証データをもとに、女性の抑圧と家父長制が近代資本制社会に起源を持つことをつきとめましたが（『家父長制と資本制』岩波書店）、上野の研究が明らかにしたのは、私達が伝統的だと思っていることの多くが近代の発明だったということです。

家長を頂点とするイエとそのイエを構成単位とするムラという構造は、富国強兵＝強い国づくりを目指す国家の要請から確立されたものです。天皇を父とし、国民をその子とする家族国家観の下、個々のイエは国家の構成要素となり、ムラはイエを束ね、統制する組織と位置づけられました。イエもムラも、国家による統治のための装置として機能するようになったのです。

その機能が最大化されたのが、戦時中の国家総動員体制でした。ムラは戦争を遂行するための住民統制組織となり、兵士や資源を調達するための動員装置となることによって、国家に尽くしました。自治・自律・自衛の共同体だったムラは、全体主義的で中央集権的な国家のシステムに組み込まれることで、根本的に変質し、個を抑圧して全体を優先する、共同体の負の側面が強く出るようになったのです。

全体のために個を抑圧するムラ社会の陰湿さは、いじめの陰湿さに似ています。国家に組み込まれたムラは、「お国のために」という大義の下、その陰湿さを発揮するようになります。そして、それは戦前では終わらず、戦後にも引き継がれたのです。

戦後社会において、ムラが、国家の手足となって機能した最悪の例が、一九七〇年に始まったコメの生産調整（いわゆる減反）です。当時の農林省は、ムラに生産調整の実施責任を負わせるべく、ムラごとに減反量を割り当てました。ムラは、それを農家ごとに割り当て、違反者が出ないよう、相互監視しながら、減反を忠実に実行してゆきました。高度経済成長を成し遂げ、オリンピックと万博を成功させ、誰もが明るい未来を信じていたその時代に、相互監視しながら、コメの作付けをいかに減らすかに神経をすり減らすという、暗く、希望のない作業が、ムラの中では行われていたのです。それがムラに生きることからどれだけ希望を奪ったか。減反の実行にムラを加担させたことで、どれだけの個人がムラ社会に恨みと疑いを持ち、閉塞感を抱くようになったか。ムラの力学を利用して減反を進めた農林行政の罪の深さを思わざるを得ません。

右肩上がりの、進歩と科学の勝利の時代、先進国に肩を並べ、これから世界に打って出るぞという、日本全体が上昇気流に乗っていた、まさにその時代、減反のための集落内調整という、後ろ向きで内向きなことばかりをやらされていれば、どうしたって考え方は後ろ向きになりますし、行動も内向きになります。コメの完全自給の達成という国民の悲願を実現した直後の減反でしたから、余計に農家達は納得できなかったでしょうし、そこで抱えた鬱屈には根深いものがあったはずです。

乱世であった中世に進化したムラは、本来は、支配者の抑圧や外界の悪意から個人を守るために組織化されたものでした。それが国家のシステムに組み込まれることで、個人を抑圧するものとして機能するようになってしまった。そして、戦前期の総動員体制の下で確立した国家とムラの関係は、戦後の民主化の時代になっても、変わらずに個人を抑圧し続けた。そこにムラと、ムラに生きた人々の悲劇がありました。

ムラによる抑圧の一番の犠牲となったのが、女性と若者達でした。明治民法のイエ制度は戦後憲法の施行（一九四七年）をもって廃止されましたが、ムラには家父長制の残滓が色濃く残り、女性と若者達には発言権の与えられない封建的で後進的な社会が続きました。その封建性・後進性が女性と若者達には忌避されたのです。一方の都市には、ムラの息苦しさとは無縁の、自由と華やかさがあり、稼げる仕事もあるのですから、弥《いや》が上にも都市への憧れは増します。家を継がなければいけない長男はさておき、次男三男や女性が都市を志すのは当然でした。

田舎出身者の中には、田舎を毛嫌いしている人が少なくありません。そういう人達は、ムラの閉鎖性や後進性、封建的な部分に対して、ほとんど憎悪に近い感情を抱いています（立身出世の価値観形成に強い影響を与えた福沢諭吉自身もそうでした）。それだけ彼・彼女らにとっては遅れていて不自由で未来のない世界だったのでしょう。それは中央集権的な国家のシステムにムラが組み込まれたことの帰結なのですが、若者や女性達はそんなムラに未来を見出すことができず、ムラを出て、都市を目指したのです。それは離郷と言うより棄郷で、二度と故郷には戻ることのない、片道切符での上京でした。

田舎から都市に出てきた団塊の世代の中には、仕事を引退したら田舎に帰って悠々自適の田舎暮らしをしたいと言っている人が多くいます。しかし、それをなかなか実行に移せないのは、妻が断固として反対するからです。都市の自由を謳歌している女性達にとって、ムラは閉鎖的で後進的で封建的な存在であり続けているのです。


以上見てきたように、近代化以来、強い国づくりのために、〝動員の場〟として機能してきた山水郷は、高度経済成長期以後、その役割を失い、動員の対価として得ていた現金を稼ぐことが難しくなりました。〝天賦のベーシックインカム〟たる山水も「改造」され、山水郷の持っていた〝生きる場〟としての機能も低下してしまいました。それに加えての閉鎖性や後進性、封建性です。これでは人口が流出するのも無理はありません。

しかし、その結果、縄文時代以来ずっと人が住み続けてきた山水郷から、人が撤退するという事態が起きているのです。これは、この列島の歴史上、かつてなかった事態です。たった数十年の間に急激に進行しているこの〝山水郷からの撤退〟という未曾有の事態を、私達はどのように受け止めれば良いのでしょうか。

第二節　里山は「野生の王国」になった

災害のリスクが高まる

都市に住んでいる大半の方にとって、山水郷からの撤退が未曾有の事態だと言っても、問題の大きさはわからないと思います。また一方で、自然保護に関心の高い人にしてみれば、人間の収奪がなくなり、自然に戻るのですから、むしろ良いことではないかと思うのではないでしょうか。四季折々の自然豊かな日本列島が、より自然な状態になっていくことに何も問題はないはずです。

しかし、ことはそう単純ではないのです。前節でも述べたように、日本の森の四割は、人が植えた人工林で、その大半は、戦後の大造林期に植えられたスギ・ヒノキを中心とする針葉樹の一斉林です。人工林がややこしいのは、放置しておけば自然に還って、良い森になるとは限らないということです。庭を持つ人ならわかると思いますが、庭木は手入れをしないとすぐに元気がなくなったり、病気になったりします。自然の摂理をわきまえず、人の都合で植えたものは、ある程度のところまでは手を入れてやらないとうまく育ちません。とりわけ、一斉林の場合、除伐（生育を妨げる他種の木を伐採すること）や間伐（不要な木を間引くこと）をすることを前提に密植していますから、手入れをしないと育ちが悪く、光の入らない鬱蒼とした暗い状態のままになってしまいます。

育ちが悪く、ひょろひょろとした木が多いために「もやし林」と呼ばれたりもしますが、もやし林は、病害虫や暴風・豪雨・積雪に弱いという欠陥があります。大きな台風や暴風雨が来たり、病害虫が発生したりすれば、一気に倒壊したり、山崩れを起こしたりする可能性があるのです。

人の住まない奥山で森の倒壊や山崩れが起きても関係ないと思うかもしれませんが、倒木や土砂が堆積して水を止め、ダム状になると、それが決壊した時に、大規模な土石流が発生し、下流域にも甚大な被害を及ぼすことがあります。さすがに山が遠い東京都心で土石流に起因する洪水等の被害が起きることは想定できませんが、大抵の地方都市は河川の下流域の、元は氾濫原だった平野部に位置していて、山との距離も近く、水害には脆弱です。

事実、「世界のトヨタ」の本社工場がある愛知県豊田市では、二〇〇〇年に市の中心部を流れる矢作川《やはぎ》が決壊して大水害が起き、トヨタの工場もあわや水没という危機を経験しています。この時、上流部の町村の人工林地帯で沢抜け（沢沿いの斜面が崩落し、大量の土砂と倒木が流れ出すこと）が多く発生していたことから、水害が起きた背景には山の手入れ不足があるのではないかと指摘されました。奥山の放置森林の問題が自分達の生命や財産に直結する問題であることを痛感した豊田市は、二〇〇五年に上流部の六つの過疎町村を合併し、市の経費で矢作川水系上流域の森林整備を行う体制を整えました。住民の生命・財産は勿論ですが、「世界のトヨタ」の工場を守るためにも、必要な措置であったのでしょう。

豊田市が経験したように、上流の人工林の手入れを怠ると、下流域が災害に見舞われる危険性が高まります。そういう森林が日本の森林の四割を占めている。その事実を私達は認識すべきです。

残り六割の森林は、天然林と呼ばれます。「天然」というくらいですから、こちらは特に人がケアする必要はないのでしょうか。

天然林は、人が植えないでできた森という意味です。人里離れた奥山には、ほとんど人の手が入ってこなかった原生状態の天然林が自然環境保全地域等に指定されてわずかに残っていますが、大半の天然林は、薪炭林や農用林として使われてきたいわゆる里山で、常に人が入り、利用されてきた森です。その里山が、エネルギー革命後、利用されることがなくなり、人も入らなくなった結果、鬱蒼とした、それこそ原生状態に近い天然林に遷移しています。薪炭林や農用林として利用されていた頃の里山は、明るく見通しの良い疎林でしたが、今はそれが幽玄な森に変わっています。そんな深い森は、かつては奥山にしかなく、里の近くにはありませんでした。それが今は里まで迫っている。里山が奥山化しているのです。

自然が深く、豊かになることは歓迎すべきことに思えますが、そうとばかりも言っていられません。里山が奥山化したことによって、家の軒先まで鬱蒼とした森が迫っています。里山に隣接する家々は、今や木々に埋もれるようにしてかろうじて建っている状態ですが、それだけ木々が近いと、倒木や落枝によって財産や生命が害を被る危険が高まりますし、見通しがきかないことで治安が悪化し、ゴミの不法投棄の温床になるなどの問題も生じます。力を増した森のそばに住むことは、森との関係が途切れ、日々の暮らしの中で森の恵みを享受することのなくなった現代においては、リスクでしかないのです。

薪炭林や農用林として人々の生活・生業と深く結びついていた時代の里山は、言わば人に手なずけられた自然です。それはあくまでも人の領域に存在する自然でした。しかし、奥山化した里山は、もはや人の領域になく、野生の領域にある自然です。つまり、人が手なずけられない自然だということです。それが里まで迫り、家や集落を呑み込もうとしている。手なずけられない野生が増殖して、人にとってのリスクとなりつつあるのです。

人工林を放置すれば災害の危険が高まり、天然林を放置すれば手なずけられない野生が増殖して里を呑み込もうとします。人工林にせよ、天然林にせよ、森を放置することは、人にとってのリスクの高まりを意味するのです。

クマが来る

野生の増殖によるリスクで近年大きな問題になっているのが、獣害、つまり野生鳥獣による被害です。

獣害は、まず農林業に対する被害として顕在化します。農林水産省によれば、農産物被害は直近の二〇一七年度は一六四億円（その七割がシカ、イノシシ、サルによるもの）、森林被害は約六〇〇〇ヘクタール（その四分の三がシカによるもの）となっています。農産物被害は、二〇一〇年度の二三九億円に比べ七五億円減少していますが、これは届出のあったものを集計した数値ですから、現実の被害の相当部分が取りこぼされていると考えたほうが良さそうです。実際、山水郷はどこも獣害に悩んでいて、年々酷くなっていると、皆、口を揃えて言います。網や柵で囲って何とか農業を続けようと努力してきましたが、どうにもならずに、自給的農業ですら続けるのを諦めた地域もあります。野生鳥獣達が山水郷の自活基盤を破壊し始めているのです。

森林被害も深刻です。人工林の場合、シカによるスギやヒノキの成木被害（皮を剝いて枯死させる等）と幼木被害（苗木の食害）に大きく分けられます。成木被害は、せっかく育てた木を台無しにしてしまうので問題ですが、幼木被害は、伐採後の造林による更新を不可能にしてしまいます。つまり、伐ったが最後、森に戻らなくなってしまうので、大きな問題となっています。

天然林も被害にあっています。私は、一九九五年から九六年にかけて、林野庁職員として、三重県と奈良県の県境にある大台ヶ原を含む国有林で森林官をしていましたが、その当時、既に、大台ヶ原山頂付近のシラビソ林がシカによって全滅していました。当時、このような食害による枯死は、大台ヶ原など一部の地域のみで見られた特殊な現象でしたが、今、それが全国に広がっています。私がよく登山に行く神奈川県の丹沢山塊では、頂上付近に広がっていた豊かなブナ林が壊滅状態です。木にネットを巻いたり、柵で囲ったりして保護に努めていますが、ブナの枯死木が広がる光景は、シラビソの枯死木が広がっていた大台ヶ原を思い起こさせます。こうして至るところで、貴重な植生が失われているのです。

このような農林業への被害のみならず、近年は、大型野生鳥獣による人身事故が問題になっています。獣達が市街地へ出没し、人に危害を及ぼすようになっているのです。

農林業被害で問題になるのは、シカ、カモシカ、イノシシ、サル、鳥類ですが、人身事故で問題になるのは、クマとイノシシです。どちらも遭遇すれば大変に危険で、クマについては、過去

図表4–3　クマによる死傷者数の推移

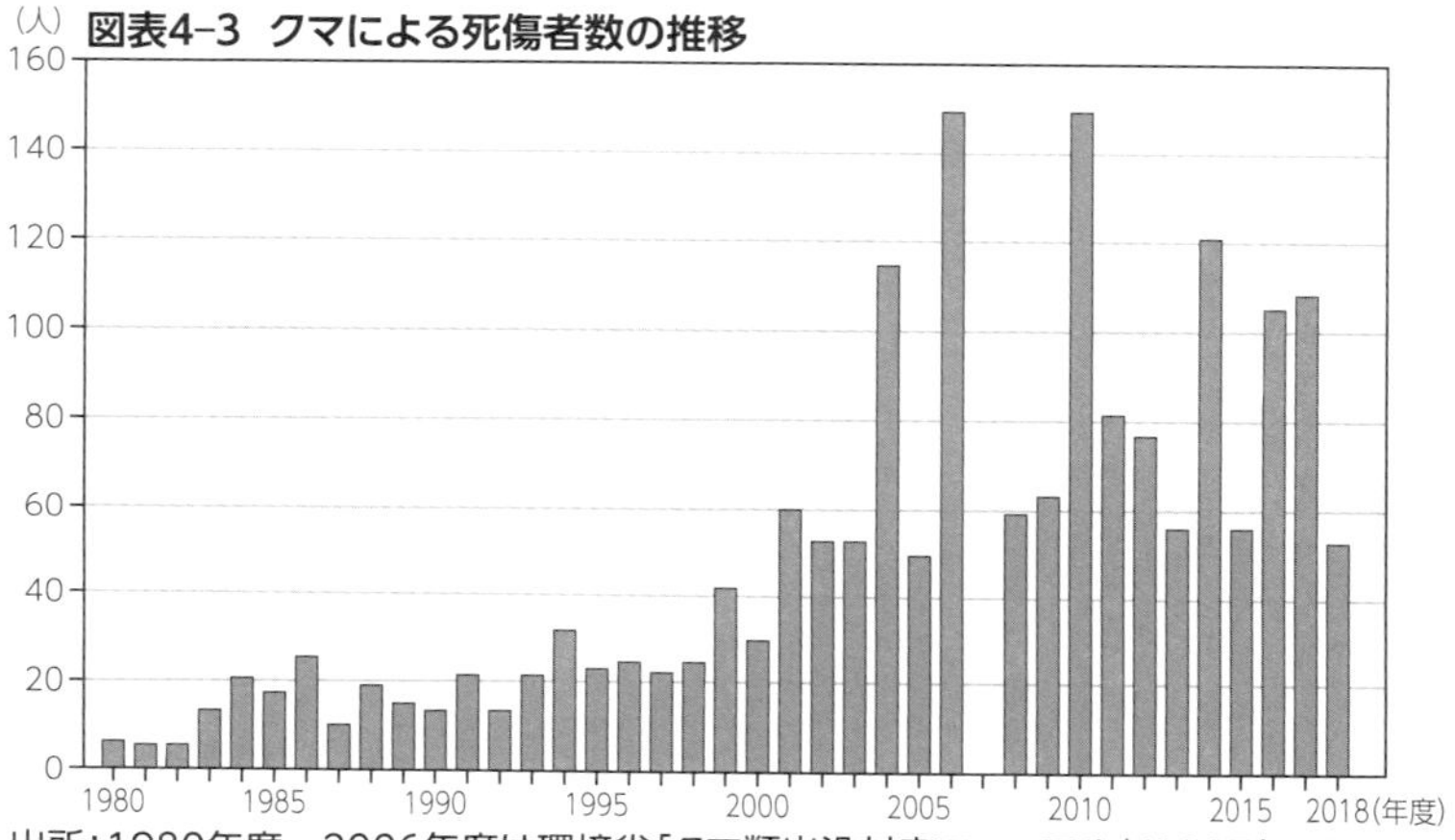

出所：1980年度～2006年度は環境省「クマ類出没対応マニュアル」（2007年3月）、
2008年度～2018年度は環境省「クマ類による人身被害について（速報値）」
（令和元年5月31日）を基に筆者作成
※死者が3人以上となったのは、1985年度（3人）、1988年度（3人）、1990年度（3人）、2006年度（5人）、2008年度（3人）、2010年度（4人）、2016年度（4人）

一〇年間、二〇一五年度と二〇一八年度を除いて、毎年何人かが襲われて亡くなっています。近年では、二〇一〇年度が非常に多かった年で、一五〇人が被害に遭い、うち四人が死亡しています。その後も、二〇一四年度、二〇一六年度、二〇一七年度にそれぞれ一〇〇人以上の被害が出ています（二〇一四年度は一二一人が被害、うち二人が死亡、二〇一六年度は一〇五人が被害、うち四人が死亡、二〇一七年度は一〇八人が被害、うち二人が死亡。いずれも環境省のデータ。図表4―3）。

あまりの人身事故・出没の多さに、秋田県では二〇一七年度に推定生息頭数の六割に当たる八一七頭を捕獲、うち七六七頭のクマを「有害駆除」（殺処分）し、自然保護団体からさすがにやり過ぎではとの批判を受けました。しかし、当たり前のように市街地にクマが下りてくるようになった秋田県では、人の生命がかかっているだけに悠長なことは言っていられない現実があります。

クマほどではありませんが、イノシシも危険な獣です。人身事故の件数は、二〇一六年度は六四人、二〇一七年度は七六人と、クマに比べて少ないですが（環境省のデータ）、二〇一六年一一月には、群馬県桐生市で、庭先のワナにかかったイノシシを捕獲しようとした男性が、襲われて命を落としています。イノシシも人を殺めることができるのです。

クマの出没・目撃情報が多い地域は、北海道、東北、中部、北陸、中国地方です。クマというと、北海道、東北、中部のイメージが強いかもしれませんが、実際は、もっとずっと広範囲に生息しています。二〇一七年には、大阪府箕面市の市街地の水路付近でクマが目撃され大騒ぎとなりましたが、私達が想像する以上に色々なところにクマは棲んでいます。過去五年以上、クマの目撃情報がなく、捕獲実績もないのは、四国、九州、沖縄の各県と千葉県、茨城県のみです。

クマの市街地への出没が目立ち始めたのは、ここ一〇年くらいのことです。狩猟文化を専門とする田口洋美東北芸術工科大教授は、人身事故の被害現場は、一九八〇年代までは奥山で、それが一九九〇年代には中山間地域に、そして、二〇〇〇年代には平地農村と徐々に下りてきて、二〇一〇年代にはついに地方都市の市街地にまで到達するようになったと言います。過去三〇年で、クマは確実に活動領域を広げているのです。

背景には里山の奥山化があります。都市に近いところに鬱蒼とした天然林があるのですから、そこを棲息地・隠れ処にするクマが出てくるのも道理です。かつての里山は疎林で、頻繁に人が出入りしていたため、獣が寄りつくことはありませんでしたが、今は鬱蒼とし、人も寄りつかなくなっています。獣にとって絶好の隠れ処であり、棲息地になりつつあるのが、今の里山です。

その一方で、宅地がスプロール（虫食い）的に拡大したことで、郊外や地方都市では、住宅地が奥山化した里山に隣接する構造になっています。かつては宅地と里山との間には農地があって、野生と人の世界との緩衝地帯となっていました。このため宅地に獣が下りてくるようなことはなかったわけですが、里山が奥山化し、農地だったところも宅地開発され、里山と宅地が隣接するようになった現在、獣達は、宅地まで人に見つかることなく下りて来ることができるようになっています。雑食性のクマやイノシシには、里は絶好の餌場に映りますから、下りてくるなというほうが無理でしょう。

獣害が増えたことの要因の一つとして狩猟者の高齢化・減少が挙げられますが、それは一面的な見方です。駆除と狩猟を含めた獣の捕獲頭数自体は増えているのです。獲っても獲っても減らないというのが今の状況なのです。クマは奥山からどんどん湧いてきますし、クマ以上に繁殖力が旺盛なイノシシは、さらに凄いペースで増え続けています。

もはや対症療法ではどうにもならないほど野生が増殖しているのです。人が山水郷から撤退すればするほど、獣達は勢いづき、増殖した野生は山から溢れ、都市を目指して、人に危害を加えるようになります。水害や山崩れも怖いですが、クマやイノシシが日常的に住宅地を徘徊するようになったら、早朝や夜間など、獣と遭遇しやすい時間は、安心して街を歩けなくなってしまいます。映画化もされた漫画『進撃の巨人』（諫山創、講談社）では、人間を食べる巨人達から街を守るため、街の周囲に高い城壁を巡らせているという設定でしたが、今後、野生の増殖に歯止めがかからず、大型の獣達が頻繁に街に出てくるようになったら、そういうことが必要になってくるかもしれません。実際、江戸時代の集落では獣達が入って来ないよう、シシ垣と呼ばれる石積みの塀で集落の周囲を防御することが各地で行われていたのです。

予測不能の野生

人工林の放置は災害の危険性を増やし、里山の放置は獣による人身事故を増やします。このままでは、山水郷はもとより、山との距離が近い地方都市も、人が安心して住める場所でなくなる可能性があります。田口教授とお会いした時、「次は八王子（東京都）や厚木、秦野（共に神奈川県）のような、大きな山塊に隣接する都市が危ない」（＝クマの出没地域になる可能性が高い）と真顔で仰っていましたが、山深い丹沢山塊を登るたびに、いつそうなってもおかしくないのだろうなと思います。事実、丹沢山塊では増え続けるシカのコントロールすらできていないのです。増殖する野生をとどめる術を私達は持ち合わせていないのだと謙虚に受け止めるべきでしょう。

雨が多く湿潤で、温暖な日本列島の自然は決して優しくはありません。明治のお雇い外国人で治水の専門家として来日したオランダ人のヨハニス・デ・レーケは、日本の川を見て、「これは滝だ！」と言ったという逸話が残っていますが、欧州人には日本の自然は、激しく、荒々しく、手なずけにくいものに映ったようです。この列島に暮らしていくためには、その手なずけにくい自然を受け入れつつも、それと対峙し、関わりを持って生きる覚悟が必要になります。山水の恵みを頂くとか、自然と共生すると言えば聞こえは良いですが、共生とはそんなに生やさしいものではなく、その接点では、常に自然と人間とが鬩《せめ》ぎ合っています。鬩ぎ合う中で、互いの間合いをはかり、関係をつくり、何とかバランスをとって生きてきたのが日本人でした。この列島に暮らす限り、それは今後も変わり得ないのだろうと思います。

三〇〇〇万人の食料とエネルギーを山水の恵みで一〇〇％自給していた江戸時代は、人間の領域が極限まで広がっていた時代です。この列島の隅々にまで人の手が入り、持続可能なぎりぎりいっぱいの限度まで山水の恵みを利用し尽くしていた時代です。

江戸時代の前半は、そのバランスをとるための試行錯誤の期間でした。平和になったことで、人間同士の争いに振り向けていたエネルギーが大地の開墾に向かい、山野河海の開発が急速に進みました。最初の一〇〇年間で耕地が二倍に増えるほどの大開墾時代でした。

それまで山林や氾濫原だったところが耕地として切り開かれていったのですから、当然に災害は増加します。幕府が山林の過度な開発の禁止と荒廃山林の造林を義務づけた「諸国山川掟」を一六六六年に発布したことは既に述べましたが、そのような対策をとらねばならぬほど、山と川が暴れた時代だったのです。

獣害も同様です。元禄期をはさんだ五〇年間は、全国各地で大型野生獣による獣害に悩まされた時代でした。江戸時代の獣害の実態を知ろうと古文書を当たった前述の田口教授によると、その時期の古文書には、クマ、イノシシ、シカ、カモシカ、サル、オオカミの六大野生獣が頻繁に登場し、田畑の被害や人身事故が「熊荒れ」「猪荒れ」「猿荒れ」「狼荒れ」として記録されているそうです。これを総称して「シシ荒れ」（シシとは四肢を持つ大型獣を指します）と言いますが、一七世紀後半から一八世紀前半にかけての半世紀は、獣害があまりに酷くて人が食べるものがなくなるほどの「シシ荒れ」の時代だったのです（田口洋美『クマ問題を考える』ヤマケイ新書）。

急速に耕地を拡大した人間達は、獣達にとっては自分達の縄張りを荒らす敵であると同時に、穀物や根菜という美味で栄養価の高い餌を大地に植え付けてくれる給餌者でもありました。獣達は縄張りに勝手に入ってきた人間達に遠慮せずに牙を剝き、農作物を食べ尽くし、人や家畜に襲いかかったのです。シシ荒れの時代、人間と獣は互いの生命をかけた死闘を繰り返しました。まさに『もののけ姫』の世界ですが、その闘ぎ合いの結果、奥山は獣の世界、里山から下は人間の世界という棲み分けができたのです。「『動物たちは山奥に棲むもの』であるという私たちの常識は、近世の300年あまりの歳月を通して、当時の人々が野生動物を山間部へと押し上げ、封じ込めることに成功した結果であった」と田口教授は書きますが（前掲書）、何とか獣達を人の力で奥山に封じ込めてきたというのが、この列島の歴史だったのです。

しかし、人が山から撤退し始めたことでそのパワーバランスが崩れ、その隙に乗じて、獣達が人間の領域を侵犯するようになっています。これまでずっと人間に抑圧されてきた獣達が、ここに来て一斉に解き放たれ、自由自在に振る舞うようになっているのです。

今から三〇〇年前の一七世紀から一八世紀にかけての自然災害と獣害（シシ荒れ）の増加は、山林の過剰利用と人間の領域（耕地・居住地）の急拡大を受けてのものです。それに対し、令和の世に懸念される自然災害と獣害の増加は、山林の過少利用と山からの撤退、すなわち人間の領域の急激な縮小の結果です。山林の過剰利用による災害・獣害の増加は過去に経験済みですが、過少利用によるそれは、経験したことがありません。まさに未曾有の事態ですから、一体、今後、どのような展開になるのかは、誰も見通せません。そういう予測不能な時代を生きているという認識を私達は持つ必要があります。

天道と人道

こうした事態に直面する中で思い起こすのが、第三章でも触れた江戸時代後期の農政家・二宮尊徳の残した「天道」と「人道」という言葉です。

尊徳は、自然の原理に基づくものを「天道」、人為のものを「人道」と呼びました。例えば、農作物と雑草の区別なく草を生やす力が天道で、その中から雑草だけを抜く行為が人道です。天道は堤防を崩し田畑を森に返しますが、人道は堤防を築き、草を抜いて田畑を守ろうとします。天道と人道は相反するようですが、天道を離れて人道はありません。だからと言って、天道に委ねるだけでは田畑が荒廃し、衣食住に事欠いて、人道が立たなくなります。重要なのは、天道と人道が相和することで、これを尊徳は水車に喩えて説明します。水車は流水に従って動きますが、流水に反して水をくみ上げます。同様に、人は天理に従って種を蒔き、天理に逆らって雑草を取り除くのです。それが人道を立てるということです。

尊徳にとっての農村復興とは、荒廃した農村において、人道を立てることでした。人道を立てるためには、天道を熟知している必要があります。だから、尊徳は、日々の自然現象に眼をこらしました。それを尊徳は、「天地を経文とす」と表現します（児玉幸多訳『二宮翁夜話』中公クラシックス）。そして、天地という経文を読み解くには、肉眼でなく心眼、肉耳でなく心耳を働かせる必要があると言います。尊徳は、現象の背後にある、見えないもの＝天道を観ようとしていたのです。

天道は自然現象ばかりではありません。尊徳にとっては、人間に欲望があるのも自然の摂理であり、天道でした。人間の欲望が厄介なのは、際限がないことです。例えば、勤勉と倹約に努めれば、いくばくかの富をつくることができます。それは人道です。しかし、富の蓄積が自己目的化し、際限なく富を追求するようになると、他人から奪ってでも富をつくろうとします。そうなるともはや人道ではなくなります。このような事態になることを避けるため、尊徳は、あらかじめ必要な支出を定め（分度）、これを超えて収入を得ることができた場合は、その余剰の半分は子孫に残し、半分は地域の人々のために使うというルールを定めました（推譲）。この「分度」と「推譲」は尊徳の農村復興の重要な手立てとなります。

尊徳の天道と人道の論が示唆に富むのは、何よりも、自然も人間もあるがままで良いというわけではないということを前提にしているからです。天道たる自然の摂理や人間の欲望それ自体は、善悪の彼岸にあります。それを人にとって良きものとするには、人間による働きかけの努力が必要になります。そうして初めて人道は立つのです。自然は自然に任せておけば良いというのは、自然がいかに人間の手には負えないものであるかを体験したことのない者のナイーブな物言いです。天道に抗して人道を立てるには、少しでも自然を手なずけられるよう、自然の摂理＝天道の理解に努め、できる限り手を入れることが必要になるのです。

また、水車の喩えからは、自然と人間は相即不離で、人道は天道なくしてあり得ないこと、そして、天道と人道のどちらか一方に偏ってはいけず、バランスが大事であることを教えられます。それは、今の日本社会の問題点を浮き彫りにします。今の日本では、自然と人間の関係は完全に切れてしまっています。人が山水郷から撤退した後には、放置された山や田畑が残り、天道に委ねられるままになっています。人道を立てる場所はもっぱら都市となりましたが、人工物に溢れた都市には自然はなく、里山が隣接していても、誰も使わず、手入れもしません。都市には、公園や庭園のような飼い慣らされた自然しか存在しませんから、自然の力を実感する契機は乏しく、天道を意識するのはもっぱら台風やゲリラ豪雨、それに地震などの自然災害の時となります。おまけに農山村のような共同体や人のつながりはなく、それゆえ個人の欲望を制約するものはなく、推譲するべき相手もいませんから、内なる天道たる人間の欲望にタガをはめるものは何もありません。むしろ消費空間である都市では、欲望を解き放つことを動機づけられ、推奨されるのです。現代の都市生活においては、天道に抗して人道を立てるという経験をすることはほとんどなくなっています。

基幹産業が第一次産業であった尊徳の時代は、天道と人道が相即不離でありましたし、天道に抗して人道を立てることは、人が生きていく上で不可欠でした。天道に委ねていれば田畑は荒廃し、山は崩れ、川は溢れ、家も道も崩れたからです。しかし、現代において第一次産業に従事するものはわずかですし、圧倒的多数は人工的なインフラが整備された都市に住んでいます。わざわざ人道を立てる努力をせずとも、人が暮らしてゆける基盤が目の前に用意されているのです。天道を意識せず、人道を立てることに時間を使わない都市の生活は、とても楽で快適で自由です。産業構造もライフスタイルも変わった今、人道を立てる経験など不要で、このまま都市生活を続けていくことに、何も問題はないように思えます。

確かにこれまではそうでした。しかし、そういう生活も長くは続かないでしょう。一つには、地方都市は自然災害や獣害という形で、否応なく天道と向き合わざるを得なくなっていくからです。そして、もう一つは、戦後整備してきたインフラが老朽化し、橋梁やトンネルや道路や水道管や下水道管がいつ壊れてもおかしくない状態になっているからです。

戦後営々と築き上げたものが老化し、風化しつつあるのです。老化や風化も自然の摂理であり、天道です。この天道にはどのように抗すれば良いのか。多くの自治体は財政難です。人口減少の影響が如実に現れる地方圏の自治体では、インフラの改修に金をかけることはできなくなります。老化・風化が進むインフラは、維持改修のための投資がなされぬまま放置されれば、いつか崩壊します。

山や川を改造するために築かれてきた人工物が崩れ、自然に還り始める頃には、野生を押しとどめていた前線が決壊し、獣達が町に押し寄せてくるでしょう。人道を立てる努力を忘れた現代人には、押し寄せてくる天道に抗する力はありません。となれば、地方都市では天道が優勢になり、人道は立たなくなってゆきます。

つまり、今後、地方都市はどんどん住みにくくなっていくということです。そうなると、山水郷からの撤退に続くのは、地方圏からの撤退です。今後、ますます地方に住む人は減り、大都市圏にばかり人が集まるようになるのではないでしょうか。

国立社会保障・人口問題研究所の長期予測によれば、二一〇〇年の日本の人口は、楽観シナリオである高位推計でも六四八五万人です（悲観シナリオである低位推計では三七九五万人、中間の中位推計では四九五九万人です）。約六五〇〇万人という数は、現在の三大都市圏に住む人口にほぼ等しいものです。つまり、今後、頑張って子どもを産み続けて人口維持に努めたとしても、あと数十年もすれば、日本の全人口を現在の三大都市圏だけで収容できるようになるということです。

今、地方では移住政策に躍起になっていますが、大都市圏も人口を減らしたくありませんから、今後は、人口を維持するための政策をとるようになるでしょう。大都市圏と地方圏とが互いに

「こっちにおいでよ」と人を取り合う構図になるのです。そうなった時、どれだけの人が地方にとどまるでしょうか。

三大都市圏にしか人が住まなくなるというのは極論ですが、災害や獣害のリスクが高く、インフラも老朽化した地方に住むのはよほどの物好きか、動けない事情を抱えた人々だけになる可能性は高いでしょう。地方創生どころか、大都市圏と財政力のある一部の恵まれた地方都市を除き、地方の社会は崩壊を余儀なくされるのかもしれません。

この列島の自然の回復力には凄まじいものがあります。ひとたび人が撤退すれば、田畑や住宅街は森に呑まれ、インフラは崩れて自然に還り、獣達が跋扈《ばっこ》する野生の王国が広がるようになります。福島第一原発の事故で人が住めなくなった原発被災地域は、まさに今その状態で、放射能の問題が解決したとしても、森に呑まれ、野生の王国となってしまった土地を人の手に取り戻すまでには、残念ながら、相当の時間と労力がかかることでしょう。福島県は、日本でも有数の山水の恵みの豊かさを誇る県です。特に、原発被災地域となった浜通りは、陽光に溢れ、温暖で、山の幸と海の幸に恵まれ、田畑も広がっていて、〝生きる場〟としてはこれ以上ないほど恵まれた地域です。しかし、山水の恵みが豊かということは、それだけ自然の力が強いということでもあるのです。自然の回復力は暴力的なまでに強く、人間の働きかけがなくなった途端、天道が勝るようになります。現に、原発事故のために強制的に人が退出させられた地域では、天道が勝り、原野に戻りつつある土地が急速に広がっています。発災から五年以上の避難を余儀なくされていた二〇キロ圏内の南相馬市や浪江町では、人が住めるようにはなったものの、イノシシやサルが増えすぎて、農業をすることが難しくなっています。

今後、地方から人が撤退してゆくと、今、フクシマで起きているのと同様のことが、各地で起こるはずです。この列島の至るところで、天道が勝って、人道が立たなくなるのです。

第三節　このまま撤退を続けていいのか

都市だけでやっていけるのか

ドライに考えれば、大都市圏と一部の地方都市だけがきちんと生き残っていけばいいではないか、という言い分も成り立ちます。天道が勝って人の住めないような場所が広がったとして、それがどうしたというのでしょうか。住みにくいなら便利な都市に出てくればいい。そもそも中途半端に人が住もうとするから自然災害や獣害が問題になるのであって、今後、人口は減り続け、高齢者の割合ばかりが増えていくのだから、不便な山水郷は自然に戻し、災害や獣害のリスクの高い平地農村や地方都市も畳んで、一定規模以上の地方都市と大都市圏に集約して暮らせばいいではないか。そう考えるのが自然なことかもしれません。

国土交通省は、二〇一四年に公表した『国土のグランドデザイン２０５０』の中で、国土を一平方キロメートルメッシュで見た場合、現在、人が住んでいる土地の六割以上（六三％）で二〇五〇年までに人口が半分以下になるとの推計を示しています。うち二割（一九％）は完全に人が住まなくなります。これを市区町村単位で見ると、小さな市区町村ほど減少率が高く、人口一万人以下の市区町村では人口が半減します。国土交通省は、このような推計をもとに、今後の国土計画・都市政策の柱として「コンパクト&ネットワーク」という構想を打ち出しています。都市はコンパクトシティにし、非都市地域は「小さな拠点」に機能を集め、できるだけ色々なものを集約して暮らしを成り立たせていこうという構想です。

もっとも、何をもって「コンパクト」なのかが定義されていないので、自治体の担当者達は、この構想をどう受けとめればよいのかと悩んでいます。コンパクトシティの模範としてしばしば挙げられる米国オレゴン州のポートランドは、町をこれ以上拡大させないという町の境界《バウンダリー》を定めていますが、日本のコンパクトシティに境界を定めるという発想はありません。境界を定めずに集約を推し進めていけば、行き着く先は、より強い町、より魅力的な町への集中です。結果、最後に残るのは一定規模以上の地方都市と大都市圏だけということになります。すなわち、明確なビジョンなきまま追求される「コンパクト&ネットワーク」は、弱肉強食の論理で地方圏の淘汰・統廃合を進める方向に作用するのです。そうなれば地方圏の人口流出に拍車がかかり、本当に三大都市圏と一部の地方都市にしか人が住まない世界がやってくるかもしれません。

そうなったとして都市に暮らす人々は何か困るでしょうか。既に述べたように、都市が山水郷に期待しているのは水と電気の供給、それに二酸化炭素の吸収程度です。平地農村も含めた地方圏全体で考えれば、食料供給もそこに加わります。これらさえ確保できるようにしてくれれば、地方圏に人が住もうが住むまいが別に関係ないというのが都市の側の本音だと思います。

このうち水と電気の供給については、そのために必要なダムや発電所の維持・管理・運営業務の大半が自動化され、遠隔監視・遠隔制御で事足りるようになっています。食料生産についてもスマート化が進めばほとんど人手はかからなくなります。テクノロジーの進化により、最低限の人員で水や電気や食料を供給することが可能になりつつあるのです。その最低限の人員さえ配置できれば、文字どおり後は野となれ山となれ、問題はないということが言えそうです。

しかし、本当にそれで全てが上手くいくのでしょうか。

例えば二酸化炭素の吸収はどうでしょう。木は確かに二酸化炭素を吸収・固定しますが、吸収・固定能力が高いのは、若くて旺盛に成長している間だけです。齢を重ねるにつれて吸収・固定量は段々と少なくなってゆく一方で、自らの呼吸によって吐き出す二酸化炭素もありますから、成熟した木はほとんど二酸化炭素を吸収しなくなります。ですから、森による二酸化炭素の吸収・固定能力を極大化しようと思ったら、木材をどんどん伐り出して、その木で家を建てる等、できるだけ長く木の状態で使い続けながら、伐採跡地には植林をし、若い木を育てて、どんどん二酸化炭素を吸収・固定させる。このサイクルをぐるぐると回すことが必要になります。

つまり、人が木を使い、森に手を入れ続け、若々しく健全な森を保ち続けない限り、森に二酸化炭素の吸収源としての機能を期待することはできないのです。ただ森があれば良いというのでなく、人が森と関わり、木を使い続けることが必要になるということです。

こうした維持管理の問題は、実は水や電気や食料についても同じことが言えます。確かに、ダムや発電所や食料生産の現場だけを見れば、テクノロジーの力を借りれば最低限の人員で回すことは可能かもしれません。しかし、それも森が健全に保たれていればこその話。手入れの行き届かない森は災害の原因となり、ひとたび山が崩れれば土砂や流木でダムを埋め、下流域に洪水をもたらし、田畑を水没させます。ですから、水や電気や食料の供給基盤を安定的に保ちたければ、森に手を入れ続ける必要があるのです。そして、残念ながら森の手入れを自動化できるようになるにはまだ相当の時間がかかるので、それまでは森の手入れをしてくれる人がどうしても必要になります。

すなわち、山水郷から人が撤退し、森の手入れをする人がいなくなれば、都市が地方圏に期待する水や電気や食料の供給も不可能になる可能性が高いのです。山水郷からの人の撤退を都市の側が看過できない理由がここにあります。大都市圏と一部の地方都市だけが生き残っていけばいいという発想は、水や電気や食料というベーシックなヒューマンニーズにおいて、都市が山水郷に依存しているという事実を見落としています。

もはやほとんどの日本人が森と直接の関わりをもたなくなっていますが、日本列島に住む限り、森の存在を無視しては生きていけないのです。どこに住もうが、この列島に暮らす限り、私達は森からは自由になれません。人が一生自分の身体から逃れることができないように、私達はこの国で生きる以上、国の身体である森から逃げては生きられないのです。そして、健全な肉体が健全な精神の基礎であるように、森が健全でないと私達も健全な暮らしを維持できないという制約の中で私達は生きています。それは国土の七割を森に覆われた国に生きる日本人の宿命とも言えるものです。私達は森をケアし、森に手を入れる努力を怠っては生きていけず、その面倒を引き受けてくれる人を必要としています。これまでは山水郷に生きる人々が引き受けてくれていたその面倒を、今後は、一体、誰が引き受けてくれるのか。山水郷からの人の撤退は、そういう問いを都市の側に突きつけています。

一〇〇〇年の生きる知恵

ただ、山水郷の存在価値を水や電気や食料や二酸化炭素の問題に還元してしまうのは、あまりに山水郷のことを矮小化し、ないがしろにしているように思えます。そういう発想は根本的なところで大事なことを見落としているように思うのです。

例えばこんな話があります。茨城県の鹿島神宮にまつわる話です。鹿島神宮は、神武天皇元年（皇紀元年。西暦で言えば紀元前六六〇年です）が創建と言われる東国随一の古社です。社には、御影石製の大鳥居がありましたが、これが二〇一一年の東日本大震災で倒壊するという悲劇に見舞われます。その三年後の二〇一四年に、この大鳥居は木造で再建されたのですが、高さ一〇メートル、幅一四メートルの大鳥居の再建に使われたのは、境内に立っていた四本の大杉です。柱には樹齢五〇〇年の大杉が二本、笠木には樹齢六〇〇年の大杉、貫《ぬき》には樹齢二〇〇年の大杉といった具合です。

鹿島神宮の境内には、天然記念物に指定されている四四ヘクタールもの広大な社叢林があります。鳥居の再建には、この社叢林から伐り出された大杉が使われたのですが、実はこの社叢林は、記録に残る限り、日本で最古の人工林です。最初の植林は貞観八年（八六六年）に行われていて、四万本のスギと五七〇〇本のクリを植えたと『日本三代実録』（九〇一年完成の国史）にあります（筒井迪夫『木と森の文化史』朝日新聞社）。縄文時代から人は木を植えてきましたが、これだけの規模で植林して人工林をつくったという意味で、鹿島神宮の社叢林は我が国最古にして最大の人工林です。

この社叢林を植林した理由を『日本三代実録』（原文は國學院大學のＷｅｂサイト『神道・神社史料集成』で読むことができます）は、鹿島神宮が交通の便が悪く、修繕や建て替えのために木材を運んでくるのが大変であったからと説明します。鹿島神宮の建設には五万本の用材（スギとクリが多く使われました）を用い、それを他の土地から調達・運搬してくるのに大変な労力を要したため、いつでも当地で必要な木材が手に入るよう、空き地に植林をしたというのです。一〇〇〇年以上前に植えられ、代々大切に守り育てられてきた森が、一〇〇〇年に一度と言われる大地震(*)に際してその役割を果たす形となったわけですが、将来に備えて用意をした側も凄いし、それを一〇〇〇年以上守り伝えてきた側も凄いと思います。そもそも、もともとの植林の意図が伝承されてこなかったら、天然記念物となっている社叢林の木を使おうという発想にもならず、また莫大なお金をかけて、御影石での再建を目指したことでしょう。社叢林のスギを使って木造で再建したことで、大幅な経費削減と迅速な再建が可能になったのです。

ここにあるのは、創建者達の、何があってもこの社を守り続けるのだという覚悟であり、それを守り、受け継いでくれるであろう子孫達に対する思いやり、深謀遠慮、そして責任感です。

恐らくこの列島には、至る所にそういう先人達の思いが植え付けられてきたのだろうと思います。山水郷は特に古くから人が住み続けてきた場所ですから、そこには、この災害の多い列島で、山水の恵みを生かしながら生きていくための知恵がたくさん埋め込まれているはずです。山水郷は、この列島に生きてきた人々が積み重ねてきた、生きるための知恵の宝庫なのです。

縄文時代から数えれば一万年以上、この列島に国らしきものができてからは二〇〇〇年以上。山水郷を捨て、地方圏を捨てるということは、その千年万年単位で培い、受け継がれてきた生きるための知恵を捨てるということを意味します。

確かに山水郷は今の産業構造、社会構造の中では分の悪いポジションにいます。しかし、たかだか一五〇年しか歴史のない近代のシステムにうまく適合しないからと言って、千年万年の知恵が眠る場所を捨ててしまって良いのでしょうか。私達にはそれを引き受け、受け継ぐ義務があるはずです。そうでなければ、この列島に居を定め、天道と闘ぎ合いながらも人道を立てるべく、必死に生きてきた先人達の汗と涙、夢と希望、覚悟と努力を無に帰することになると思うからです。

私達が先人達から受け継ぐべきは、何よりもこの列島に生きるための覚悟と努力だと思います。それは、この列島を引き受けて生きるための覚悟と努力と言い換えても良いでしょう。恐らく、その覚悟を持った時に初めて、先人達の間で培われ、この列島のそこかしこに埋め込まれてきた生きるための知恵が私達の眼前に開かれてゆくのだと思います。

失われゆく日本の魅力

昭和四年（一九二九）に刊行した『都市と農村』の中で、柳田国男は以下のように述べます。

――村が今日の都人の血の水上であったと同時に、都は多くの田舎人の心の故郷であった。

（＊）鹿島神宮社叢林の最初の植林が行われた貞観八年は、東北に大津波をもたらした貞観地震（貞観一一年＝八六九年）の、奇しくも三年前のことです。

――（中略）この年久しい因縁に培われて、今でも都は我々を曳く綱であり、又夢の花苑でもある。

明治末から大正にかけて重化学工業が発展し、旺盛な労働力需要が生まれると、農村から都市への人の流れが本格化しました。大正デモクラシーのような都市文化が花開く一方で、農山村は時代から取り残されてゆきました。そのような風潮に対する反動から、農山村にこそ日本人のアイデンティティがあり、正しい日本人の生活があるというような、農山村を過度にロマン視した言説が生まれるようになります。柳田はそのような風潮に対し、村は確かに日本人の「血の水上」であると、その独自の存在意義を認めつつも、しかし、都もまた村の人にとっては「心の故郷」であり、人々は「曳く綱」「夢の花苑」である都に惹かれ続けてきたのだという事実を指摘して、農山村の過度の理想視に釘を刺したのです。

柳田は、都市と田舎のどちらが正しいかとか、どちらがより本来的・本質的かという二者択一的な議論がいかに不毛であるかを指摘しています。都市か田舎かでなく、都市も田舎も日本人には必要だというのが、柳田の基本認識です。「血の水上」とはアイデンティティの源泉というくらいの意味でしょうが、そういう場所として農山村は必要であり続ける一方、「夢の花苑」として都市が引力を持ち続けることも重要なのです。その二極があることでダイナミズムが生まれ、総体としての魅力が生じるというのが柳田の考えでした。都市か田舎かではなく、都市と田舎の双方が存在し、そこに一定の緊張関係があって、バランスが保たれていくことこそが重要なのです。

今、世界的な傾向として都市化が進行しています。国連の『世界都市人口予測・二〇一八年改訂版〈2018 Revision of World Urbanization Prospects〉』によると、一九五〇年には世界人口の三〇％に過ぎなかった都市人口が、二〇一八年には五五％にまで上昇しています。現在、約四二億人が都市に住んでいますが、二〇三〇年には全人口の六〇％（約五二億人）、二〇五〇年には六八％（約六七億人）が都市に暮らす見込みです。都市はますます大きな存在になります。

ただし、それは農山村が不要になることを意味しません。農山村の衰退ともイコールではありません。逆説的ですが、都市化が進めば進むほど、都市とは違うもの、農山村的なものが価値を持つようになると思うからです。

都市は、その存在自体がグローバルに開かれているため、時間を経るに従って、どこの国も、段々と大差がないものになっていきます。ニューヨークとパリと東京はそれぞれに個性的な大都市ですが、その個性の差は、年々少なくなってきているように感じます。店も食べ物も人々のファッションも、「その国にしかない」というものがどんどん減ってきています。それに比べ、米国の農村とフランスの農村と日本の農村との間にある違いはもっとずっと大きなものです。グローバルな存在である都市より、ローカルな存在である農山村のほうが、その国の独自性や本質が現れやすいのです。都市はアイデンティカル（同一のもの）になりがちですが、農山村にはその国のアイデンティティ（個性）が色濃く反映されます。

ですから、世界的に都市化が進めば進むほど、世界中の都市はアイデンティカルなものに近づいていき、その反動として、各国のアイデンティティを如実に感じられる農山村の価値が相対的に高まっていくはずなのです。実際、観光庁が実施している訪日外国人に対するアンケートを見ると、最初はとりあえず大都市である東京や大阪を観光し、その後京都や富士山をまわって日本食を食べ、繁華街でショッピングをするというお約束のパターンでの観光を経験しますが、次に来る時にはそういうものではなく、もっと日本の自然や文化に触れたいと思っている方が多い傾向が読み取れます（図表4―4）。

外国人のそういうニーズをうまく捉えて急成長しているのが、在日英国人が経営するＷａｌｋ Ｊａｐａｎという旅行ツアー会社です。Ｗａｌｋ Ｊａｐａｎは、訪日外国人向けに、日本の田舎を訪ね歩く高額の旅行ツアーを販売していますが、これが大人気です（一週間のツアーで約五〇万円！）。私は実際にこのツアーに参加したことがありますが、参加していた外国人達に尋ねたところ、東京、京都はもういいから、違う日本が見たくて参加したのだという答えが多く返ってきました。そして、大分県の国東《くにさき》半島の山水郷で、八世紀の荘園時代からほとんど変わっていないという水田の風景を見た時に、「あぁ、これが見たかったの。このような、他の国では見ることのできない日本の原風景を見るためにこのツアーに参加したのよ」と、カナダ人の若い女性が感慨深く述べていたのが印象的でした。

この時に確信したのは、日本の原風景を味わえるような観光が、今後、インバウンド観光の大きな柱になっていくだろうということでした。有名な観光地や名所旧跡を回るような観光のスタイルではなく、その国の原風景や日常に触れられるような観光のスタイルを確立することが訪日のリピーターを増やし、安定的な観光収入をもたらしてくれるようになるはずだと思ったのです。

実際、欧州の国々、特にドイツやイタリアや英国などでは、アグリツーリズムやルーラルツーリズムが盛んで、都市から少し足を伸ばせば、その国の原風景と呼べる、歴史と伝統のある美しい農山村が広がり、居心地の良いB&B（朝食付きの宿）や農家レストランがあって、滞在したり、食事をしたりできるようになっています。滞在する人達は、散歩、トレッキング、乗馬、スポーツ、読書など思い思いの時間を過ごし、時にはパブやカフェで村の人々と語り合ったりもしながら、穏やかな休日を楽しみます。

図表4-4 今回したことと次回したいこと（全国籍・地域、複数回答）

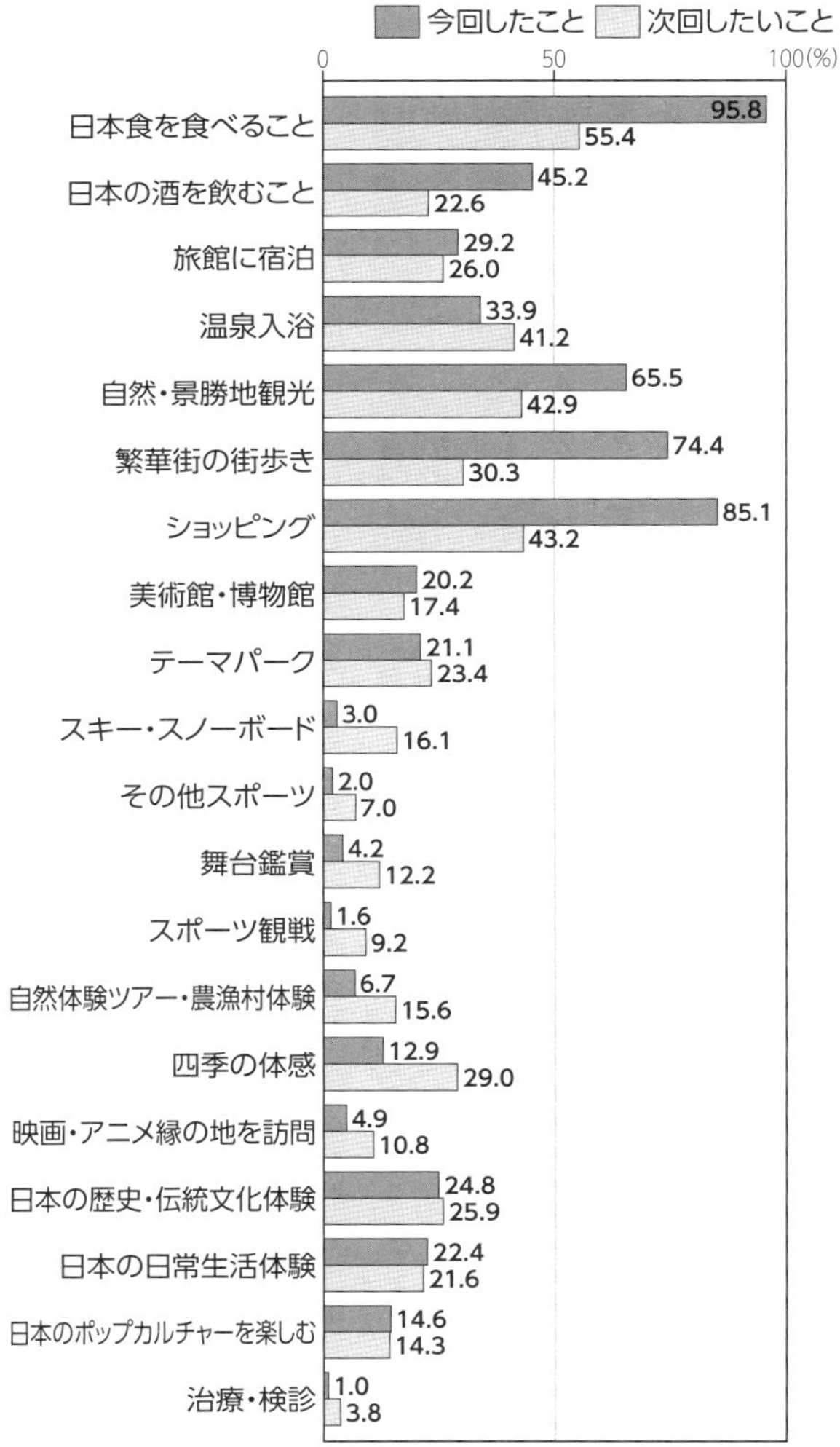

出所：観光庁「訪日外国人消費動向調査」（H29年度調査）

このような観光のスタイルが確立されていることが、これらの国々の魅力を奥深いものにしています。ドイツやイタリアを何度訪れても飽きないのは、文化と経済の中心である大都市や有名な観光名所ばかりでなく、歴史と伝統のある個性的な地方都市や農山村を訪ねる旅ができるからです。だからこそ、日本より狭い国土でありながら、日本よりも多くの観光客が訪れるのでしょう。国連世界観光機関によれば、二〇一七年の外国人観光客はイタリアで約六〇〇〇万人、ドイツと英国でそれぞれ約四〇〇〇万人です。対する日本の外国人観光客は、二〇一八年にようやく三〇〇〇万人を超えたところです。

山深く、南北に長い日本列島の山水とそこで営まれてきた暮らしは、欧州のそれとは比べものにならないほど多様で奥深いものです。世界でも有数のメガシティ・東京がある一方で、ちょっと足を伸ばせば、多様で奥深い山水郷の暮らしがある。単に山水があるだけでなく、そこに人々が生きていて営みがあり、土地土地の風土の違いを感じることができる。そういう多様性と奥深さを実感できるような旅のスタイルが確立されれば、日本を訪れるリピーターは増えるでしょうし、日本に魅力を感じる人ももっとずっと多くなるはずです。

ですから、もし山水郷からの撤退がこのまま続き、大都市圏と一部の地方都市にしか人が住まないようなことになったとして何が困るかと言ったら、外国人に見せることのできる日本の原風景やアイデンティティの表象が永遠に失われてしまうことです。それは、日本の総体としての魅力を乏しくさせるだけでなく、観光立国を掲げ、観光の振興で経済を成長させようとしている日本にとって、取り返しのつかない損失になるでしょう。

観光産業は、日本で最も伸び代があり、急成長が見込める分野です。観光庁が四半期に一回実施している『訪日外国人消費動向調査』によれば、日本に滞在する外国人は、平均して一五万円以上のお金を落としてくれます。ですから、一〇〇〇万人来日すれば、それだけで一・五兆円の外貨が稼げる計算になります。前述のように日本への訪日外国人数はようやく三〇〇〇万人を超えたところですが（数年前は一〇〇〇万人以下だったことを考えると、これでも大躍進です）、日本と国土のサイズが似たようなイタリアには毎年約六〇〇〇万人の外国人が訪れている事実を踏まえれば、まだまだ成長は期待できます。仮に、イタリアと同程度の六〇〇〇万人の外国人観光客が来れば、単純計算で九兆円の観光収入がもたらされることになります。観光収入は輸出としてカウントされますから、観光収入の増大は貿易収支の改善に寄与します。経済を成長させ、貿易収支を改善する成長産業を支える観光資源として、山水郷は不可欠の存在なのです。

日本を訪れる人の多くが、日本のアニメ、特にスタジオジブリのアニメを見ています。TOTOROもMONONOKEも見ている彼らは、当然、『となりのトトロ』で見た、トトロが棲む里山の風景が見たいし、『もののけ姫』に出てきた、シシ神が棲む原始の森が見たいと思っています。日本人にとっては価値を感じられなくなっているかもしれない山水郷に、外国人は積極的に価値を見出しているのです。

千年万年の生きる知恵にせよ、観光資源としての価値にせよ、〝動員の場〟として山水郷を見ている限りは、見落としてしまうものです。明治の近代化以後、私達は山水郷から動員をし続ける中で、〝動員の場〟としてしか山水郷のことを見ることができなくなっていますが、それはとても一面的な見方に過ぎません。

この一五〇年間にわたって動員し続けてきたのは、産物であり労働力です。いずれも土地から切り離すことのできるものですが、今、例えば外国人が求めているのは、もっと土地から切り離すことができないもの、そこに行かないと見たり感じたりできないこと、つまりは山水の存在そのもの、山水郷という場そのものが持つ価値であり、豊かさであるように思えます。それは〝動員の場〟としての山水郷に見出されてきたのとは根本的に異なり、そこを訪ね、或いはそこに暮らし、人や自然と関わる中で初めて見えてくる価値なり豊かさです。

サン＝テグジュペリの『星の王子さま』に出てくる狐が言うように、本当に大切なものは目に見えず、それゆえに私達は往々にしてそれを見落とし、見誤り、見失ってしまいます。そして、それがもう永遠に失われてしまうというギリギリのタイミングでそのことに気づくのです。

今、まさに山水郷に対して私達はそういう状態なのだろうと思います。一五〇年にわたる動員の果てに、もう本当に失われてしまいそうなギリギリのタイミングで、山水の存在自体の価値、山水郷の場としての豊かさが見出され始めている。そんな動きがそこここで同時多発的に起きています。次章でそのことを考えてみたいと思います。

第五章　山水郷を目指す若者達

ラピュタがなぜ滅びたのか、私よくわかる。
　ゴンドアの谷の詩にあるもの。
「土に根を下ろし　風と共に生きよう
種と共に冬を越え　鳥と共に春を歌おう」
　どんなに恐ろしい武器を持っても、
たくさんのかわいそうなロボットを操っても、
　土から離れては生きられないのよ。
　　　　――『天空の城ラピュタ』
（宮崎駿監督作品、一九八六年公開）

第一節　山水郷の復権

若い世代が考えていること

山水郷からの撤退という未曾有の事態が進行している一方で、それに逆行するかのように、今、〝ローカル〟がブームになっています。田舎暮らしが憧れとなり、実際に移住したり、普段は都心で働いて、週末だけ田舎暮らしをする二地域居住をしたりする人が増えています。別荘を持つこと自体は、裕福な人々の間で昔からあった習わしですが、最近はやりの二地域居住の場合、別荘地ではない普通の農山村の空き家を見つけてそこを拠点とし、田畑や山林を借りて、地元の人とも関わりながら、どっぷりと田舎暮らしを実践している点が、従来の別荘暮らしとは異なります。現代の二地域居住では、明らかに田舎暮らしの実践に重きが置かれているのです。

地方圏への移住相談窓口を開設し、移住相談会を実施している東京・有楽町の「ふるさと回帰支援センター」では、二〇一一年までは三〇〇〇人に満たなかった面談・セミナー等の参加者数が、二〇一二年には四〇五八人、二〇一三年には七二八三人、二〇一四年には一万〇〇〇三人と、二〇一二年から急増しています。一万人を超えてからは更に増加のペースが早まり、二〇一六年には二万一四五二人、二〇一七年には二万五四九二人、二〇一八年には二万九八四九人となっています。電話等問い合わせも含めれば、二〇一八年は四万人超です。

田舎暮らしのブームは今に始まったことではなく、これまでも何度か波がありました。最初の波は早くも一九七〇年代にありました。意外に思えるかもしれませんが、一九七〇年代は、一九六〇年代に都市にどっと流入した人口が地方に戻る「地方回帰」の時代でした。実際、一九六二年に三八・八万人でピークとなった東京圏の転入超過数は、一九七七年にはおよそ一〇分の一の四万人にまで縮小しています（図表4―1、150頁）。

背景には、都市と地方の所得格差の縮小がありました。東京圏の転入超過数は東京圏と地方圏との所得格差とほぼ等しい動きをしていますが、一九七〇年代には、都市と地方の所得格差が急速に縮まったのです（図表5―1）。全総（全国総合開発計画）が打ち出した拠点開発方式などによって地方に産業が誘致されたこと、一九七二年の『日本列島改造論』以後、土建の仕事で稼げるようになったことがその理由です。六〇年代に「金の卵」と言われ集団就職でやってきた人々の多くは中学卒だったために、せっかく東京に出てきても本人が希望する職にはなかなか就けず、職を転々とする傾向がありました。そういう人々が、地方の雇用情勢が良くなったことで、一斉に地元に戻っていったのです。働き盛りの地方回帰が、この最初の〝ローカルブーム〟の特徴でした。

一九七〇年代から八〇年代前半にかけては、学生運動を経験した大卒者達が、反体制・反主流の生き方を貫くために地方に〝下野〟するという動きも見られました。全学連の一派を率いた藤本敏夫（歌手の加藤登紀子の夫）が藤田和芳と共に「大地を守る市民の会」を設立したのは一九七五年（翌七六年に「大地を守る会」に改称）、有機農業の実践家として南房総に移住したのは一九八一年です。また、東京でフリーの脚本家として活躍していた倉本聰がＮＨＫと衝突したことを機に東京暮らしに見切りをつけ、北海道に移住したのは一九七四年のこと。一九七七年には富良野に移り、そこでの体験を基に描かれたテレビドラマ『北の国から』の放映が始まったのが一九八

図表5-1 大都市圏と地方圏の所得格差と大都市圏の人口流入の関係

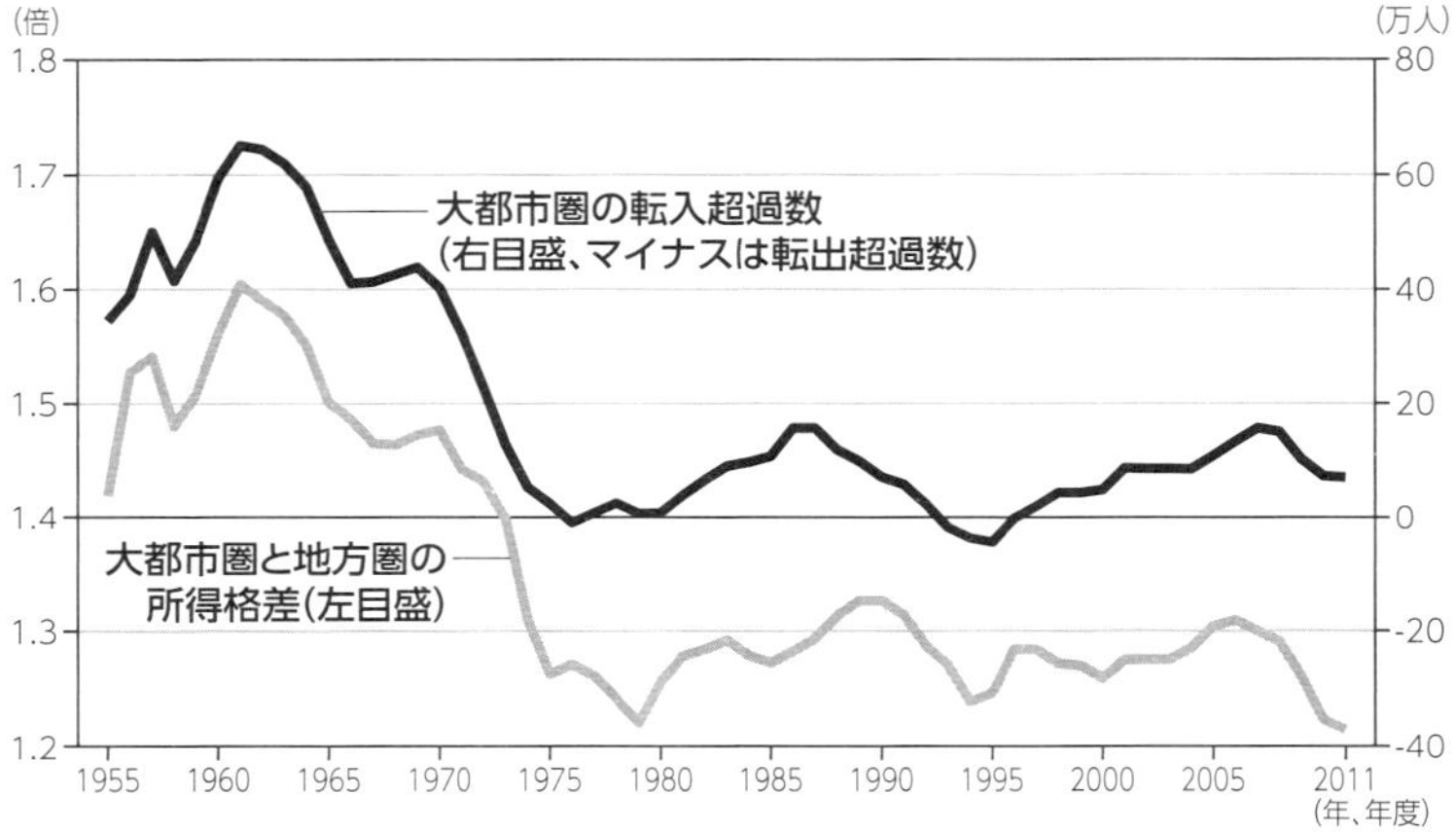

出所:厚生労働省「平成27年版 労働経済の分析」
(1):地方圏における県民一人当たりの県民所得を1とした時の大都市圏における県民一人当たりの県民所得を、地方圏と大都市圏の所得格差とした
(2):大都市圏の転入超過数は年、大都市圏と地方圏の所得格差は年度
(3):大都市圏は埼玉県、千葉県、東京都、神奈川県、岐阜県、愛知県、三重県、京都府、大阪府、兵庫県、奈良県を指し、地方圏は大都市圏を除く各道県を指す

一年でした。

『北の国から』の主人公・黒板五郎は、東京での生活に挫折し、一九八〇年に子どもを連れて生まれ故郷の富良野に戻ったという設定でした。当時であれば土建の仕事はいくらでもあったはずですが、そういう手っ取り早い稼ぎの道には行かず、電気もない廃屋で自給自足の暮らしをすることを五郎は選びました。五郎の生き様には、体制に迎合することを良しとせずに東京の暮らしを捨てた倉本自身の反骨精神が、色濃く表れていたと言えるでしょう。

その『北の国から』の影響もあったのかもしれませんが、一九八〇年代後半になると、中高年の間で〝田舎暮らし〟がブームになります。宝島社が雑誌『田舎暮らしの本』を創刊したのは一九八七年です。日本中が地価の高騰

とバブルに踊り狂った八〇年代後半は、地方がリゾート開発にわいた時代で、山間僻地でもスキー場や温泉を核にしたリゾート施設の開発が相次ぎ、田舎に土地やマンションを買うことが中高年の間で流行しました。

リゾートブームはバブル崩壊で終焉しますが、バブル崩壊を機に増え始めたのが、サラリーマンが定年後に新規就農するケースでした。一九九〇年には五〇〇〇人に満たなかった六〇歳以上の新規就農者は、九三年には一万二〇〇〇人を超え、九五年には二万五〇〇〇人に迫り、九八年にはついに三万人を超え、二〇〇〇年には四万五〇〇〇人に近づきます（農林水産省「新規就農者調査」）。このような定年後の新規就農は「定年帰農」と呼ばれるようになり、九八年には、「定年帰農」を特集した雑誌『現代農業』（農山漁村文化協会）が異例の増刷。その年のＮＨＫ「クローズアップ現代」でも「定年帰農」が取り上げられて、大きな反響を呼びました。

この「定年帰農」のブームを経て、二〇〇〇年代後半からは、田舎暮らしが本格的にブームの様相を呈します。背景には、二〇〇七年から定年を迎え始めた団塊の世代の田舎暮らし熱がありました。そういう意味では、九〇年代の「定年帰農」の延長とも言えるのですが、二〇〇〇年代後半から二〇一〇年代にかけての田舎暮らしブームで興味深いのは、三〇代、四〇代の働き盛りが地方への移住に大きな関心を寄せるようになったことです。

内閣府が二〇一四年に行った調査「農山漁村に関する世論調査」では、都市住民の農山漁村への定住願望は二〇〇五年に比べて、特に三〇代と四〇代で大きく伸びています（三〇代：一七・〇％→三二・七％、四〇代：一五・九％→三五・〇％）。働き盛りの意識変化の背景には、二〇一一年の東日本大震災の影響が間違いなくあります。ただ、若い世代の地方移住への関心の高さは、実

図表5-2　ふるさと回帰支援センター利用者の年代の推移（東京）2008～2018年（暦年別）

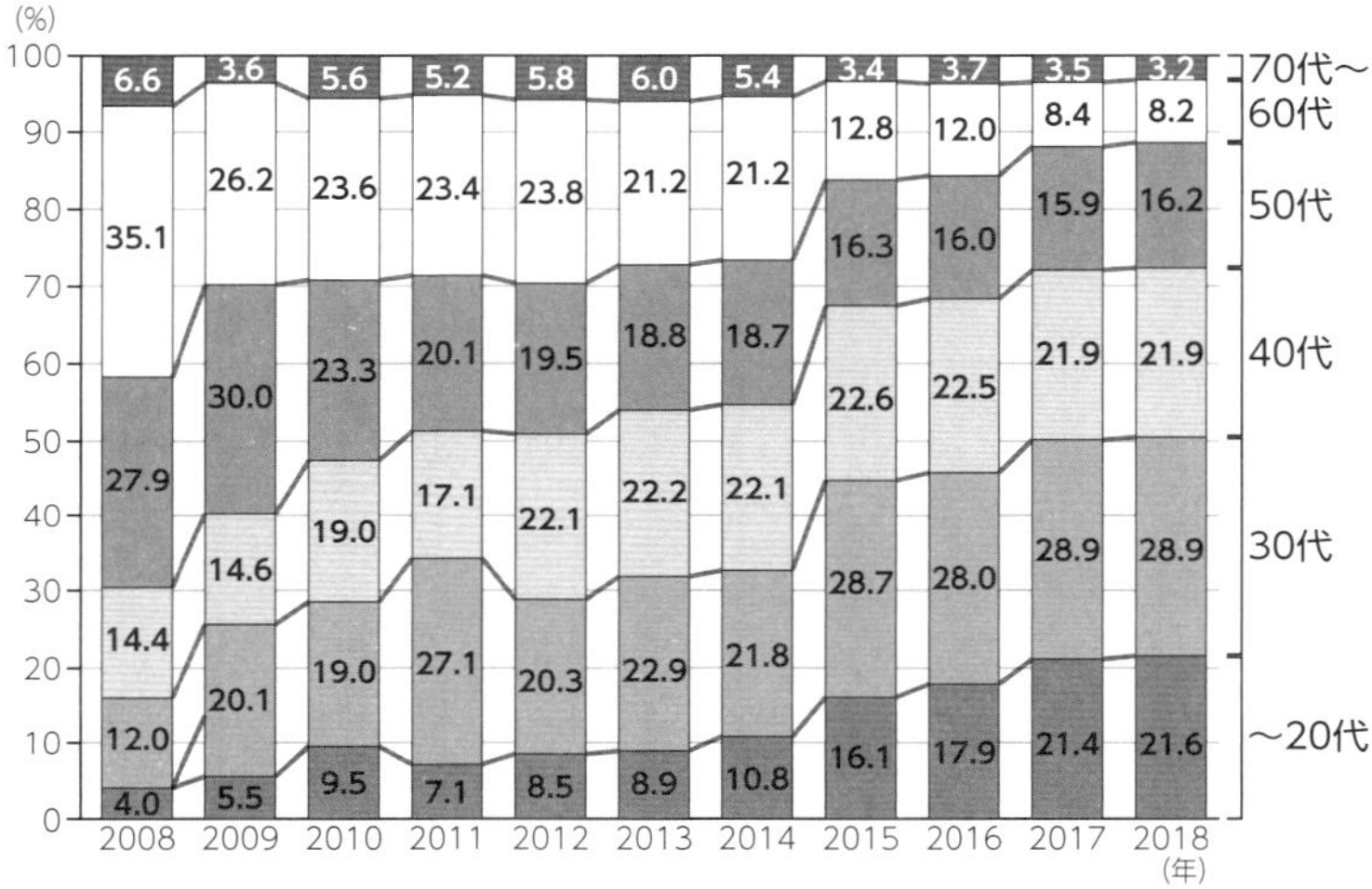

出所：認定NPO法人ふるさと回帰支援センター

際は、震災の少し前から始まっていた傾向でした。

先述のふるさと回帰支援センターを利用する人の年代を見ると、二〇〇八年には三割に過ぎなかった四〇代以下の割合が二〇〇九年から増え始めていることがわかります。震災のあった二〇一一年には五割を超え、二〇一五年には六割、二〇一七年には七割超と年々増え続け、過去一〇年で四〇代以下と五〇代以上の割合が完全に逆転しました（図表5―2）。

若い世代による地方移住の傾向を「田園回帰」と名付け、その動向を研究している島根県中山間地域研究センターの藤山浩研究統括監（当時）は、集落単位での人口データの詳細な分析から、興味深い事実を発見しています。島根県においては、二〇〇〇年代後半から、離島や山間部などの条件不利地域、田舎の中でも特に不便な「田舎の田舎」で、四歳以下の子どもと子育て世代の三〇代が増加しているのです。二〇〇九年から二〇一四年までの五年間で、島根県の中山間地域の人口は、三二万五五九九人から三〇万三五二二人へと二万人以上減少しています。率にしてマイナス六・八％。中山間地域では相変わらず人が減っているわけですが、減少数の半分は、「昭和一けた世代」の死去（自然減）によるものです。一方で、三〇代の男性は全二二七地区のうち九九地区（四三・六％）で増え、二八地区（一二・三％）で維持。つまり、過半数の一二七地区（五五・九％）で減っていないのです。三〇代女性も、九六地区（四二・三％）で増え、二八地区（一二・三％）で維持と、やはり過半数の一二四地区（五四・六％）で減っていません。注目すべきは、増えているのは三〇代の中でも、より若い三〇代前半だということです。また、増えている地区は、市役所もその支所もないような「田舎の田舎」が大半となっています（『田園回帰1％戦略』農山漁村文化協会）。

県全体でみれば、社会減(*)が続いています。そういう意味では、相変わらず地方の現実は厳しいわけですが、市町村単位でみると、二〇〇〇年代後半から、社会増に転換するところが出てきているのです。そして、その多くが、島根県の場合、離島や山間部、つまり山水郷です。山水郷へ移り住む若い世代が増え、ついに流入人口が流出人口を超えた町村が出てきはじめている。そのような現象が東日本大震災の数年前から島根県では始まっていました。

むしろ「田舎の田舎」のほうが若い人には好まれるという傾向は、島根県だけでなく、近年、

（*）人口移動、すなわち転入・流入と転出・流出の差による人口の増減を社会増・社会減と呼びます。これに対し出生と死亡の差による人口の増減を自然増・自然減と呼びます。

色々なところで聞くものです。実際、過疎の町村と関わってきた人達と話をしていると、「ここ数年で明らかに流れが変わった」と皆が口を揃えて言います。そういう中でも、とりわけ印象的だったのは、愛知県豊田市で聞いた話でした。

求めているのは安心

「世界のトヨタ」の本拠地である豊田市は、中心部を一級河川の矢作川が貫いています。この矢作川沿いに走る国道一五三号線を上流部に向かって行くとすぐに山間部となり、道は矢作川の支流となる巴川沿いに続きます。これを車で三〇分も行くと、少し開けた場所となり、思いがけず情緒のある古い町並みが現れます。町の中心には紅葉で有名な香嵐渓という美しい渓谷があり、そのすぐそばには六七三年創建の足助《あすけ》八幡宮という大きな神社があって、山城の跡地もあります。昔ながらの町並みを保存した地区があり、そこには趣のある立派な家が並んでいて、かつては随分と栄えた場所であったことが窺えます。

ここは旧足助町の中心地です。旧足助町は、古来、長野の飯田、塩尻と豊田、名古屋を結ぶ三州街道の足助宿として栄えた宿場町で、奥三河の中心拠点でした。古来より物流拠点だった立地を生かし、一八九三年には諏訪と名古屋を結ぶ中山道鉄道（現在の中央本線）の誘致を試みますが、失敗。以後は炭焼きや養蚕、観光を現金収入源として暮らしてきた町です。しかし、それもエネルギー革命が起きるまでの話でした。炭焼きや養蚕が駄目になってからは、ご多分に漏れず過疎に悩むようになります。

足助の人々に聞くと、かつては豊田市から足助までトヨタ関連の工場に行くマイクロバスが迎

足助地区の町並み　撮影：逸見奈々子

えに来て、それで皆、町まで働きに行ったのだそうです。養蚕や炭焼きで食べていた人々が工場で働くようになり、現金が貯まると山を下りて、豊田市の中心部に家を建てるようになります。一九六〇年代以後、そうやって少しずつ人口が減り、一九五〇年には一万七〇〇〇人以上いた人口も、昭和の終わりには一万人余となり、今世紀に入ってからは、ついに一万人を割るようになりました。渓流美を誇る香嵐渓があり、江戸時代の面影をとどめる歴史的な町並みもある上、豊田市にも近い足助地区（旧足助町）は、近隣の町村の中でも条件は恵まれていたほうです。それでも人口は減り続け、ついに二〇〇五年には豊田市に合併の運びとなったのです。合併時の人口は九六二一人です。前述したように、この合併の背景には二〇〇〇年の大水害がありました。

日本を代表する企業に成長したトヨタグループと、トヨタグループに労働力を供出し続ける中で衰退を余儀なくされた山村という構図は、高度経済成長期以後の日本の縮図です。過疎のまま放置しておいたら水害が起き、それに危機感を抱いたトヨタ及び豊田市が、山村では維持しきれなくなった人工林の面倒を見るようになったという経緯も、過疎の帰結を予見するようで興味深いものがあります。

もっとも、さらに興味深いのは、人口が流出する一方だった足助地区を始めとした旧町村部に、近年、子育て世帯の移住が目立つようになったことです。その多くはいわゆるIターンで、縁もゆかりもなかった人々が移住してきています。移住者が集まっている背景には、旧町村部を対象とした空き家情報バンクの整備があるのですが、空き家情報バンク自体、移住希望者の増加を受けて整備されたものですから、それ以前から、子育て世帯の移住の潮流が生まれていたと言えます。

豊田市で空き家情報バンクの運用が開始されたのは二〇一〇年度です。豊田市では空き家情報バンクの運用が始まる前年の二〇〇九年度から移住者の統計がとられていますが、それによると二〇〇九年度から二〇一八年度の一〇年間で、合計二〇五世帯五一八人が移住しています。合併された山間六町村の人口は一万五一七九世帯、三万九九八五人（二〇一九年六月一日現在）ですから、移住者の数は全体の一％強とわずかなものです。それでもこれほど移住者が来るのはかつてなかったことですし、二〇一九年三月末現在、空き家バンクに登録して物件が出るのを待っている人が二五一人もいるとのことですから、潜在的な移住者はもっと多いと言えます。

若い世代が多いのも特徴です。世帯主の年齢構成を見ると、二〇代が九％、三〇代が三五％で、三〇代以下では移住者の四四％を占めています。四〇代は二三％ですから、四〇代以下の働きざかりで、実に六七％です。豊田市の旧町村部への移住者は、子育て世代が中心となっています。

驚くべきは移住前の旧住所で、豊田市内が四七％とほぼ半数を占めています。愛知県内の他都市からの移住者も四一％で、近隣の市街地からわざわざ不便な旧町村部に移住してきていることがわかります。

豊田市で総合企画部長として山間部の過疎対策に尽力し、退職後の二〇一三年四月からは、市の施策を受けて設立された「おいでん・さんそんセンター」に勤める鈴木辰吉所長に二〇一五年に話を聞く機会がありました。当時、鈴木所長は、「二〇〇九年以前の統計がないのできちんとした比較はできないが、この五~六年で明らかに傾向が変わった。田園回帰・農村回帰が始まっているという実感を持っている」と語っていました。実際、鈴木所長は田園回帰が始まっていると確信したからこそ、その流れを後押しすべく、都市山村交流のコーディネートや移住のサポート役を担うおいでん・さんそんセンターに退職後の人生を賭けることを選んだのです。そして、三年後に改めてその後の状況を聞いてみると、移住者は増える一方で、田園回帰の傾向は、二〇一五年当時よりも「加速している感がある」とのことでした。

豊田市役所時代、不便解消と企業誘致による雇用創出を過疎対策の根本に据えていたという鈴木所長は、「条件不利地である過疎地を、どれだけ都市に近づけることができるかという思いでやっていたけれど、都市に近づけようとすればするほど、人は出ていってしまった」と当時を振り返ります。一方、二〇一〇年度から運用を開始した空き家情報バンク制度を利用して移住先を探している人達の話を聞いてみると、中途半端に都市化された便利さは求めておらず、地元に雇用主がいることも求めていない。仕事は起業や多業(複数の仕事の組み合わせ)で何とかしたり、市内に通勤したりとそれぞれです。豊田市の場合、市内まで下りれば、安定した雇用先が多くあるというのも大きいのでしょう。最も移住者が多いのは旭地区(旧旭町)ですが、旭地区から市内中心地までは車で四〇~五〇分。通えない距離ではありません。

そのことに鈴木所長はショックを受けます。自分が過疎対策としてやってきたことは何だったのか。そこから鈴木所長の探求が始まりました。移住してくる人達と会って、ひたすら話を聞いたのです。

その結果わかったことは、移住者達は、都会のような利便性を求めず、働き口もそれほど求めていないということでした。では、何を求めているのかと言えば、一番は、暮らしの安心であり、子どもに生きる力を身につけさせることができる環境です。若い親達は、山水の恵みが豊かで、人の助け合いの風土が残る山水郷にはそれがあると直感してやってきているのです。そんな彼・彼女らが何より求めているのは、とにもかくにも住む場所です。それも、島根県中山間地域研究センター（当時）の藤山浩の言うとおり、「田舎の都市」ではなく、「田舎の田舎」に住める場所を探しているのです。

都市に近づけることが過疎対策だと思っていた鈴木所長にとって、それは根本的な発想の転換を迫るものでした。「企業を誘致して働き場所をつくったり、利便性を高めるべくインフラを整備したりするのが過疎対策だと思ってやってきたが、近年の移住者達を見ていて、自分が間違っていたことに気づいた」と鈴木所長は語っていました。そして、移住者達が求めているのが、都市にはない「田舎らしさ」であることに気づいて以来、「田舎らしさに磨きをかける」ことを過疎対策の中心に据えるようになったのだそうです。「田舎らしさに磨きをかけていけば、都市にないものを求めている人達がやってくる。そういう人達に来てもらって住んでもらえば、過疎の山里も滅びることなく続いていく」。そう語る鈴木所長の正しさを証明するかのように、移住者は加速度的に増えていきます。

鈴木所長の言う「田舎らしさ」には色々な側面があります。田畑を耕すことで自給自足ができたり、自分でつくらなくても隣近所の人から米や野菜をもらえたりすることで食べることの不安をあまり感ぜずに生きていけること。家が大きくて庭や裏山があること（そして住居費が安いこと）。また、元気なおじいちゃんおばあちゃんが多く、若い人以上にバリバリ働いていて、何でもできてしまうこと。そういうおじいちゃんおばあちゃんに子ども達が色々なことを教えてもらったり、面倒を見てもらえたりすること。そして、皆が顔見知りで、当たり前に助け合いをする風習が残っていること。何より豊かな山水があり、美しい風景が広がっていて、水や空気が美味しいこと。深呼吸ができること。ストレスがないこと。人によって何に重きを置くかは異なりますが、これらを包含するものとして「田舎らしさ」という言葉が使われています。

おいでん・さんそんセンターでは、移住してきた人達へのインタビュー調査を実施しています。その成果の一つが、『里《さと》co《こ》』という市販の冊子ですが（おいでん・さんそんセンター監修、地域スモールビジネス研究会発行）、これを読むと、移住者達のライフスタイル、仕事のスタイル、価値観等が本当に多様で十把一絡げにできないことが実感できる一方で、皆、都市の暮らしに不安や限界を感じて山水郷に住むことを選んでいるという共通点があることもわかります。とりわけ二〇一一年の震災以降は、安心を求めて都市から移住してくる人が増えているようです。

島根県でも豊田市でも、山水郷を目指す人の動きは、震災前からのものです。既にその萌芽があったところに震災があり、都市の生活にリスクや限界を感じる人が増え、その結果、地方、とりわけ山水郷への移住を望む人が増えたのだというふうに解釈できそうです。

同時に、これも震災前から準備されていたものですが、震災直後から、地方、中でも辺境（＝山水郷）で面白いことが起きているという情報が、世の中を賑わすようになってもいました。

辺境の離島なのに社会増を実現して注目された島根県海士町《あま》の「島おこし」の立役者の一人、山崎亮が『コミュニティデザイン――人がつながるしくみをつくる』（学芸出版社）を出版したのは、二〇一一年五月のこと。同月には『情熱大陸』（TBS系）にも出演し、山崎は一躍、時の人となります。山崎の活躍により、ローカルなコミュニティに対する世の中の関心が一気に高まりました。

二〇一一年一一月には小説家の黒野伸一が『限界集落株式会社』（小学館）を発表。やり手ビジネスマンがビジネスの手法を駆使して限界集落を立て直すストーリーが支持され、これもベストセラーとなります（二〇一五年には、NHKでドラマ化）。

二〇一二年の四月には、石川県羽咋《はくい》市の「スーパー公務員」高野誠鮮《じょうせん》が、『ローマ法王に米を食べさせた男――過疎の村を救ったスーパー公務員は何をしたか？』（講談社）を上梓し、秋には、『カンブリア宮殿』（テレビ東京系）に出演します（二〇一五年にはTBS系で『ナポレオンの村』としてドラマ化）。

そして、二〇一三年七月には『デフレの正体』で名を馳せた「地域エコノミスト」の藻谷浩介とNHK広島取材班の共著『里山資本主義――日本経済は「安心の原理」で動く』（角川oneテーマ21）が発売されます。この本は、発売三ヶ月で一六万部を超えるベストセラーとなり、その後も売れ続け、ローカルなコミュニティや森の現代的意義・可能性に人々の目を向けさせるきっかけとなりました（二〇一九年現在、累計四〇万部の大ベストセラーです）。

「里山資本主義」とは、お金に頼らない経済システムのことです。眠れる資産である山水の恵みを上手に生かし、人のつながりをベースにした物々交換でやりくりすれば、お金がなくても生活には困らない。ローカルなコミュニティでは当たり前に行われてきた経済活動ですが、それをグローバルな「マネー資本主義」のサブシステムとして社会に埋め込んでいけば、お金が全てではなくなり、みんなもっと安心して生きていくことができるようになるのではないか。山水郷で幸せそうに生きている人々のケーススタディを経て『里山資本主義』はそう問いかけるのですが、山水郷を目指す人々が求めているのはまさにそのような安心を実感できる生き方です。

里山資本主義的世界で安心のベースをつくり、必要な現金は、里山資本主義的世界の中で何とか工夫して稼ぎ出すか、或いは、割り切ってマネー資本主義の世界に出稼ぎに行く。しかし、マネー資本主義に魂を売るような生き方はしない。『里山資本主義』が称揚する、そういう生き方を選択する若い世代が現に増え始めています。実数としては、まだ決して多いとは言えない人数ですが、島根県の例で見たように、ずっと過疎に悩んできた町村が、社会増に転換してしまうほどのインパクトを生み出すケースも出始めているのです。

先祖還りのライフスタイル

足助の話で興味深いのは、鈴木所長が驚いたように、移住者達が仕事のことをほとんど気にしている様子がないということです。中には市内中心部まで通勤している人もいますが、当初移住してきた人の多くは複数の仕事の組み合わせで、何とか収入を稼ぐ多業のスタイルだったといいます。移住者の類型化を試みようと調査を始めた鈴木所長でしたが、それぞれが本当に色々な仕事をしているため、移住者達にはこういう傾向がある、とひとくくりにすることができず、類型化は断念したと言います。

およそ思いつくかぎりのあらゆる仕事をしながら一家が暮らしてゆくのに必要なだけのお金を稼ぐ多業のスタイルは、実は日本人には馴染み深いものです。そもそも「百姓」という言葉は、百の姓（姓には職掌という意味がありました）から来ていて、多様な仕事をして生計を立てていることに語源があると言われています。元来、農家の仕事は田畑を耕すことだけではありませんでした。農作業の合間には草鞋《わらじ》や織物をつくったり、炭を焼いて町に売りに行ったり、およそありとあらゆる手仕事をしながらお金を稼いでいたのです。とりわけ山水郷では、第三章で見たように、山水の恵みを生かした多様な生業が成立していて、人々はそれらを組み合わせながら生計を立てていました。

百姓だけではありません。江戸の風俗に詳しかった漫画家・杉浦日向子の『一日江戸人』（新潮文庫）には、江戸の町民達がいかに多様なお金の稼ぎ方をしていたかが描かれています。色々なことをやりながら何とか暮らしていけるだけのお金を稼ぐその日暮らしが、大都会・江戸においても、一般的な庶民の暮らしぶりだったようです。「宵越しの金を持たない」のが江戸っ子の美学と言われますが、「持たない」のでなく、「持てなかった」のでしょう。まさに寅さんの生き方そのものです。

第二章では、一九六四年の東京オリンピックまでは寅さんのような人物が東京に普通に存在していたという話を紹介しましたが、それまでは定職に就かないことを許容する社会があったようです。高度経済成長により、労働力確保の観点から終身雇用制度を導入する企業が増えるまでは、勤め先も仕事内容も、一つところに定まらないのが日本人の生き方でした（ついでに言えば、持ち家が広まるのも高度経済成長期以後で、それまでの日本人は貸家暮らしが当たり前でした）。

第四章で述べたように山水郷が食べていけない場所になったのは、高度経済成長と同時期に起きたエネルギー革命と貿易自由化により、薪炭や生糸や木材などの山水郷の産物に対する需要がなくなったからです。それまでは自給用に田畑を耕しつつ、炭焼き、養蚕、林業、狩猟、手工芸等を組み合わせていれば、必要な収入を稼ぐことができました。とりわけ養蚕は、貴重な現金収入源でした。養蚕を軸に、多業で生計を立てるのが、山水郷における最も一般的なスタイルでしたから、養蚕の衰退が山水郷の経済に与えた影響は甚大でした。

都市で長く一つの職業に就くような就業構造が一般化する一方で、山水郷では多様な生業が衰退し、多業で生計を立てることができなくなりました。結果、日本中から多業のライフスタイルが消失していったのです。「サラリーマン」として一つの会社で勤め上げることが合理的な選択となり、複業・兼業せずに暮らせる十分な稼ぎを与えてくれる仕事が良き仕事とされ、そういう生き方が一般化する中で、転職を繰り返したり、多業で生計を立てたりすることを真っ当な生き方ではないと見なす風潮が広まっていったのです。実際、年功序列制により、長く勤め上げれば誰でもそれなりの給与と地位が保障されたサラリーマンの安定度は抜群でした。

しかし、それは一九六〇年代以後の、たかだかここ四〜五〇年のことです。サラリーマンが「普遍的職業」であり得た、極めて特殊な時代に根付いた価値観・ライフスタイルです。それ以外の長い間、この列島では、ほとんどの人は起業も含む多業・兼業・複業で生計を立ててきたのです。

だから、今、山水郷を目指す若者達が起業・多業・兼業・複業で生計を立てているということを聞くと、先祖還りをしているのだな、と思えます。勿論、今は養蚕などする人はほぼおらず、昔とは生業の内容も代わっていますが、一つの職業で身を立てることを前提にしていない点で、近代化以前の日本人に通じる生き方です。そして、山水の恵みではかつてのように稼げなくなっている現在でも、工夫次第でやっていけて、子どもを育てることもできる。起業というほどではないけれど、自分で仕事を始め、それだけでは満足に食べていけなくても、複数を組み合わせれば十分やっていける。そういうことが可能だし、そういう生き方を是とする若い人々が出てきているのです。

もちろん山水郷に居を定めたところで、かつてのように山水の恵みを生かした稼ぎが簡単に得られるわけではありません。しかし、住居費はただ同然ですし、畑作・果樹生産・養鶏などを自ら行えば、かなりのものが自活できます。近所からのお裾分け・もらいものは日常茶飯事ですから、それだけでも十分にやっていけます。薪ストーブを使えば裏山から拾ってくるか伐り出してくる薪木で賄えますから、暖房費もかかりません。おまけに太陽熱給湯器や太陽光発電を使えば、光熱費はほとんどかからなくなります。ガソリン代がかかるのがネックですが（しかも最寄りのガソリンスタンドまで遠かったりします）、自宅で充電できるEV（電気自動車）であれば、その心配はありません。もっとも、それらを導入しなくても都市の暮らしと比べれば、住居費と食費と暖房費が格段に下がりますから、年収は二〇〇～三〇〇万円もあれば何とかなるようです。都市部で年収三〇〇万円では厳しいですが（しかし非正規雇用で働く人の年収は都市部でも三〇〇万円以下が多いのが実態です）、山水郷なら十分に暮らせます。そして、今の世の中、それくらいの金額なら、山水郷にいても何とか稼ぐことができるようになっているのです。市内中心部に通勤するのを厭わなければ、年収はもっと増やすことができます。山水郷で年収五〇〇万円以上あれば、相当に豊かな暮らしができます（国税庁の民間給与実態統計調査によると、給与所得者の平成二九年度の平均年収は、男性で五三二万円、女性で二八七万円です）。

ビジネス興しのお手伝いのために何度か訪ねている熊本県南部の多良木《たらぎ》町で出会った飲食店経営者が面白いことを言っていました。彼は、熊本市内から移住してきて山間の小さな過疎の集落、槻木《つきぎ》地区にイタリア料理店をオープンさせたのですが、熊本市内で飲食店を経営していた時代に比べると、収入は一〇分の一に激減したそうです。しかし、食材は頂きものと山から採れるもの、畑で穫れるものでほとんどこと足りてしまうから、お金を使う機会がなく、貯金はむしろ殖えたと言います。槻木地区は、人口一〇〇人余、お店と言えば郵便局を兼ねた小さな商店が一軒しかなく、多良木の人でも「あそこは不便だ」と言うほどの何もない山里ですが、そんな場所が、彼にとっては「何でもある場所」に見えると言うのです。

山水郷が子どもに与えるもの

ただ、いくら貯金が殖えたと言っても、現金収入が激減と聞くと、子を持つ身としては、それで子どもを大学まで行かせられるのかということが気になります。ですから、山水郷で移住者と出会うたび、必ずそのことを訊くようにしているのですが、皆、学費のことはあまり気にしていません。いや、それ以前に、子どもを大学に行かせることをあまり重視していません。それは、一つには、既存の大学教育に全く期待していないからです。大学に行ったところで、人生の目標が定まるわけでも、生きるスキルが身につくわけでもない。今の大学はサラリーマン養成機関になってしまっていますから、大学を出たらどこかの企業に勤める人生になるのでしょうが、頑張って良い大学を出て良い企業に入っても、サラリーマンである限り幸せになれるとは限らない。それは、親である移住者自身が身をもって体験してきたことですから、良い大学に入って、良い企業に入るという生き方を子ども達は目指さなくて良いではないか、と山水郷への移住者は思っているのです。

また、大学に行きたければ、本人が頑張れば良いとも言います。奨学金でも特待生制度でも、何かしら道はあるのだから、自分で何とかすればいいと。そう言う移住者達に対して、親としてあまりに無責任だと思うかもしれませんが、親が何でもお膳立てをするのが良いとも限りません。むしろ子どもを甘やかすことにつながることを考えると、行きたければ自分で何とかしろと子どもの頃から言い続けて自活力を育てるほうが、子どもにとっても良いのかもしれません。

正直、私はそこまでは割り切れていません。ただ、家のことはほったらかしにして朝から晩まで仕事してそれなりの収入を稼ぐのと、たとえ稼ぎは少なくとも両親ともに家のことを中心に置き、子どものそばにいて子どもときちんと向き合って子どもの自活力を高めるようにするのと、どちらが子どもにとって良い影響を与えるかを考えると、移住者達の考え方に共感もするし、可能性を感じもするのです。

親にとって大事な仕事は、子どもを大学に行かせることでなく、子どもの持っている可能性、眠っている潜在能力が引き出されるような環境を用意することであるはずです。そういう観点からすれば、都市に住んで、塾や習い事、遊びはゲームの毎日より、山水郷に住んで、山水や人々との濃い交わりの中で生きるほうが、子どもの心身の開発にとってずっと良いという彼・彼女らの子育てや教育に対する考え方には一定の説得力があります。

二〇二〇年度には「戦後最大」と言われる教育改革が始まります。知識だけでなく思考力・判断力・表現力を問う大学入学共通テストが導入され、学校の成績だけでなく課外活動なども含めて「多角的・総合的」に評価するように入試は変わります。そうなると都市の人工的な環境、サラリーマン的な価値観が支配的な、均一な世界で育った子より、山水郷で人や自然にもまれる多様な経験を積んだ子のほうが受験で有利になるということは、十分にあり得ます。政府が検討している大学無償化が実現すれば、親の年収の少なさもハンディにはならなくなるので、教育的な観点から山水郷での暮らしを選ぶことも現実味を帯びてきます。

アマゾン・ドット・コムCEOのジェフ・ベゾスは、自らの人格形成や能力開発に最も大きな影響を与えたのは、祖父母が所有するテキサスの牧場で過ごした少年時代の毎夏の経験だったと語っています（例えば二〇一〇年、プリンストン大学の卒業式でのスピーチ）。トラクターの修理から牛の予防接種まで、自らの力しか恃《たの》むことのできない環境の中で、強く優しい祖父と共に過ごし、工夫し、挑戦し続けた日々。その中でその後の人生を切り開く上で大切なことの多くを学んだと言うのです。インターネットビジネスの覇者となり、今やＩｏＴ（Internet of Things：モノのインターネット）やＡＩに留まらず、宇宙ビジネスでも最先端を走り続ける希代のイノベーターを形づくったものが祖父と二人で牛や機械や自然と格闘し続けた日々であったということを聞くと、山水郷で多様な経験を積ませることの意義と可能性を思います。次の時代をつくるイノベーター、真に自立した個人は、山水郷の中から生まれてくるのかもしれません。

ローカルベンチャーの興隆

教育に対する考え方一つとってもそうですが、山水郷を目指すIターン者やUターン者達は、高度経済成長期以後に一般化した労働観・人生観からは自由に生きています。会社中心で生きてきた親の世代を見て、給料や出世のために自分や家族を犠牲にすることの不毛さを身をもって知っていますし、都会で生まれ育つなり、都会生活を経験するなりしていますから、都会に対する幻想も持っていません。何を優先すべきかの価値基準が、親の世代とは明らかに変わってきています。移住に当たって雇用の場を求めていないのも、会社という存在をアテにしていないからです。

彼・彼女らは、会社に象徴される、高度経済成長期以降に存在感を高めた出来合いのシステムをアテにしていません。ここ半世紀で一般化したサラリーマンという生き方からは距離を置き、山水郷に根ざして、人や山水とつながって生きる生き方、昔から人々が続けてきた生き方のほうに、より確かなものを感じて、そこに身を投じているのです。

身を投じた先にある生き方は、二つに分かれます。一つは、稼ぐことにはあくせくせず、資本主義とは程良い塩梅の距離感で付き合い、資本主義のシステムには取り込まれない人間関係、すなわち、お金ではないつながりを大切にする生き方です。第二章で述べた寅さんの生き方に通じる生き方です。現代の百姓よろしく、多業・兼業・複業で、色々な仕事を組み合わせて最低限必要な現金を稼ぎ、あとは人と山水の恵みを頂きながら生きる。そんな昔ながらのスタイルです。

もう一つは、山水郷で地域資源を生かしたビジネスを立ち上げ、起業家・事業家として生きていく生き方です。うち捨てられようとしている地域の山水資源に着目して逆転の発想でニッチな市場を切り開き、関係資本も含む地域のアセット（資源・資産）を生かすことで固定費を削減する。その土地ならではの独自性を高めれば、持続可能で地域にも十分なインパクトを与えるビジネスをつくりあげることができます。ビジネスセンスと経営能力が求められるため誰にでもできることではないですが、だからこそやり甲斐もあるし、成功すればオンリーワンの存在になれます。最近は、ローカルベンチャーという言い方をするようですが、地域でビジネスを起こす生き方に憧れる若者が増えていることを実感します。課題の多さを逆手に取り、地域性を前面に打ち出すことで、都市での起業にはない独自性や物語性を醸《かも》すことができるのがローカルベンチャーの強みで、単なる金儲け以上の、社会的な意味を感じさせるビジネスになるのです。

そんなローカルベンチャーの集積地として一躍有名になった岡山県西粟倉村《にしあわくら》では、過去一〇年で約三〇社のローカルベンチャーが生まれ、全体で約一五億円の売上を上げるまでに成長しています。西粟倉村をここまで盛り上げたキーパーソンの一人、株式会社西粟倉・森の学校とエーゼロ株式会社の代表取締役を務める牧大介は、ローカルベンチャーの旗手として、その世界では知らない人がいないというほどの著名な存在になり、西粟倉村は、視察者と移住希望者のメッカとなりました。人口一五〇〇人に満たない小さな村ですから、ローカルベンチャーの集積効果は甚大です。移住者の増加で、待機児童の問題が起きるほどに子どもも増えています。

牧は、「地域の宝物を自分なりの視点で見つけ、地域でビジネスを起こす」ことにローカルベンチャーの特質を見出しますが（牧大介『ローカルベンチャー』木楽舎）、地域の資源を生かして地域で起こすビジネスは、何も今に始まったことではありません。放置されていた柚子《ゆず》に着目し、柚子加工製品で年間三〇億円を稼ぐようになった高知県馬路村《うまじ》（馬路村農協）や、木々の葉っぱを料亭等の料理のつまものとして販売するビジネスを立ち上げ、年間三億円近い売上を上げるようになった徳島県上勝町《かみかつ》（農協職員が立ち上げた株式会社いろどり）も、ローカルベンチャーのはしりとして有名です。現代では、山水郷とベンチャービジネスとがあまりにかけ離れたものに思えるがゆえ、ローカルベンチャーが珍しい存在に思えますが、そもそも、江戸時代の山水郷では、山水の恵みを生かした多様な生業がたくさん生まれていましたから、まさにローカルベンチャーブームに沸いた時代だったと言えます。

資本主義から適度に距離を置く生き方であれ、資本主義のシステムの中で生きるローカルベンチャー的な生き方であれ、山水郷に身を投じる若者達は、いずれも山水の恵みを生かすと共に、人のつながりを大切にしている点で共通した生き方をしています。都市で頼りになるのは財物、とりわけお金（金融資本）ですが、山水郷には、山水（自然資本）と人のつながり（ソーシャルキャピタル＝関係資本）という財産があります。山水郷を目指す若者達は、この二つの財産（資本）を元手に、既存のシステムをアテにしない、自立した生き方を実現しようとしているのです。

そういう生き方の中で若者達は何を手に入れているのでしょうか。上勝町を訪ねた時、案内係をしてくれたのは、東京から移住してきたという若者でした。その若者（K君と仮に呼びます）は、それまで暮らしていた東京での暮らしと上勝での暮らしを比べ、「サラリーマンとして東京で暮らしていた時より自分のことを大きく感じる」と言っていました。東京では人口五〇万人規模の区に住み、大きな企業に勤めていましたが、自分の住んでいる町や行政と関わることはなかったし、会う人の範囲も限られていた。それに対し、上勝に来てからは、町との関わりは深いし、町長やいろどりの社長と普通に会え、視察の案内を通じて、東京にいた時には絶対に出会えなかったような人達と会って話している。上勝という、マスコミでも有名になった町に住んでいるからこその部分も勿論ありますが、小さな町に来てからのほうが逆に自分を大きく感じるというK君の実感には、上勝という特殊要因を除いてもなお通用する普遍的な真実が含まれていると感じました。

会社でもそうですが、人数が少ない組織では、一人が何役もの役割を兼務しなければ回りません。分業でやっていけるほど、ベンチャー企業や中小企業では人員的余裕がないからです。でも、だからこそ仕事の全体像が見えやすいですし、自分がそこに深く関わり、かけがえのない役割を担っているという充実感や存在の固有性も実感しやすいのです。「同じ歯車でも、五〇万分の一の歯車より、一八〇〇分の一の歯車のほうが、一つひとつの歯の役割が大きい」とK君は印象的な表現をしていましたが、確かに小さな組織のほうが一人ひとりの存在価値や存在感が大きくなるという逆説はあります（なお、一八〇〇は当時の上勝町の人口です）。

上勝のような山水郷にはまだ古いコミュニティが息づいています。古いコミュニティには、〝稼《カセ》ぎ〟のための仕事とは別に、コミュニティを維持するための〝務《ツト》め〟としての仕事（祭礼や冠婚葬祭、道路の草刈りや共有林野の管理等）が色々あります。山水郷に生きるということは、そういう様々なツトメ仕事も引き受けることを意味します。本当に個人が一人何役も担って生きるのがコミュニティの世界です。

K君は、奥さんの実家がある上勝にIターンし、視察の案内など町の仕事を手伝いながら、上勝の農産物をインターネット通販するビジネスを立ち上げ、カフェをオープンする準備もしているという、まさに多業・複業・兼業の人でした。既にカセギの世界で複数の役割を担い、恐らくそれ以外にもコミュニティに生きることゆえのツトメも色々と引き受けて、本当に一人何役もの役割を兼務しながら生きているのでしょう。K君は、上勝に来たことによって、多面体としての自己を手に入れたのです。

多面体は、面が増えるほどに球体に近づき、表面積は最大化します。それと同じで、個人も多面体として生きることで持てるポテンシャルを最大限に発揮して生きられるようになるのではないでしょうか。K君が「自分のことを大きく感じる」と言うのも、きっと、その表れなのでしょう。

第二節　回帰の風景

通信網と交通網の発達

山水郷を目指す人の動きが目立つようになってきたのは二〇〇〇年代になってからですが、この背景には大きく分けて三つの変化があったのではないかと私は考えています。一つ目がインフラ面での変化、二つ目が送り出す側の都市とそこに暮らす若い世代のライフスタイルや価値観の変化、そして三つ目が、受け入れる側の山水郷の変化です。それぞれを見ていきましょう。

インフラ面の変化で大きかったのは、一九九〇年代後半以後の交通網と通信網の劇的な進化です。一九九〇年代後半から二〇一〇年代にかけての交通インフラの進化にはとりわけ目覚ましいものがありました。一九九七年には北陸新幹線（長野まで）と秋田新幹線が開業。九九年には、九二年に山形まで開業していた山形新幹線が新庄まで延伸します。二〇一〇年には東北新幹線全線が開業。二〇一一年には九州新幹線が全通し、二〇一五年には北陸新幹線が金沢まで行くようになりました。二〇一六年には東北新幹線が北海道に乗り入れて北海道新幹線が開業します。

空の便も進化しています。規制緩和によって国内初の格安航空会社（LCC）・スカイマークが誕生したのは一九九八年のこと。二〇一二年には外資系LCCの参入が相次いで、この年を境に、LCCの利用者が急増します。飛行機に数千円で乗れる時代が来たのです。

新幹線、飛行機だけでなく、高速道路網も引き続き延伸されています。一九八七年の第四次全国総合開発計画では、日本全国どの地域からも一時間以内に高速道路に接続できることを目標に高速道路網の計画が策定されました。以後、整備は順調に進み、計画策定時には四三八七キロメートルだった高規格幹線道路（高速自動車道、自動車専用道等）の総延長は、二〇一一年四月時点で、九八五五キロメートルとなっています。この結果、高速道路に一時間以内に接続できる人口は九五％、地域では七七％となりました。

これら鉄道、飛行機、高速道路の進化で、国内各地がとても近くなりました。離島などを除けば、半日あれば、国内各地、どこにでも行ける時代です。かつては僻地と言われた山水郷でも、都市に出たいと思えばいつでも出ていけます。逆もまたしかりで、都心から山水郷へのアクセスは格段に良くなりました。

この都市と山水郷との行き来のしやすさが、山水郷に住むことのハードルを下げたのです。とりわけ二地域居住のブームは、この都心からのアクセス向上なくしてあり得なかったでしょう。今、南房総地域は、二地域居住のメッカになりつつありますが、その背景には東京湾アクアライン（一九九七年開業。二〇〇九年八月には、それまで四〇〇〇円だった普通車通行料金を八〇〇円に値下げ）の存在があります。「無理のない二地域居住には、片道二時間以内、理想的には一時間半以内」と、二地域居住の経験者達は語りますが、アクアラインのお陰で、南房総地域は都心からすぐに行ける里山地域として人気を集めています。

「列島改造」を契機に始まった公共投資の継続が、これら交通網の発達を促してきました。道路や空港の整備は「税金の無駄使い」や「自然破壊」等の批判にさらされてきましたし、道路をつくればつくるほど人が出ていってしまうという皮肉な現実（ストロー効果）もありましたが、膨大な税金を投じて交通網を整備してきたことが、今、ようやくここに来て、その実を結び始めているのです。

交通網の発達に加えて大きかったのが、通信網の発達です。インターネット通信網は、一九九五年のＷｉｎｄｏｗｓ95の発売と共に普及しますが、爆発的に広がったのは二〇〇〇年代に入ってからです。政府は、二〇〇一年一月、「二〇〇五年に世界最先端のＩＴ国家になる」ことを目標に「ｅ－Ｊａｐａｎ戦略」を策定し、インターネット社会のインフラとして高速通信網の整備に取り組みます。インターネット高速通信網の整備は、米国の情報スーパーハイウェイ構想を後追いする形で進められたものですが、とにかくインフラの整備に努めた結果、二〇〇〇年代には、山間の集落でも高速通信網を通じてインターネットにアクセスできる環境が実現したのです。これは画期的なことでした。

二〇〇〇年代に入ってからはブログのような双方向性の高いツールが生まれ、それまで受け手だったユーザーが発信者になり、ユーザー参加型のコンテンツが爆発的に広がる「Ｗｅｂ２・０」と呼ばれる世界が到来します（米国でＷｅｂ２・０が最初に提唱されたのは、二〇〇五年のことです）。二〇〇〇年代後半以降は、Ｆａｃｅｂｏｏｋ（二〇〇四年に米国で創業。日本語版開始は二〇〇八年）やＴｗｉｔｔｅｒ（二〇〇六年に米国で創業。日本語版開始は二〇〇八年）、ＬＩＮＥ（二〇一三年に日本の会社として独立）といったＳＮＳが日本でもブレイクしました。

このＳＮＳのブレイクを支えたのが、二〇〇七年のｉＰｈｏｎｅの登場をきっかけにしたスマートフォン（スマホ）の普及です。スマホの登場により、人はインターネットに常時接続されるようになりました。スマホさえあれば、どこにいてもいつでも誰かとつながっている実感がもてますから寂しさを感じることはなく、情報に飢えることもありません。二〇一九年現在、日本の４Ｇ回線のカバー率は韓国に次いで世界第二位で、かなりの田舎でも４Ｇ回線によるスマホの利用が可能です。どこにいてもスマホで常時接続されている状態が実現したことは、完全に日本人の距離感覚を変えました。

結果、スマホとモバイルパソコンさえあれば、もはや仕事する場所は問われなくなりました。二〇一〇年代になって、ノマドワーカーという言葉が流行しますが、ネット環境さえ整っていれば、僻地と言われた山水郷でも最先端の仕事をして、バリバリ稼ぐことができる時代になったのです。

また、交通網と通信網の発達で、ネット通販が劇的に便利になり、今や国内のほとんどの地域で注文した即日にものが届くようになりました。最近では、朝に頼んで夜に受け取るようなことも当たり前になっています（アマゾン・ドット・コムは対象地域限定で最短二時間での配達を実現しています）。こうなると、東京に暮らしていてもわざわざ買い物に出向くより、ネット通販で買ったほうが早いということになります。今やサイバー空間（コンピュータやネットワークの中に広がる仮想的な世界の総称）のほうが東京よりも便利なのです。離島など一部地域を除いて、東京よりもずっと便利なサイバー空間で買い物ができるようになったおかげで、山水郷に住んでいても不自由を感じることはなくなりました。

人が常時インターネットにつながり、サイバー空間で色々なことができるようになったことは、都市の相対的な優位性を下げました。

大企業は大都市に集中していますし、都市にしかない仕事もあります。田舎にいたら埋もれてしまう才能が、都市に出たことで開花するようなことも勿論あります。ですから、都市の優位性がなくなることはありません。しかし、それはかつてほどではなくなっているのです。そうなると、都市、特に東京に住む必要性が乏しくなります。それどころか、よくよく考えてみると、何故、東京にしがみつかなければならないのかは自明でありません。むしろ、人が多くてゴミゴミしていて家賃の高い東京は、生活する環境としてはマイナスばかりに思えてきます。ならば別にもう無理して東京に住まなくても良いのではないか。そう思う人が増えています。そして、その中から、都市とは対極的な環境にある山水郷を目指す人々が出てきているのです。

“つながる経済”への憧れ

都市とそこに暮らす若い世代のライフスタイルや価値観も変化しています。シェアビジネスや

ＤＩＹ（Do It Yourself の略で「自分自身でつくる」の意）の流行にそれは見てとることができますが、その背後には、〝つながる経済〟とでも呼ぶべきものへの憧れがあるように感じます。

シェアビジネスは、二〇〇〇年代の米国を起点に、世界中に広がっていったものです。カーシェアリングのジップカー（一九九九年創業）、ルームシェアリングのエアビーアンドビー（二〇〇八年創業）、ライドシェアリングのウーバー（二〇〇九年創業）が日本でもよく知られる有名な事例ですが、米国ではこれ以外にも様々なシェアビジネスが続々と立ち上がっています。

このシェアビジネスの興隆を論じた〝What's mine is yours〟（Rachel Botsman & Roo Rogers. Harper Business／日本語版『シェア』ＮＨＫ出版）は、シェアビジネスの本質にあるものを〝Collaborative Consumption〟と名付けました。直訳すれば「協働的消費」や「共同消費」ですが、「参加型消費」や「互恵的消費」と意訳したほうが、意味が伝わりやすいかもしれません（ちなみに日本語版では「コラボ消費」と訳しています）。ここでは単にＣＣとします。

自分が使っていないものを他者が使えるように貸し出す個人間のシェアリングが、ＣＣの典型です。貸す側にしても借りる側にしても、「他者への信頼」がないとこれは成立しません。「この人なら大丈夫」と信頼できる人からでなければ部屋は借りられないし、そう思えない人には部屋は貸せません。相手の人となりがわかっている関係でないと成立しなかった貸し借りの行為が見知らぬ人の間でできるようになったのは、インターネットによって貸主と借主の双方がオープンな評価にさらされる仕組みができたからです。マナーの悪い人や危ない人は、その悪評がすぐにネット上で共有されます。ネット社会はある種の監視社会ですから、ネットに接続されている個人は、公共人としての最低限のマナーは守るようになります。

つまり、「信頼できる大人だけが参加するコミュニティ」の成立がシェアビジネスの前提条件にあるわけです。このコミュニティの中で相互に融通し合うのが、シェアビジネスの本質で、シェアの前提にはコミュニティの存在があります。だからこそ、初期のシェアビジネスでは、特にこのコミュニティ感覚が重視されました。それまで見知らぬ他人だった二人が、シェアを通じて出会い、素敵なコミュニケーションを体験し、場合によっては、その後も関係が続く。そういう美しい〝つながりの物語〞がたくさん生まれ、拡散され、それがユーザーを広げるという好循環につながっていったのです。

シェアビジネス興隆の背後には、〝つながる経済〞への憧れがあるのではないかと書いたのは、こういう経緯を踏まえてのことです。

〝つながる経済〞への憧れを示すもう一つの例が、DIYのブームです。日曜大工は昔から趣味としてありますが、最近のDIYは、若年層、中でも女性の参加が多いこと（「DIY女子」という言葉があるくらいです）、家を自らリノベーションしてしまうような本格的な取組みが多いこと、その結果として、ワークショップのような形式で人を募って、みんなでわいわいとDIYを楽しむような行為が広がっていることが特徴となっています。

3Dプリンターやレーザーカッター等のデジタル工作機械を使ったDIYも広がりを見せています。米国でデジタル工作機械を使ったDIY拠点であるファブラボ（FabLab）が生まれたのは二〇〇二年。その後、ファブラボは世界中に広がり、「メイカームーブメント」と呼ばれる、モノづくりのブームを生み出します（ファブラボジャパンが設立されたのは二〇一〇年です）。

メイカームーブメントは、アイデアや設計図を公開し、皆でシェアをする、オープンなモノづくりの姿勢を特徴としています。近年の日本のＤＩＹも、みんなで集まってわいわいやるのを楽しむ傾向があると述べましたが、ＤＩＹの世界も、シェアの世界と同様に、コミュニティの存在が前提となってきているのです。

勿論、根底にあるのは、つくること自体の楽しさです。しかし、一人でつくるより、みんなでつくるほうが楽しいし、つくったものをみんなで品評し合うのも楽しい。メルカリのようなフリーマーケットサイトに出品すれば、自分のつくったものを買ってくれる人とも出会うことができる。そうやってつくることを通じて人がつながり合うライフスタイルを生み出しているのが、昨今のＤＩＹブームの特徴です。

実は、〝つくる〟ことと〝つながる〟こととの関係については、評論家の福田恆存が既に一九六〇年代に興味深い指摘をしています。福田は、かつて妻が夫のために着物をつくっていた時には、妻は夫の着物をつくることを通じて夫と付き合い、夫は夫で、それを着ることを通じて妻と付き合う関係があったと言います。しかし、消費が美徳とされ、家庭内のあらゆる生産活動が雑用と称して切り捨てられ、買って済ますような風潮が広がった結果、何が残ったか。「おたがひに相手に附合《つきあ》ふ切掛《きつか》けもよすがも失つてしまつたではないか。人間は生産を通じてでなければ附合へない。消費は人を孤独に陥れる」と福田は断じたのです（「消費ブームを論ず」一九六一年発表／『福田恆存全集　第五巻』文藝春秋）。

福田の論を踏まえれば、近年のＤＩＹのブームは、消費社会の中でバラバラになってしまった個人が、つくることを通じて再びつながり直そうとしていることの現れに思えます。シェア同様、ＤＩＹもまた、〝つながる経済〟への憧れに貫かれたものなのです。二〇〇七年版の国民生活白書が「つながり」をテーマとするなど、二〇〇〇年代になって「つながり」を求める風潮が強くなったことは第二章で触れましたが、シェアやＤＩＹの興隆は、そのような風潮が経済活動において結実したものと言って良いでしょう。

そういう中で、山水郷に目を向ける若い世代が出てきたのです。東日本大震災は大きな契機となりましたが、その前からあった傾向ですから、本当のところ、きっかけが何だったのかはわかりません。わかりませんが、山水郷に目を向ける若い人が増えたのは事実です。そして、目を向けてみると、そこには〝自活〟という名のＤＩＹがあり、〝互助〟という名のシェアがあった。昔から山水郷で当たり前に行われてきたことが、ＤＩＹやシェアといった新しいライフスタイルと実は地続きで、自分達が憧れる〝つながる経済〟が山水郷には息づいている。〝周回遅れのトップランナー〟ではないけれど、自分達が新しいと思う世界が山水郷ではずっと昔から当たり前に受け継がれてきた。そういうことに気づく若者達が出てきたのです。

山水郷の民は、山水の恵みを上手に生かして暮らす技術を持っています。田畑での耕作や山野河海での狩猟採集によって食べるものの大半を調達できてしまうし、暮らしに必要なものは色々と工夫して自らつくってしまえます。機械や道具の修理・修繕も自らこなします。とりわけ長く山水郷で暮らしてきた七〇代以上の方々の自活力は頗《すこぶ》る高い。東日本大震災の被災地で、都会からボランティアで来た若い人達が、何でもこなしてしまう漁師や農家の方々の手業を見て、「かっこいい」と言う場面に何度か遭遇しましたが、都市に生まれ育ち、消費文化にどっぷりと浸ってきた世代には、山水郷の民の自活力＝生きる力はリスペクトすべきものに映るのです。

自活＝ＤＩＹの伝統に加え、山水郷には、お裾分けや持ちつ持たれつが当たり前の互助の伝統があります。野菜や獣肉やおかずのお裾分けは日常茶飯事で、食べ物ばかりでなく、ノウハウも時間も労力も惜しみなく与え合います。移住した若者達からは「軽トラをもらった」なんて話もよく聞きますが、山水郷にいると、わざわざ買わなくても、大抵のものはもらったり、借りたり、つまりシェアで済んでしまうのです。勿論、一方的にもらってばかり、借りてばかりというわけにはいきませんから、そこは自分も労力なり時間なり、何かを他の人のために差し出さないとバランスを欠きますが、山水郷の民はそもそも見返りなど求めていません。自分が誰かにしてもらったことは、他の誰かにしてあげればいい。そうやって持ちつ持たれつの輪が世代を超えて受け継がれてきたのが山水郷の互助＝シェアの伝統です。

二〇〇〇年代に興隆したシェアビジネスはお金を仲立ちにしますが、山水郷に受け継がれてきた互助の仕組みは、お金を必要としません。お金ではなく、人とのつながりが必要を満たしてくれる、まさに究極の〝つながる経済〟です。

また、山水郷における自活は、都市で言うＤＩＹより広い概念で、〝つくる〟ことはもとより、山水の恵みを頂くことも入ります。つまり、そこには山水とのつながりもあるのです。人は自活することで山水とつながり、そこで手に入れたものを皆に分けることで、人とつながります。こうした人と山水、人と人とのつながりに基づく〝つながりの経済圏〟が息づいていることに、若い世代は山水郷の可能性を見ています。

勿論、既に見てきたように、山水郷の暮らしも大きく変わってきています。自活と互助の〝つながる経済〟を生きているのは高齢者が中心で、若い世代は都市住民とほとんど変わらない暮らしをしています。それでも、かろうじて伝統は残っているので、その伝統を知りたい、学びたいという都市の若い世代が山水郷の高齢者に教えを請うというようなことがそこここで見られるようになってきています。そして、ジジババ世代と孫の世代とのこれまでになかったつながりが生まれ、それが山水郷に新しい風を吹かせ始めているのです。

ババ様達の力

山水郷自体の変化も、山水郷を目指す人の流れを後押しするものとなっています。

ここ最近、注目されている取組みや新しい動きが始まっている山水郷を歩いてみると、共通する傾向があることがわかります。一つは、既存の住民達にとっては孫に当たる世代の若者が外部から入ってきていること。多くはIターンですが、Uターンもあります。そしてもう一つが、女性達が元気なことです。外からやってきた孫世代と一緒になって新しい取組みをしているのは大抵は女性達です。女性と若者達が頑張って、地域を盛り立てようとしているのです。

これまで地域社会を支えてきたのは男性達です。自治会の寄合は世帯主である男性しか出ませんし、商工会や○○組合等、地域を支える団体も、皆、男性主体です。婦人会が組織されていたり、農協婦人部や商工会婦人部のような女性組織があったりと、女性達が活躍できる場はありますし、青年団や青年部等、若者のための活動の場もありはしますが、公式な意味で地域を支える立場にあるのは、通常、家督権を持つ男性達です。女性達、或いは家督を継ぐ前の若者達が前に出ることは、まずありません。

明治民法により、家父長的なイエ制度が確立されて以来、近代化に逆行するかのように地域社会は封建的・保守的になり、それが女性や若者達の流出を促した側面があったことは既に触れました。地域は、長い間、男社会だったのです。

男社会の中で、男達が担ってきたのは、言わば「守りの自治」でした。「守りの自治」は、地域を維持していく上では重要ですが、新しい取組みは排除しがちです。それに、地域には色々なしがらみもあり、あちらを立てればこちらが立たずというようなことも多くて、体面を重視する男社会では、何かを変えるのはとても難しい。結果、「これまでがそうだったから」という理由だけで、時代に合わないことが続く不合理や理不尽が横行しがちです。その保守性や理不尽が女性や若い世代を絶望的にさせます。

これは、地域に限らず、至るところで起きている男社会（オヤジ社会と言ったほうが良いかもしれません）の弊害ですが、震災のような有事にはそんなことは言っていられません。それに、長く守りの世界で生きてきた男達は、震災のような未曾有の事態に直面した時、思考停止してしまって、行動を起こせなくなりがちです（敗戦直後も同じ状況だったと言われています）。そういう時に、それまでは地域社会の中でロクに発言権を与えられてこなかった女性や若者達が、「このままじゃダメになる」「何かしなくちゃ」と、立ち上がり始めたのです。そこに外からやってきた若者達がうまく絡んで、それまでは見られなかったような新しい取組み、ユニークな活動が動き出すようになりました。

最初は何を勝手に始めたのかと眉をひそめて見ていた男性達も、物事が動き始めると、女性や若者達の力を認めざるを得なくなります。そうやって地域社会の中で、女性や若者達が力を持つ「攻めの自治」の領域ができ始めたのです。東日本大震災の被災地では、至るところでそういう現象が見られました（なお、「攻めの自治」「守りの自治」という言葉は、明治大学の小田切徳美教授から借りています。例えば、『農山村は消滅しない』岩波新書、を参照)。

「ほぼ日刊イトイ新聞」を運営する糸井重里の発案で始まり、被災地発のモノづくりベンチャーとして話題となった「気仙沼ニッティング」もその一つです。気仙沼ニッティングは、地元気仙沼の水産加工会社・斉吉商店のおかみである斉藤和枝と編み物作家の三國真理子、それにマッキンゼー出身でブータン王国での仕事経験(初代首相フェロー)のある御手洗瑞子《みたらいたまこ》という三人の女性が牽引した、まさに女性と若者による「攻めの自治」の好例です。

それら「攻めの自治」が生まれている場所を訪ね歩き、キーマンになる方々とお会いしてきた中で私自身が気づかされたのは、女性達の持つ〝つながり力〟と〝受け入れ力〟の高さでした(気仙沼ニッティングの方々にはまだお会いできていませんが……)。

「攻めの自治」の中心にいるような女性達に典型的に見られるのは、良いと思った人や物事とは物怖じせずにつながってゆき、知り合った人同士もどんどん紹介してつなげていくことです。スマホなど新しいテクノロジーにも抵抗がなく、SNSも駆使しながら、どんどんつながりを広げ、深めてゆきます。そもそも地元に根を張って生きてきた女性達は、男社会とは別の、柔らかなネットワークを張り巡らせて生きています。新しいことをやるときに、この柔らかなネットワークが生きるのです。

そして、この〝つながり力〟以上に印象深いのが、女性の中でも比較的高齢の方、あえてここではババ様と呼ばせて頂きますが、そのババ様達の〝受け入れ力〟の高さです。ヨソ者でも「よう来た」と言って笑顔で迎え入れ、飯を食わせて歓待し、ニコニコとお話を聞いて、お土産を持たせて、「また来なさい」と送り出す。これを一度やられると、皆、参ってしまうのです。特に、被災地の場合、皆、被災者のために何か少しでも力になりたくて来ています。でも、結局、自分のほうがババ様達に勇気や元気をもらっている。まったくもって本末転倒なのですが、そういうババ様達の力に一度でも触れると、また来たくなって、何度でも通うようになるのです。そのうちにそこに住もうという人も出てきます。東日本大震災の被災地では、ボランティアをきっかけに住民票を被災地に移して支援活動に携わる若者達の姿が各地で数多く見られましたが、その陰には、間違いなくババ様達の力がありました。ババ様達が外の世界への扉を開き、若い人や専門家を呼び込んで、そこから復興に向けた新しい取組みが始まっていったのです。

私自身、そんなババ様達に魅せられた者の一人です。二〇一二年の冬に福島県南相馬市小高《おだか》区で三人のババ様達（と言っても六〇歳になったばかりの若いババ様達ですが）と出会い、彼女達が二〇一三年四月に立ち上げたNPO法人「浮船《うきふね》の里《さと》」と関わり続けています。この七年間、毎月のように小高に通って、ババ様達の周りに集まる人々と話し合い、話し合う中で生まれた願望を形にすることをお手伝いしてきました。今もその中で生まれた小高の絹づくりのプロジェクトMIMORONEのお手伝いを続けていますが、飽きっぽい自分が、これだけ長い間にわたって小高と関わってくることができ、小高を第二のふるさとのように感じているのも、浮船の里の久米静香理事長を始めとしたババ様達の〝受け入れ力〟のなせるわざです。私のように小高のババ様達に魅せられた者は数多く、今もババ様達を訪ねに、小高には全国から人がやってきます。

小高のババ様達と関わり続ける中で学んだのは、女性の視点で地域を見ることの大切さです。彼女達の見ているものは、男である自分のそれとは全然違っていて、もっとずっと柔らかなものです。そこには地域の未来をつくる上でとても大切な要素やヒントがあるのですが、これまでの地域づくりはどうしても男性が主導になりがちで、女性の視点や意見が本当の意味で生かされることは稀でした。震災のような非常事態に直面したことで初めて、死蔵されていた女性の視点や意見が表に出るようになったのです。

同じようなことが被災地のみならず、全国各地の山水郷で起きています。多くの山水郷では高齢化と人口減少で、今まで当たり前だったことがもはや成立しなくなりつつあります。「守りの自治」で、従前どおりのやり方をやっているだけでは、いかんともしがたくなっているのです。そういう非常事態を前にして、これまで地域を支えてきた男達はどう動けば良いのかわかりません。地域の顔役だったような人や、保守・封建の象徴だったような〝老害〟的な男性達も、いよいよ高齢化して力を失い、今までのようには威張ってはいられなくなっています。これまで地域を守ってきた男社会が、今、急速に衰退しているのです。

衰退する男社会とは対照的に、女性達は力をつけてきました。一九八五年の男女雇用機会均等法制定を機に、女性の社会進出が進みますが、農山漁村においても、その頃を境に、女性をエンパワーメントするための取組みが行われるようになっています。例えば、農業改良普及センター等は、一九八五年前後から、農家の女性達を対象に、研修事業を頻繁に開くようになります。農業技術や簿記などが教えられましたが、子育てが一段落した女性達にとって、これらの研修は、知識や技術を習得する機会というだけでなく、家の外に出て広い世界を知り、地域内外の同じ立場の女性達とつながりをつくる機会になりました。そして、このような取組みの中から、リーダー的存在になる女性が育っていったのです（川手督也「農村生活の変貌と20世紀システム―新しい変革主体としての女性の登場と家族・地域社会の変容―」日本村落研究学会編『年報 村落社会研究 36』農山漁村文化協会)。

女性のエンパワーメントが地域に大きなインパクトをもたらした例として知られているのが、福島県の飯舘村《いいたて》です。飯舘村では、一九八九年から五年間、農家に嫁いだ女性達を対象にしたヨーロッパへの派遣研修事業「若妻の翼」を村の単独事業として実施しています。その卒業生達、九〇人のネットワークが、その後の村づくりにおいてリーダーシップを発揮し、「丁寧」「時間を惜しまない」を意味する方言「までい」を合言葉に、独自の地域づくりを進めることにつながっていったのです。平成の大合併の波にも呑まれず、「日本で一番美しい村」連合にも加盟して、オンリーワンの村づくりを進めていた飯舘村ですが、あろうことか福島第一原発の事故による放射能汚染によって、避難を余儀なくされます。それでも、避難先でNPO法人「かーちゃんの力・プロジェクトふくしま」を立ち上げ、手づくり惣菜の販売を始めるなど、飯舘の女性達は頑張り続けています。「若妻の翼」も、当初は、「嫁達が生意気になった」など、色々と陰口を叩かれたようですが、その後の女性達の頑張りをみると、女性達がエンパワーメントされることがいかに地域にとって大切なことかがわかります。

飯舘村のような村を挙げての取組みは稀としても、女性達が力をつけてきたのは、一九八〇年代後半以後の全国的な傾向でした。高齢化や過疎化の中で男社会が衰退する中、女性の地位が相対的に高まり、女性達が前に出やすい状況が生まれてきたのです。そして、「限界集落」という言葉が人口に膾炙する二〇〇〇年代に入ってからは、「このままではいけない」「何とかしなければ」という危機感が女性達を動かし、自分達の力で地域を変えていこうという「攻めの自治」の気運が生まれています。動き始めた女性達は、持ち前の〝つながり力〟と〝受け入れ力〟を生かし、外の人間や知恵を積極的に迎え入れ始めているのです。

さて、ここまでの話を振り返っておきましょう。

三陸の孤立集落で〝究極のセーフティネット〟の力を垣間見て以来、私は山水郷に次の社会の鍵があるのではないかと考えるようになりました。土建国家モデルに替わるセーフティネットを整備してこなかった日本社会は、資本主義が必然的にもたらす格差と分断の進行を食い止めるための現実的な手立てを持ち合わせていません（第一章）。しかし、山水郷に残る安心の基盤、山水の恵みと人の恵みによる〝土着のセーフティネット〟をうまく生かすことができれば、今の日本社会が直面している困難を乗り越え、「普通人」でも安心して生きられる社会をつくることができるのではないか（第二章）。そういう予感に導かれ、それを単なる予感や希望にせず、現実にするためには何が必要なのかを見出したくて、山水郷がどういう存在であったのかを、確認しました。

山水郷の歴史を振り返ってみて改めてわかったのは、山水郷が何より〝生きる場〟として優れたポテンシャルを有しているということでした。〝天賦のベーシックインカム〟たる山水の恵みに満ちた山水郷は、中世まではずっと生活・生産においての一等地でした（第三章）。しかし、明治の近代化を機に山水郷は富国強兵のための〝動員の場〟へと変質します。山水の恵みは〝天賦のキャピタル〟として近代日本のスタートアップを支えましたが、エネルギー革命と貿易自由化で山水資源に対する需要が激減すると、山水郷で稼ぐことが難しくなり、一気に過疎化が進行しました。〝動員の場〟としての役割を終えた山水郷は、現代社会における存在価値を見出せないままに打ち捨てられ、野生に呑み込まれようとしています（第四章）。

第五章となる本章で見てきたのは、このまま行けば山水郷に住む人はいなくなってしまうかもしれないというまさにギリギリのタイミングで、〝ローカル〟がブームとなり、都市から山水郷に移住する若い世代が増えているということでした。彼・彼女らは、山水郷の〝生きる場〟としてのポテンシャルの高さに惹かれています。都市に比べて不便で財物は少ないですが、山水の恵み（自然資本）と人のつながり（関係資本）によって、都市では得られなかった安心や豊かさ、充実感を手に入れることができることに希望を見出しているのです。資本主義から適度に距離を置くか、ローカルベンチャーを立ち上げて資本主義の中で生きていくかで生き方は分かれますが、山水の存在自体や山水郷の場としての豊かさに価値を感じ、そこで自立した生き方を手に入れようとしている点では、山水郷を目指す若い世代の生き方は共通しています。

山水郷の現実は厳しく、二二世紀まで生き残ることができる地域がどれだけあるかは予断を許しません。しかし、今の経済構造の中で価値を見出しにくいからと言って、千年万年の知恵が残る山水郷を捨ててしまうことはあまりにも勿体ないことです。また、山水郷に人の営みが息づき、独自の風景が守られていくことが、観光立国する上で重要という観点からも、山水郷に人が住み続けることが求められます。何より、国土の七割を森に覆われたこの列島に生きる限り森の手入れは必要で、そのためにも山水郷に人が住んで、天道と鬩ぎ合いながらも人道を立てる努力を続けていかなければいけません。

第二章の最後に述べた、山水郷には次の社会をつくる鍵があるのではないかという予感は、今では確信に変わっています。二二世紀になっても住み継がれるような場所に山水郷がなること。

山水郷に人の営みが息づき続けること。この列島に暮らす人々が安心して豊かに、そして何よりも未来に希望を持って生きるためには、それは絶対に必要なことだと今は強く思います。

しかし、それはどうしたら可能になるのでしょうか。私達はこれから山水郷をどのように位置づけ、どのような関わりを持って生きるべきなのでしょうか。次章でそのことを考えてみたいと思います。

第六章　そして、はじまりの場所へ

これからは、君たちが新しい物語を作っていく番さ。

――『楽しいムーミン一家』
第五九話「パパの思い出」
(テレビ東京系、一九九一年放映)

第一節　山水郷の合理性

山水郷は不便なのか

人は時に不合理な行動をとります。経済学が想定するほどに人は合理的な判断ができるわけではありません。しかし、だからと言って、不合理なことが一般化するかと言えば、そんなことはありません。やはりそれなりの合理性がないと、残ったり広まったりはしないのが世の常です。

前章で山水郷を目指す若者達の動きを見てきました。彼・彼女らは、山水郷での暮らしに自分達なりの合理性を見出しているからこそ山水郷に移り住むことを選択しています。しかし、そこに何らの合理性を見出せない人も少なくありません。「コンビニもないような『田舎の田舎』なんて絶対無理！」という人は多いでしょうし、仮に田舎暮らしに憧れていても、都会の暮らしを捨ててまで山水郷に暮らすかと問われれば、そこまで踏み込めないという人が大半でしょう。

『ポツンと一軒家』というテレビ番組があります（テレビ朝日系）。衛星写真を手がかりに、人里離れた山の中にポツンと建つ一軒家を探し出し、そこを訪ねて、住人の暮らしぶりと人生のドラマに迫るドキュメンタリー要素の強いバラエティ番組です。この番組、意外なほどの人気で、毎回、二〇％近い高視聴率を誇っています。

番組のMCを務める所ジョージや林修、そしてゲストの基本的な態度は、「こんな人里離れた山奥の一軒家に住んでいる人は、一体、どんな人だろう」という怖いもの見たさ半分の興味本位です。しかし、家を探す道すがら出会う人々の親切や、訪ね当てた一軒家で出会う住人達の手業や生き様に触れているうちに、「人間って凄いな」という感動が湧き上がってくるのです。所ジョージはじめ、スタジオにいる人達も、毎回、一軒家で生きる人々の世界に驚嘆し、感動していることがわかります。

もっとも、所ジョージは、「凄い！　ドラマだよねぇ」と感動を素直に表現する一方で、「でもさ、さすがにあそこには住めないよね」というようなコメントで水を差すことを忘れません。そうやって問いかけられたゲストの側も、「いや、ちょっとああいうところには私も住めないかもです」と苦笑い。どんなに素敵に見えても、都会での暮らしを捨てて、そういうところに暮らす合理的な理由が見出せないというのが、正直なところなのです。

山水郷を目指す若者達が増えていると聞いたところで、多くの人がこの番組を見ている時と同じ感覚を抱くのではないかと思います。「そういう暮らしもアリとは思うけれど、自分には無理だよね」という感覚。わかります。私自身も今の暮らしを捨ててそちらに行こうとまでは思い切れませんから。

ただ、山水郷に住むことに合理性を見出せないと思ってしまう感覚は、一度、疑ってみる必要があるのではないかと思っています。例えば、不便で住めないというけれど、テレビに出てくる一軒家の住人達は、不便さを感じている様子は全くありません。嫁いできて以来、ずっと山の中で暮らしてきたという九〇歳のお婆さんが「住めば都」と言っていましたが、まさにその通りで、当人達は、至って元気で幸せそうにしています。山水郷を不便と思ってしまうのは、私達が普段から消費者として生きているからで、色々なものをつくることができる手業を持つ一軒家の住人達にとっては、決して不便な場所ではありません。いや、それどころか、材料に満ちた山水郷はむしろ便利な場所で、周囲の山野河海から衣食住に必要なものは調達できますから、コンビニなんてなくとも困らずに生きていけるのです。山の中での暮らしが不便と思ってしまうのは、消費者としてしか生きられない自らの不自由を棚に上げた一面的なものの見方でしょう。

一軒家の住人達は、自分で自分の暮らしをつくっています。それは実はとても自由なことで、何にも拠らずに生きている生き様は、究極の自立を実現していると言えます。自由で自立した個人は、明治の近代化以来、ずっと私達が追い求めてきたものです。その意味で、一軒家の住人達の生き様は、近代の理想を体現しています。でも、彼・彼女らの暮らしを見て、近代的と思う人はまずいないと思います。むしろ、反近代や前近代を感じるはずです。

個人の自由と自立の獲得が近代というプロジェクトの目指してきたものだったはずなのに、究極の自由と自立を獲得しているように見える一軒家の住人達の生き様が近代的には見えず、都市のシステムに組み込まれ、消費者としてシステム依存的な生き方をする人々が集住する都市のほうが近代的に思えてしまうという逆説。このような逆説が生まれてしまうのは、明治の近代化が、個人の自由や自立よりも国家としての自立を優先する、国家主導の近代化であったからに違いありません。

文部省唱歌『ふるさと』の歌詞に象徴されるように、夢を実現し、志を果たすのは都会で、故郷はそのためならば捨てても致し方ない場所、でも、いつまでも自分の帰りを待っていてくれる温かな場所。そういう「遠きにありて思ふもの」（室生犀星）的な故郷のイメージを決定づける立身出世の物語に囲い込まれながら、多くの山水郷の民は自ら求め、或いは軍隊や工場に徴用される形で、都市を目指したのです。

その結果、私達の多くは故郷を捨てて都市近郊に暮らし、都心の企業に勤めて生計を立てる給与労働者となりました。高度経済成長期以後は、名のある大学を出て、名のある企業なり組織なりに勤め、それなりの地位と給与を手に入れることが立身出世のモデルとなりますが、それは果たして近代が目標とした自由で自立した個人を生み出すことにつながったのか。社畜や滅私奉公という言葉があるように、個人である前に組織人であるサラリーマンは、しばしば自由や自立の対極的存在として語られます。そもそも、田畑や山林を持たず、生産手段である土地と切り離された都市住民は消費者として生きるしかなく、それゆえ、給与を与えてくれる会社に強く依存するようになります。給与労働者として会社に依存し、消費者として都市の経済システムに依存するのがサラリーマンですから、自由とも自立とも縁遠いのが実態です。どこの会社でも働いていけるほどの高いスキルを身に付ければ自由度は高まりますが、それも所詮は都市の中での話。山奥でも一人で生きていけるほどのスキルはなく、都市の経済システムに依存した存在であることに変わりはありません。そういう意味では、大都市で一流企業を渡り歩けるようなスキルとネームバリューを持った人間であっても、それが人間として生きる力が高いことを保証するわけではないのです。

田畑や山林を持たず、給与労働者として会社に依存し、消費者として都市の経済システムに依存するサラリーマンは、信長以後の兵農分離された武士の姿と重なります。第三章で触れたように、信長は武士を生産基盤である田畑山林から切り離して城下町に集め、俸給生活の専属軍人とすることで武士の戦闘能力と主君への忠誠心を引き出し、都市の有効需要を高めて経済を活性化させましたが、明治政府が行ったことも同じです。日本全国から官僚や兵隊や工員となる人々を集めて国や企業のために二四時間三六五日働く専属の兵士に仕立て上げる一方、都市で消費生活を送らせることで経済を膨らませ、富国強兵を実現したのです。近代の給与労働者＝サラリーマンは、明らかに近世の武士を源流としています。

すなわち、国家によって主導された明治期の近代化は、その内部に前近代を抱え込む形で推し進められたのです。結果、近代の象徴である都市には、前近代の象徴である武士を源流に持つ給与労働者が暮らすようになります。一方、近代化から置き去りにされてきた山水郷では、生計も生活も、全て自分の手でやりくりしないといけませんから、システムに依存しない、自由で自立した個人が育ったのです。その中でも、『ポツンと一軒家』に出てくるような人々は筋金入りで、最高度の自由と自立を体現していると言えます。

物語の呪縛

国がつくった立身出世の物語を内面化してきた私達は、山水郷に象徴される田舎や地方は〝格下〟で、都市のほうが色々な意味で優れた場所と見る癖がついています。『ポツンと一軒家』を見ていると、「こんな山奥に、こんな立派な人がいるんだ！」と思わず驚き、感動させられるのですが、それは、裏を返せば、「山奥」と「立派な人」との間にそれだけイメージ上のギャップがあるということです。山水郷のみならず、地方や田舎全般を下に見る癖が、私達にはデフォルトで身についてしまっています。実際のところ、のんびり過ごすには田舎は良いけれど、立身出世したり、イノベーションを起こしたりしたければ都市にいくほかないと思っている方が大半だと思います。山水郷を目指す若者達が増えていると聞いても、そういう人達はある種の世捨て人というか、この資本主義社会で勝ち続けるゲームから降りてしまった人、立身出世を諦めた人、と思う人が多いのではないでしょうか。

しかし、そのイメージを打ち砕くような事象が生まれ始めています。例えば、数ある大学の中でも、最も都会的で洗練されたイメージを誇る大学である慶應義塾大学が、二〇〇一年、山形県鶴岡市に、タウンキャンパスと先端生命科学研究所（先端研）を設立したのをご存知でしょうか。鶴岡市は、かつて庄内藩の城下町として栄えた歴史ある地方都市です。人口は約一三万人。都市部は日本海に面した庄内平野に位置しますが、市域の大半は山林で（森林率は七三％）、かつ、山と海に囲まれた平野部のほとんどは水田という（田耕地率は一四％）、地方都市でありながら、山水郷と呼んでもいいような場所です。

この先端研で設立以来所長を務める、東京生まれ東京育ちの冨田勝《まさる》所長は、最初、自分が鶴岡に行くと決まった時のことを、「地方に行くということに若干抵抗がありました。『都落ち』みたいなイメージを持っていたんですね」と正直に振り返ります。そして、「『地方』という言葉そのものに、〝格下感〟を持っている人が都心部には多いと思います。『地方大学』や『地方都市』と聞くと、ネガティブとまではいかないけれど、やはり少しだけ〝格下感〟を持ってしまう傾向があるのではないか」と続けます（引用は、Ｗｅｂメディア『QREATORS』二〇一五年一二月一六日の冨田所長インタビューから）。

この地方の〝格下感〟の背後に「一軍は東京！」という日本人のメンタリティがあると指摘する冨田所長は、鶴岡での研究生活を送るようになって、それが全く根拠がないことだったと悟ったと言います。それどころか、鶴岡での研究生活は、「やってみると良いこと尽くしだった。自然豊かで、時間がゆっくり過ぎる環境は、物を考えるのにすごく適していたんです。温泉や美味しい食事もあり、夕焼けもとても綺麗。日本海側なので、夕日が海に沈むんですよね。独創的な仕事は、こういう場所でやるべきだと強く感じるようになりました。人がたくさんいないと成り立たないビジネスなんかは東京でないといけないのかもしれないけれど、研究・開発、学問・学術、芸術なんかは都会でやる必要がない。それどころか、都会では不向きなのではないでしょうか。自然豊かなところでやったほうが良い。僕はそれを確信しています」（引用同）とまで言うようになるのです。

国内外から細胞工学や代謝工学、ゲノム工学、情報科学といった分野横断の研究者を集め、「統合システムバイオロジー」という新しい生命科学分野の開拓を推し進める先端研は、失敗を恐れずに未知の技術領域に挑戦するための「アカデミックベンチャー」と位置づけられています。冨田所長が「独創的な仕事は、こういう場所でやるべきだ」と力説するのもなるほどと思わせるくらい、先端研ではユニークな研究が行われていて、既に六つのバイオベンチャーを誕生させています（二〇一九年七月末現在）。血液検査で科学的にうつ病の有無を診断できる検査法を開発し、先端研発の最初のベンチャーとなったヒューマン・メタボローム・テクノロジーズ株式会社は、二〇一三年に東証マザーズに上場しています。世界で初めて人工クモ糸の製造に成功し、バイオベンチャーの雄として各界から注目されるＳｐｉｂｅｒ（スパイバー）株式会社は、先端研発の二つ目のベンチャーです。他に、唾液を用いた疾患検査技術を実用化した株式会社サリバテック、腸内環境データベースを基にした個別化ヘルスケアの実現を目指す株式会社メタジェン、線維芽細胞を用いた再生医療で心不全の治療法を開発する株式会社メトセラ、次世代シーケンシング、バイオインフォマティクス、人工知能を統合した独自のバイオ医薬品開発プラットフォームを構築した株式会社MOLCURE（モルキュア）が生まれています。

非常に独創的な研究を行い、それを世に出すことにも成功して、今やバイオベンチャーの〝聖地〟になりつつある鶴岡市ですが、二〇〇一年に研究所ができた時には、「格下」の地方に所在するという〝場所の壁〟から、東京や神奈川の人はなかなか来てくれなかったと言います。でも、だからこそ、「それでも『行きたい！』と思ってきてくれた人は、本当に面白いことをやりたい人たちでした。それがすごく良かったですね。ある意味、平凡な人はそもそも来なかったため、良いスクリーニングになったんじゃないかな」（引用同）という効果もあったのです。

そういうことも含め、鶴岡市は、独創的な研究をする上で、極めて合理的な場所であったということになります。明治の立身出世の物語に縛られたものの見方をしている私達には、人口一三万人の、山と海に囲まれた地方都市が、独創的な研究をする上で合理的な場所だなんてとても思えません。でも、今やそこがバイオベンチャーの聖地のようになっているのです。米国のシリコンバレーも、かつては何の産業もない場所でした。やはり出発点は、スタンフォード大学発のベンチャーです。そう考えると、鶴岡市がシリコンバレーのように世界中から起業家や投資家が集まり、全国から続々と視察者がやってくる町になる日も遠いことではないのかもしれません。

本社は地方です

山水郷の中にポツンとある先端研が最先端の学問領域で、独創的な成果を生み出し、バイオベンチャーの聖地となりつつある事実は、「地方は格下」「最先端は都会にある」という、明治以来の立身出世観に基づくステレオタイプを吹き飛ばしてくれます。また、東京より鶴岡のような山水の恵みに満ちた場所のほうが独創的な仕事に向いているという冨田所長の確信は、イノベーションを求めている国や企業に、活動拠点の再考を迫ります。重化学工業を中心に富国強兵を図っていた時期と今とでは、合理性の基準も変わってきているのです。

地方で創業した企業の多くは、それが合理的だとの理由で、成長と共に本社機能を東京圏に移してきました。東京と並ぶ大都市圏の大阪発祥の企業ですら、本社を東京に移してきたのですから、東京一極集中と言われるのも無理はありません。しかし、鶴岡発のベンチャーは、いずれも鶴岡に本社を置いています。東京に営業所を持っていますが、本社は鶴岡です。営業活動は顧客がたくさんいる東京で行うべきですが、研究開発をしたり、経営戦略を練ったりする場所は東京に置くより鶴岡に置いておくほうが合理的という考えから、あえて本社を鶴岡に置いているのです。

冨田所長は、「本当に素晴らしい人が、地方の最先端企業に就職して、仕事はエキサイティング、プライベートはスローライフという一粒で二度美味しい生活を送る。そういう生活を多くの若者が夢見る未来。『残念ながら地方で職が取れなかったから、都会に就職することになった』という流れを作りたい」と言います（引用同）。東京の大会社では地方の支社に転勤になることを「飛ばされる」と言いますが、鶴岡発の慶應ベンチャー達は、東京の事務所に転勤になることを「東京に飛ばされる」と言うそうです。彼・彼女らには、地方を格下に見る感覚はもはやありません。地方で働き、地方に暮らすことのほうが合理的だし、望まれてもいるのです。二〇〇一年にはあった〝場所の壁〟は、この十数年ですっかりと払拭されています。

鶴岡のベンチャーのように、「地方にあったほうが合理的だから」という理由であえて本社を地方に置き続けている企業の一つに、「ミウラのボイラ」として有名なボイラのトップメーカー三浦工業株式会社があります。一九二七年に愛媛県の松山市で精麦・精米機メーカーの三浦製作所として始まった三浦工業は、一九八九年に東証・大証一部上場を果たした後も、本社や製造工場を松山に置き続けています。主力製品であるボイラでは国内トップシェアを誇り、ボイラから派生領域に事業を広げて、熱・水・環境の分野でトータルソリューションを提供するグローバル企業に進化した今もそれは変わりません。「我々はわが社を最も働きがいのある、最も働きやすい職場にしよう」というモットーを掲げる同社は、愉快で人間味に溢れる、とても良い雰囲気の会社です。

同社の宮内大介代表取締役に、グローバル企業になった今も本社を松山に置き続けている理由を尋ねたことがあるのですが、三浦工業も、営業所は東京に置いていて、そこには松山の一〇倍以上の社員が働いているそうです。ただ、それは「東京を意識しているというより、お客さまがいるから」です。一方で、技術やモノづくり、それに本社機能は松山に置いています。地方のほうが工場用地は豊富ですし、「地方だからできないこと、というのは今はない」からです。おまけに温暖で過ごしやすく、災害も少ない松山は、三浦工業にとって「成長において離れることのできない本社の所在地」と位置づけられています（筆者による宮内社長へのインタビュー内容は、三井住友銀行環境情報誌『ＳＡＦＥ』vol.１２１に掲載。引用もここから）。

興味深かったのが宮内社長の本社機能に対する考え方でした。宮内社長は、本社機能は、営業のような外との接点ではなく、総務、財務、人事などのバックオフィスだろうと言います。そして、バックオフィスがわざわざ地価の高い東京にある必要は全くなく、むしろ松山に置くことでメリットを享受できるというのです。「弊社のバックオフィスでは、女性の活躍度がものすごく高いと思います。弊社で働く女性の中には、地元志向が高く、この地から動きたくないという人も多い。家から通えるところがいいという感覚で来てくれて、こういう方のポテンシャルはすごく高く、バックオフィス的な仕事でどんどん活躍してくれます。執行役員の中にも経営企画本部長を務めている女性がいます」（引用同）という宮内社長の言葉からは、三浦工業が本社を松山に置くことが、地元志向の高い女性と三浦工業の双方にメリットになっていることが窺えます。

松山から離れたくない人にとって、自宅から通える範囲に一部上場の優良企業がある、しかも工場や営業所や支店ではなく、本社で経営の中枢に関われる仕事に就けるというのは、凄く魅力的です。職住近接でワークライフバランスのとれた働き方ができますから、本人のモチベーションも高く、本人にとっても会社にとっても良いことずくめです。

このように、三浦工業にとって、松山に本社を置くことは、十分に合理的な経営判断になっています。創業の地だからと肩肘張って松山に本社を置いているのではなく、土地が安く、災害が少なく、優秀でモチベーションの高い人材が確保できる等、企業経営の面から考えてメリットが多いから松山に本社を置き続けているのです。

鶴岡と松山に共通するのは、どちらも人にとって生きやすい場所、生き心地の良い場所だということです。山と海と川があり、景観、食事、娯楽やスポーツ等の面で山水の豊かな恵みを享受できて、温泉もある。気候や人口規模は違いますが（松山の人口は約五一万人です）、城下町で歴史や文化があるという点も共通しています。

交通と通信のインフラ整備が進んだ現代の日本においては、もはやどこに拠点を置くかということはあまり関係がなくなっています。その一方で、働き方改革やワークライフバランスの重視などで、職住近接、生活と生産の場の近接が求められるようにもなっています。

結果、人として生きやすい場所、人間らしい暮らしができて、生活に適した場所のほうが、生産する場としても合理的な場所になりつつあるのです。

内に向かう進化

地方に本社を置くことの合理性に気づき、一度は離れた創業地への本社機能のUターンを始めた企業もあります。世界的な建機メーカーのコマツ（小松製作所）です。

コマツは一九二一年に石川県小松市で設立されていますが、一九五一年には東京に本社を移転しています。背景には、戦後復興や高度経済成長期などの社会インフラの投資拡大期に建機の受注増を図るためには官公庁の動向を迅速につかむ必要があったこと、石川県の企業だというイメージが強すぎて全国から人材を採用できなかったこと、労働争議沈静化のために厚生省出身の社長を迎え入れる必要があったこと等がありました（『日本経済新聞』二〇一二年二月一六日電子版に掲載された坂根正弘会長〔当時〕のインタビューより）。石川県には建機を輸出できる大型港がなかったため、六〇年代から七〇年代にかけては港湾が整備されていた関東と関西に工場を建設。プラザ合意で円高が進んだ八〇年代から九〇年代にかけては海外進出を加速させました。

石川県から関東・関西、そして海外へとビジネスの領域を広げた結果、連結売上高で二兆七〇〇〇億円（二〇一九年三月期）を超える、世界有数の建機メーカーへと成長を遂げたコマツの成長過程は、戦後日本の発展過程そのものです。そのコマツは、今世紀に入ってから、ローカル化・地元回帰を進めています。何故、ローカル化・地元回帰なのでしょうか。

コマツのローカル化・地元回帰は、二〇〇一年に坂根正弘が社長に就任してから進められたものです。二〇〇二年には、創業の地である小松市の粟津工場に資材調達部門である購買本部を移転。開発・生産を一体化すべく、開発部門も生産拠点のある場所（大阪府枚方市）に移しています。二〇〇七年には金沢港に新工場を建設。二〇一一年には、小松市の創業の地に研修センターと公園が一体となった施設「こまつの杜」をつくり、そこに本社の教育機能を移転して、計一五〇人を石川県に異動させました。本社機能の移転と並行して、大卒者の地元採用枠も設け、地元採用を拡大しています。二〇一二年には、「こまつの杜」で入社式を開催。小松市でコマツが入社式を開いたのは実に六〇年ぶりのことでした。

このようなローカル化・地元回帰を進める理由を、坂根会長（当時）は自社の将来にわたる競争力の維持と説明します。その直接のきっかけは、「日本の工場の優秀さや生産性の高さが数字で実証された」ことだったようですが、金沢港の水深が深まり、金沢から建機を直接輸出できるようになったこともあって、「生活コストの安い地方で雇用を増やした方が将来とも競争力を維持できる」との考えを持つに至ったそうです（以上、引用は「私の履歴書」『日本経済新聞』二〇一四年一一月三〇日朝刊）。

事実、コマツの賃金体系は、勤務地によって変わることはないので、東京より生活費の安い北陸のほうが可処分所得は高くなります。つまり、地方で働く職員を増やせば、人件費を増やさずに実質的な給与水準を高めることができるのです。それは採用における競争力を高めます。

小松市は日本海に面した人口約一一万の地方都市で、市域の七〇％を山林が占めています。海と山に囲まれ、平野部は些少ですが、そこに九谷焼に代表される江戸時代以来の職人文化の伝統を受け継いだモノづくり企業が集積しています。一方で、米どころでもあり、さらにトマト、ニンジン、大麦、千石豆の収穫高は県内トップで農業も盛んです。海岸には、水田地帯に隣接して自然のままの面影を残した木場潟公園という水郷公園があり、そこから望む霊峰白山の眺めは国内随一。温泉や名水にも恵まれ、まさに山水の恵みに満ちた山水郷と呼ぶべき地域です。

小松市も、鶴岡市と同様に、自然が豊かで時間がゆっくり過ぎ、温泉と美味しい食事に恵まれています。日本海に面しているので、夕日が海に沈む点も一緒。「独創的な仕事は、こういう場所でやるべきだ」と慶應先端研の冨田所長が力説する要素が揃っています。ですから、冨田所長の〝確信〟が正しければ、コマツはますます独創的でイノベーティブな企業になってゆくことでしょう。

コマツの本社機能の移転は、地域を潤すことにも大きく貢献しています。「こまつの杜」への会議、研修目的等の来場者は年間約三万人で、コマツの試算では、地元のホテル、飲食業への経済波及効果は、年間約七億円に上ります。また、コマツの三〇歳以上の女性社員を対象にした調査では、東京都の既婚率約五〇％、子どもの数平均〇・九人に対し、石川県では既婚率約八〇％、子どもの数平均一・九人と、大きく差があることがわかりました（内閣府「第8回地方大学の振興及び若者雇用等に関する有識者会議」〔二〇一七年八月七日〕コマツ提出資料）。単純計算ですが、同じ数の女性社員がいるとすると、石川では東京に比べ、三・四倍多くの子どもがいる計算になります（（九〇÷五〇）×（一・九÷〇・九）＝三・四）。こういう調査結果を見ると、少子化に対する特効薬は、企業の本社機能を地方移転させることではないかと本気で思います。

子どもが増えるだけではありません。「こまつの杜」では、広く一般の子ども達向けに理科やモノづくり、自然教育のプログラムを提供しています。コマツの社員のみならず、将来社員になってくれるであろう人材の育成・発掘の場にも「こまつの杜」はなっているのです。

コマツの地元回帰は、小松市の子どもを増やすだけでなく、子ども達の能力開発を行って才能ある若者を育て、交流人口と定住人口を増やして地域を潤わせることにもつながっています。創業の地に人とお金と労力を投じることで、コマツは将来にわたる競争力維持のための基盤を手に入れようとしているように見えます。

ローカル化・地元回帰と並行し、或いはそれに先んじる形でコマツが進めてきたものが、情報化・デジタル化でした。情報化・デジタル化は二〇〇〇年代以後のコマツを象徴する進化で、今ではIoTの導入で最も進んだ企業の一つとしてコマツは知られるようになっています。

発端は、一九九九年に開発された機械稼働管理システム「KOMTRAX（コムトラックス）」でした。これは建機の位置情報や車両情報を通信で取得することによって、保守管理から省エネ運転に至るまで顧客にさまざまなサービスを提供することを可能にするシステムです。これを機に、コマツは建機を売るだけのハードウェア会社から、サービスを売るソリューション企業へと転身を遂げます。さらに二〇〇八年には、鉱山での無人ダンプトラックの商用化を実現するなど、情報通信技術（ICT）を生かしたソリューション提供に磨きをかけてゆきます。

これらの蓄積をベースに、二〇一五年からは建設現場をICTでつないで生産性管理や安全衛生管理を行う「スマートコンストラクション」とその運用のためのプラットフォーム「KomC onnect（コムコネクト）」の提供を開始。二〇一七年には、土・機械・材料等の現場のあらゆる「モノ」をつなぐIoTプラットフォーム「LANDLOG（ランドログ）」を公開して、〝IoTのコマツ〟を印象づけました。

このように、一九九〇年代まで外へ外へと〝領土〟を広げながら成長してきたコマツは、二〇〇〇年代に入る頃からは、広げてきた領土の中でどれだけ付加価値を高められるかに注力するようになります。その際の武器となったのが情報化・デジタル化でした。情報化・デジタル化を進めてあらゆるモノをネットワークにつなぎ、距離の制約を超えて効率的・恒常的に現場（ローカル）にアクセスできる環境を整えた上で、現場価値（顧客価値）を最大化する新しいサービスやソリューションを提供していったのです。

情報化・デジタル化は、顧客の現場との距離を近づけただけでなく、社内の距離も変えました。距離の制約を超えられるようになったことで、生産現場や創業の地へ本社機能を分散させるローカル化・地元回帰が可能となったのです。小松から東京へ、そして外国へとグローバルに進化してきたコマツは、今は逆に現場や地元、すなわちローカルと向き合うことで新たな進化を手に入れているように見えます。

〝進化〟は、一般には、〝Evolution（エボリューション）〟の和訳として使われます。〝e（外へ）＋volve（回転する）＋tion（こと、もの）〟を語源とするエボリューションは、外へ外へと自らを折り開いて展開していく様を意味しています。

これに対し、哲学や現代思想の世界では、〝Involution（インボリューション）〟という概念が言われてきました。〝In〟は〝中へ〟を意味しますので、内に巻き込んで展開していく様がイメージされています。エボリューションを「折り開き」とすれば、インボリューションは、「巻き込み」です（哲学者の西田幾多郎はこれを「内展」と訳しています）。前者を〝外に向かう進化〟と捉えれば、後者は〝内に向かう進化〟です。どちらが進化の形態として正しいとか、どちらが本質ということはなく、〝外に向かう進化〟であるエボリューションと〝内に向かう進化〟であるインボリューションは互いに他を必要とし、両方のプロセスを行き来することを繰り返しながら、生命は自らをより高いステージへと成長させていくという考え方がなされます。

コマツの成長の過程も、このエボリューションとインボリューションの考えを援用するとうまく説明できるように思います。一九九〇年代まで外へ外へと自らを開くことで進化（＝エボリューション）してきたコマツは、二〇〇〇年代以後、情報化・デジタル化により自らの提供価値や組織構造、働き方を抜本的につくりかえる内的進化を行いつつ、より現場へ、地元へと向かっています（＝インボリューション）。目指すは現場価値の最大化です。ここで言う現場には、顧客の現場（建設現場等）と自社の現場（生産拠点や創業の土地など自社に関わりの深い場所）の双方の意味がありますが、いずれも〝ローカル〟です。〝内へ向かう進化〟とは、〝ローカルに向かう進化〟でもあるのです。コマツは、顧客にとっての〝ローカル〟と向き合うことで顧客価値を最大化するサービスやソリューションを提供する一方で、自社にとっての〝ローカル〟と向き合うことで、必要な人材を持続的に確保できる基盤を手に入れようとしているのです。

第二節　引き受けて生きる

ローカルに根ざし、ローカルと向き合う

明治の近代化以後、工場は賃金の安い地方に、本社・本部機能は東京にという経済構造がつくられてきました。このような経済構造は、立身出世・富国強兵の物語と相まって、〝東京は頭脳で地方は手足〟、〝東京は一軍で地方は二軍〟という見方を広め、定着させてきました。

しかし、これまで見てきた慶應先端研、三浦工業、コマツの事例は、いずれもこのような地方を〝格下〟に見る見方に根拠がないことを教えてくれます。コマツが高度経済成長期に本社を東京に移転したように、企業の頭脳である本社・本部機能や一軍人材を東京に集中させたほうが合理的な時代は確かにありました。しかし、今は必ずしもそうではなくなっています。営業部隊はともあれ、その他の機能に関しては、むしろ地方にあるほうが、研究開発や人材確保、生産力の面で有利に働くこともあるのです。

そういう目で見ると、誰もが目指す東京は地価が高く効率の悪い場所、一方の地方は無駄な競争はなく、豊富な資源が安価で手に入る経営効率に優れた場所に見えてきます。合理的・戦略的に考えれば、東京に本社・本部機能や一軍人材を集める理由は乏しく、地方を活用したほうが経営効率ははるかに高まり、研究開発等のパフォーマンスが良くなることが期待されます。

また、〝内に向かう進化＝ローカルに向かう進化〟に舵を切っているコマツの事例は、経営効率の面ばかりでなく経営戦略の観点からも企業が地方に向かうべき時期を迎えていることを示唆

します。なぜそう言えるかと言えば、一つには、コマツが成功してきたサービス化やソリューション化を進めるには、モノづくりで行ってきた以上に現場と向き合うことが求められるからです。ここで言う〝現場〟は、工場のことでなく、現実の社会のことを指しています。今後、あらゆるモノづくり企業が向き合わざるを得なくなるサービス化とソリューション化は、自社で全てをコントロールすることができないという点でモノづくりとは根本的に異なっています。多様なステークホルダーを巻き込みながらエコシステムを築き、総体として価値提供をするサービス化とソリューション化には、モノづくりとは全く違うノウハウとアプローチが求められます。それは現場に入り込み、多様な主体と関係づくりをする中で身に付けていくしかないものです。

そういう意味で、これからの企業に絶対的に必要になるのがイノベーションを生み出すための〝現場〟です。現場は、特定の施設や場所かもしれませんが、その後の広がりや行政との関係を考えると、基礎自治体（市区町村）を単位としたほうが良さそうです。その際、あまり大きな自治体だと関係者が増え、合意形成に手間ばかりとられるようになりますし、逆にあまり小さいと自治体側のリソースに問題が出てくるので、大きくとも中核市（人口二〇万人以上五〇万人未満）、本当はそれ以下の市（人口五万人以上二〇万人未満）くらいが理想的です。勿論、サイズが全てではないですし、この規模感も私自身の見聞や経験の中で辿り着いている経験則なので例外はあり得ます。ただ、大都市よりは地方都市、それもどこにでもあるような普通のローカルな自治体がイノベーションの現場に向いているというのは間違いないと思います。そういうローカルな自治体に入り込み、そこを研究開発の拠点として継続的に関わりながら、社会に必要とされるサービスやソリューションを開発し、磨きをかけていくようなアプローチがこれからの企業には求められます。それは、ローカルに根ざし、ローカルと向き合うことをイノベーションの源泉とするアプローチですが、逆にそういうことができない企業は、世の中から取り残されていくでしょう。これが、企業が経営戦略の観点から地方に向かうべき第一の理由です。

第二の理由が、人材の持続的な供給基盤づくりです。今後、少子化が進む中、企業が人材確保に苦労することは必至です。AIやロボットの導入が進めば今ほどの社員数は必要なくなり、人材問題は解消するという見方もありますが、その時代のことを見越すと、むしろAIやロボットには代替され得ない、本当に有能な人材の争奪戦になることが予想されます。そういう人材は待っていてもやってきません。企業が自ら教育・能力開発してつくり出すほかないのです。コマツは「こまつの杜」で子ども向けの教育プログラムを提供していますが、例えばJリーグの各チームがジュニアのクラブをつくり、幼少期からの人材育成に力を入れていることを考えても、企業はもっと幼少期の教育に投資をしていくべきではないでしょうか。幼少期から関わることで、能力開発のみならず、企業に対する愛着を育てることができるので、長期的な人材確保とファンづくりの両面で、幼少期教育への投資は十分に正当化され得るはずです。

幼少期の教育への投資も、大都市ではなくローカルな小都市のほうが費用対効果が高くなります。大企業が集積する大都市で同じような取組みを各社がすれば、個々の会社の取組みは埋もれてしまいますし、人材の争奪戦にもなります。学習塾とも競合するでしょう。しかし、ローカルな小都市であればほかに競争相手がおらず、広くその地域の子ども達を独占的に集めることが可能になります。大都市に比べ教育の機会が限られる地方では、企業の教育に対する取組みは感謝されこそすれ批判の対象にはなりません。企業の社会的評価を高める上でも効果的な施策です。

企業の幼少期教育への関わりで参考になるのが北イタリアの小都市レッジョ・エミリア市の例です。レッジョ・エミリアは、人口一七万の地方都市で、農産物、畜産物が豊富なエミリア＝ロマーニャ州の中でも、パルミジャーノ・レッジャーノ・チーズの産地として特に知られたところです。しかし、近年、この北イタリアの地方都市の名は、チーズよりむしろ、〝世界で最もクリエイティブな幼児教育システム〟を生んだ町として知られるようになっています。

レッジョ・エミリアの教育システムは、市民と行政が一緒になってつくりあげたもので、一九六三年に最初の学校ができて以来、既に五〇年以上の実践経験があります。一九九一年に米ニューズウィーク誌で取り上げられたことを契機に世界的に注目されるようになり、日本でも二〇〇〇年代になってから展覧会や書籍を通じて知られるようになりました。

実は、あまり知られていませんが、レッジョ・エミリアの教育システムを財政面でサポートしてきたのは、レッジョ・エミリアに本社のあるファッション企業ＭａｘＭａｒａです。ＭａｘＭａｒａは、自社の人材確保と消費者のクリエイティブな感性・リテラシーの向上という二つの理由から財団をつくり、市の教育を財政面でサポートしてきました。社員になってくれるかどうかはともかく、ベースにあるのはクリエイティブな感性を持った人材が持続的に輩出される基盤をつくることが自社の未来には必要という長期的な人材底上げ戦略です。そういう長期的な戦略の下で、市民と行政による自治的な活動を財政的に支える黒衣《くろご》に徹しながら、世界で最高水準の幼少期教育システムをつくりあげることにＭａｘＭａｒａは貢献してきたのです。

以上見てきたように、ローカルに根ざし、ローカルと向き合ってきた企業達には、その企業なりの合理性があり、戦略的裏付けがあります。しかし、合理性や戦略性だけでローカルであることを選んできたかといえば、そうではないように思います。例えば、慶應義塾大学が鶴岡市にタウンキャンパスと先端研の設立を決めたのは、鶴岡市の富塚陽一市長（当時）の、衰退する一方の鶴岡市の未来をつくるにはゼロから新しい産業を生み出すしかないという思いに基づく熱心な誘致活動があったからです。山形県と鶴岡市は慶應大学と協定を結んで、毎年、七億円を研究所に投資することとしましたが、最初の五、六年は、「慶應の研究所があることでどんなメリットがあるのか？」と市民からの批判もあったそうです。それに対し、富塚市長は、「これは次の世代への種まきだ」と言い続けたと言います（前出『QREATORS』）。そういうブレのない市長の断固たる姿勢とビジョンに慶應大学側も感化され、「ゼロから新しい産業を生み出す」という壮大な夢の実現を引き受けたのです。誘致の条件が良かったなどの合理性はありますが、それだけでは踏み込めないような世界に慶應大学は足を踏み入れています。

コマツにしても、小松市に対しては合理性だけでは割り切れない思いを持っています。以前、坂根会長の後を継いだ野路國夫会長とお会いし、小松市についての話を伺ったことがありますが、その時に感じたのは、コマツは創業の地である小松市からは逃げられないし、逃げるつもりもないのだということでした。コマツは小松という土地を、そこに生きる人々のことも含めて引き受けようとしています。引き受けて生きることを覚悟し、そのためにできるだけのことはすると肚を括っている。それが野路会長の言葉の端々から感じたコマツの小松市に対する姿勢でした。

慶應もコマツも目先の損得勘定や打算を超え、その土地の未来を引き受けようとしています。でも、一大学や一企業がその土地の未来を引き受けるなんて、明らかに己の領分を超えています。

そんな大それた覚悟が地域に未来をもたらしているのです。

結局、地域の未来を決めるのは、その地域を引き受けて生きようとする主体がどれだけ存在するかということに尽きるのかもしれません。

孤立と自立

では、どうすれば地域を引き受けて生きようと思う主体を増やせるのでしょうか。

地域のことを引き受けて生きると言った時、お金のある大学や企業ならばいざ知らず、個人に一体何ができるのか。そう思う方も多いことでしょう。引き受けるのは企業や大学、行政に任せておけばいいと。

でも、この列島に生きてきた人々は、お金のあるなしなどとは関係なく、本当に普通の人々がそれぞれにそれぞれの地域を引き受けて生きてきたのです。実際、『ポツンと一軒家』では、そんな普通の人々の〝引き受けて生きる〟生き様を垣間見ることができます。

例えば、二〇一九年三月三日の放送で取り上げられた広島県の山中の一軒家の持ち主、福島繁登さん（放送時七三歳）。福島さんは、自分が中学まで住み、親も五〇年前までは住んでいたという空き家に、今も通い続けています。かつて三〇軒以上の家があった集落ですが、今はもう全員が山を下りてしまって、誰も住んでいません。いわゆる消滅集落です。福島さんは、この空き家を椎茸生産のための仕事場として使っています。

そこまでは「ほぉ」というような話なのですが、福島さんが農作業の傍ら、集落に続く車道の側溝にたまった泥や落ち葉を一人で熱心に掃除し続けているという事実が明らかになるにつれて、彼の凄さを知るのです。彼が側溝を掃除するのは、そうしないと水が溢れて道路に流れ出し、道路の下の斜面を削って、道路を崩落させてしまうからです。実際、道路は路肩が崩れ、年々狭くなっています。山奥の消滅集落ですから行政の手も届きません。そこで福島さんは、誰に頼まれたわけでもないのに、これ以上崩れないようにと、一人で黙々と側溝に溜まった土砂とゴミを掻き出し続けているのです。誰の評価を求めることもなく、ただ、家族が住んだ家、先祖から受け継いだ土地を守るために自分ができることを黙々とやっている。先祖から受け継いだ土地を、そこに生きた家族の歴史も含めて、彼は引き受けようとしているのです。

福島さんだけではありません。『ポツンと一軒家』に出てくる人々は、多かれ少なかれ、山の中の一軒家で暮らすことを通じて、先祖代々の土地を引き受け、家族の歴史を引き受けています。そんな家族の歴史と土地が辿ってきた運命、それら一切合切を引き受けて生きる個人の生き様がドラマとなって立ち現れてくることが、この番組の最大の魅力となっています。

一切合切を引き受けて生きると言っても、そこに悲愴さはありません。皆、淡々、飄々と生きています。それどころか、山水の恵みと共に生きられる生活に感謝し、楽しんでいるように見えます。陸の孤島みたいなところですから、一見、孤独に思えますが、ちゃんと下界とのつながりもあり、存外に孤立はしていません。孤立ではなく、自立しているのです。

その自立を可能にしているのが、山水の存在です。山水の恵みをふんだんに享受できるので山中での自立した暮らしが可能になっているのですが、そうやって山水の恵みを享受できるのも、先人達の努力があればこそです。先人達が植え育てた森があり、開墾した田畑があり、用水や堤や道があるから今の暮らしがあるのであって、先人達が守り育ててきてくれたものを足場とすることで、生きていくことができるのです。郷土とは、そういう先人達の努力が積み重なってできたものです。郷土に生きるとは、至るところにあるその努力の痕跡と共に生きることで、それはより良い暮らしをつくっていこうという先人達の思い、孫子の代に豊かな暮らしを与えたいという先人達の願いを感じながら生きるということです。

そんな足場たる郷土も、自分が手を入れることを止めれば、次第に森に呑まれ、自然に還ってゆきます。自分ができることは限られているかもしれないですが、自分がやらなければ確実に荒れ果ててしまうので、たとえ自分一人になっても、やれるだけのことはやり続けよう。せっかく先人達が築き上げてきてくれた足場を自分の代で台無しにしてしまってはご先祖様に申し訳が立たない。そういう責任感から彼・彼女らは郷土を引き受けて生きています。

そうやって引き受けて生きている人々の暮らしがあと何年続くのかは正直わかりません。田畑も集落も、今、守ってくれている人々がいなくなった後は、森に呑み込まれてゆくでしょう。そのことは本人達自身がわかっています。しかし、だからと言って徒労だと思わないのは、それでも何かを残し、未来に受け渡していけると確信しているからです。少なくとも植えた木、育てた森は残ります。たとえスギ・ヒノキの人工林でも、今のうちに十分に手を入れておけば、一〇〇年後、二〇〇年後、ひょっとしたら一〇〇〇年後も立ち続け、後世の誰かがその木を使ってくれるかもしれない。そうやって未来につながるので、木を植え森を育てる行為は希望となります。

先人達から受け継いだものを引き受けて生きるのは大変ですが、役割を負っているという意識は人生に意義を与えてくれます。やることはいくらでもあり、退屈している暇はなく、しかも、身体を動かし、土や木に触れているせいか、山水郷には、八〇歳、九〇歳になっても、驚くほど元気で、気力・体力共に充実している人が生きています。

私は学生時代に山村と関わり始めてから、限界集落と呼ばれるようなところも含め、多くの山村をこれまでに訪ねてきました。そして、そこでずっと生きてきて、今でも山や田畑の手入れをし、手仕事をしているという人々と数多く出会い、話を聞いてきましたが、彼・彼女らの話を聞くたびに共通して感じるのが、ある種の充足感です。人の少なくなった村の暮らしに寂しさを感じてはいても、山水の手入れをし、その恵みを頂きながら生きる暮らしに満ち足りています。限界集落の暮らしは大変だろうと思って訪ねて行っても、昔からこういう暮らしをしているのだから特に不便を感じたことはないと言って、飄々としている人達のほうが多いのです。

別に強がっているふうはなく、自分の置かれた状況を受け入れ、諦めるでも気負うでもなく、誰の評価も求めず、ただ自分が先人達から受け継いだ郷土の暮らしを守り、それを少しでも良くしていこうと日々工夫に努めながらも、表面上は淡々と生きています。人がどんどん少なくなり、田畑山林や集落の維持が年々大変になってきているものの、自分が引き受けられることは引き受けて生きようとしています。引き受けることから逃げないのです。逃げずに引き受けているからこそ、人生の意義と充足を得ている。そんなふうに感じます。

この列島の至るところで、人々はそうやって先人達から受け継いだものを引き受けて生きてきたのでしょう。その営みが郷土の風景を守り、恵み豊かな山水をつくりあげてきたのです。無数の無名の人々の引き受ける覚悟と努力がこの列島を支えてきたと言っても過言ではありません。

己を超えた存在

郷土は自己の一部かもしれませんが、自己を超えた存在です。この列島に生きた人々は先人達がつくり上げた郷土を営々と引き受けてきましたが、それは自分を超えた存在を引き受けて生きてきたということを意味します。どれだけそのことに自覚的だったかはわかりませんが、日本人は、己を超えた存在を引き受けることを習いとしてきたのです。

江戸時代まで、日本人にとっての引き受ける対象はイエ（家）か郷土でした。明治政府は中央集権制による強い国づくりを進めるため、藩主に向かっていた忠誠のベクトルを国家（天皇）に向けさせるように仕向けますが、そのために創作された富国強兵・立身出世の物語は、自分を超えた存在を引き受けることを習いとしてきた日本人のメンタリティにうまくはまりました。立身出世・富国強兵の物語にいざなわれ、多くの若者達が国家の発展を引き受ける覚悟と志を持って、東京、大阪、その他工業都市を目指したのです。

人は自分を超えた何かを引き受けて生きる時に想像以上の力を発揮します。日本人はとりわけその傾向が強いように思えます。明治維新以後、奇跡的なスピードで欧米列強に並ぶまでの国力を身につけたのも、戦時中、軍事力では圧倒的に優位だった米軍を恐れさせたのも、敗戦後、驚異的なスピードで復興を成し遂げ世界第二位の経済大国にまで登り詰めたのも、この引き受ける力のなせる技と言えます。引き受けるべき対象があり、そこに我が身を捧げると覚悟を決めた時の日本人は本当に強い。近代化のプロジェクトを率いた為政者達や実業家達は、そういう日本人の力を見抜き、国民や従業員が引き受けるべき対象として国家や会社の存在を物語ることで、それぞれの引き受ける力を引き出してきたのでしょう。

江戸時代まで郷土を引き受け、そこを足場としてきた日本人は、明治の近代化以後は国家を引き受け、国家（天皇）を足場＝拠り所に生きるようになりました。しかし、敗戦によってそれまでの天皇制が否定され、国体が変革されると、国家を拠り所とすることが難しくなります。その空白を埋めたのが会社でした。戦後は専ら会社が個人にとっての引き受ける対象となり足場となりましたが、これが実にうまく機能したのです。世界の中でほとんど唯一の新興国として経済成長の恵みを国民に遍《あまね》く行き渡らせることが可能だった昭和の時代、会社は個人にとっての強固な足場となりました。会社を信じ、会社に身を捧げていれば一生安泰に暮らせ、個人としての充足を得られるような時代がバブル崩壊までは続いたのです。昭和は、会社を引き受け、会社を物心両面での拠り所とする生き方が一般化した時代でした。サラリーマンが「普遍的職業」であり得た時代だったのです。

しかし、昭和の終わりと共に状況は変わります。バブル崩壊後の長引く不況と少子高齢化の進行の中で、会社は終身雇用・年功序列の日本型経営を続けることが難しくなりました。成果主義を取り入れ、必要な時にはリストラをし、非正規化を進める今の日本企業は、もはやかつてのように個人にとっての強固な足場とはなり得ません。会社を我が事のように引き受け、身を尽くしたとしても、いつ梯子を外されるかわからないのですから、個人にとっても物心両面での拠り所にはなりようがないのです。

では、会社に代わって足場となるようなものがあるかと言えばそれがないのです。国も一人ひとりの国民を支える余裕がなくなっています。とりあえず個人は会社の中で少しでも条件の良い大企業を目指しますが、大企業の多くは官僚化していてイノベーションを嫌うので、そういう中で、何千分の一、何万分の一の歯車として生きても自己実現にはほど遠く、不全感・不満感・不安感ばかりを募らせることになります。別に自分が辞めてもいくらでも取り替えはききますから、自分がこの会社を引き受けて生きるのだという気概も持ちようがありません。若く伸び盛りで新しいことがどんどん出来て、一人ひとりの社員のことをかけがえのない個人として尊重してくれる、そんな素敵な会社と出会えればラッキーですが、そういう会社ほど名が知られていなかったり小さかったりするので、出会いの機会は限られます。結局、会社を拠り所とするのは難しく、だからと言ってほかに拠り所となるような足場は見当たらず、我が身を捧げて引き受けようと思えるものにも出会えない。自分を超える存在を引き受けて生きることを習いとしてきた日本人ですが、今はそもそも引き受けるべきものと出会うことができないのです。

これは二つの問題を引き起こしています。一つは、物理的・経済的な意味での足場の喪失です。普通の人が普通に安心して生きていくことのできる基盤が切り崩されています。第二章で詳述したセーフティネットの空洞化の問題です。国も会社もかつてのようには個人を支えてくれなくなった今、どのように存在の基盤をつくるか。どのようにセーフティネットを構築するか。それが大きな課題となっています。

もう一つは、精神的な意味での足場＝拠り所のなさです。逆境や困難に直面してもなお人が生きる意志を失わないためには、心の支え、拠り所となってくれるものが必要です。かつて国や会社が引き受ける対象となっていた時は、〝お国のために〟や〝我が社のために〟という思いが個人を支え、困難に立ち向かわせ、持てる力を最大限発揮するよう頑張らせてきましたが、今はそういうものが持ちにくくなっています。

実は、国や会社がそうであったように、精神的な足場となり得るのは自分を超えた何かです。〝自分〟は、自分を支えるには役に立たず、いざという時に自分を支えてくれるのは、自分を超えた存在、自分とは別の何かです。もっと言えば、そういうものに対する使命感や責任感です。

そのことに自覚的だったのが『星の王子さま』の著者サン＝テグジュペリで、『人間の土地』（新潮文庫）で紹介される僚友アンリ・ギヨメの遭難のエピソードは特に心に残ります。ギヨメはアンデスの山中で墜落事故を起こし、高度四五〇〇メートル、零下四〇度という極限状態の中で、食料もないままに雪の中を五日間不眠不休で歩き続け、一週間後に奇蹟の生還をします（実話です）。ギヨメによると、極限状態では自己保存の本能は全く役に立たず、眠りたいという欲望との戦いだったそうです。諦めて眠れば楽になれる（＝死ねる）という誘惑に絶えず襲われていたのに、それでも歩き続けられたのは、ただただ妻や友人に対する責任感からだったと言います。自分が生きているはずだという彼・彼女らの期待を裏切ってはいけない。自分の死体が見つからなければ妻に保険金が下りないかもしれない。そういう責任の意識が彼を歩くことに引き戻し、不眠不休で歩かせ続けたというのです。サン＝テグジュペリは「人間であるということは、とりもなおさず責任をもつことだ」と結論づけますが、自分の責任を自覚し、自分が果たすべき役割を引き受けて生きるということがいかに大切かをこのエピソードは雄弁に物語っています。

ギヨメを支えたのは妻や友人達への責任意識ですが、日本人を支えてきたのはイエや郷土、国や会社でした。それら自分を超えた存在に対する責任の意識、引き受ける覚悟が、日本人を日本人たらしめて来たと言っても過言ではないでしょう。日本人が日本人であり続けるためにも、引き受けて生きる対象が存在することが重要なのです。

郷土を引き受けて生きる

では、これからの日本人は何を引き受けて生きていけばいいのでしょうか。何を足場、拠り所とすべきでしょうか。

家族、というのが当然に想定される答えです。ギヨメがそうであったように、家族のことを引き受けようとする責任の意識は個人を支え、困難に立ち向かわせる原動力になります。同時に、家族は個人に安らぎや活力を与えることで個人の生活を支えますから、家族は間違いなく個人の足場、拠り所となるものです。ただ、核家族を主体とする現代の日本の家族は、かつてのイエのような強固な共同性や永続性は乏しく、農家や商家でない限り生産の単位でもないため、足場としてそれほど強固なものではないということは認識しておく必要があります。

戦後、家族の柱となってきた夫婦の情愛にも限界があります。熟年離婚（同居年数が二〇年以上の夫婦の離婚）は過去三〇年で二倍近くに増加しています(*)。一九六〇年代末には恋愛結婚がお見合い結婚を上回り、一九九〇年代半ばには恋愛結婚が九割に達していますから、今、熟年離婚をしている夫婦の多くは恋愛結婚だったはずです。つまり好いて一緒になり、二〇年以上連れ添った夫婦の離婚が増えているわけですが、そういう現実を踏まえると、夫婦愛もそれほどアテになるものではないと思ったほうが良さそうです。そもそも核家族は一世代限りのものですから、家族を足場とすることには所詮限界があるのだという冷めた認識を持つことも必要でしょう。

また、男性の四人に一人、女性の七人に一人が生涯未婚で(**)、家族を持たなくなっている現実を踏まえると、家族以外の足場が必要であることは論を俟《ま》ちません。

そこで浮上するのが郷土です。近代化以前は多くの日本人の物心両面の足場となり、近代化以後も長く精神的な面で人々の拠り所となってきた郷土。国や会社に頼れず、家族にも限界がある中で、古来、この列島に暮らしてきた人々の足場となってきた郷土、とりわけ山水郷こそがこれからの日本人が引き受け、足場とすべきものだと思います。何故か。

第一に、天賦のベーシックインカムがあり、人のつながりがある山水郷は、それ自体が安心して生きられる基盤であり、セーフティネットであるからです。お金になるかどうかはともあれ、自活と互助でとにもかくにも生きていける山水郷は、個人の生存を支える、物理的な意味での足場となり得ます。

第二に、山水郷は引き受ける契機に満ちているからです。用水を含めた田畑の管理や森の手入れ、道の草刈りや整備、或いは手助けが必要な人のお世話、冠婚葬祭等、山水郷には集落を維持し、美しく保ち、世代を超えて持続させるために必要な仕事（ツトメ）がたくさんあります。山野河海が乏しく、人のつながりの薄い都市部にはそういう種類の仕事はほとんどありませんし、

（＊）厚生労働省人口動態統計調査によれば、一九八五年には二万四三四件だった熟年離婚は二〇一七年には三万八二八六件となっています。熟年離婚は一九九〇年代になってから増え始め、ピークは二〇〇二年。二〇〇三年以後は全体の離婚件数は減少傾向にありますが、熟年離婚は横ばい状態です。

（＊＊）五〇歳になっても結婚経験がない人のことを便宜上「生涯未婚」と言っています。二〇一五年の国勢調査によれば生涯未婚率は、男性で二三・四％、女性で一四・一％です。一九九〇年には男性五・六％、女性四・三％だった生涯未婚率は二〇〇〇年代になってから急激に上昇しており、かつ、男女差が開いています。

あっても民間企業なり行政機関なりの業務として片付けられますが、山水郷ではそうはいきません。皆で引き受けていかない限り、天道が勝って人道が立たなくなってしまうのが山水郷だからです。正直、面倒です。でも、だからこそ山水郷は引き受ける契機に満ちているのです。

それは裏を返せば、多様な人に出番があるということです。皆で引き受けていかなければ維持ができない山水郷には、本当に色々な仕事があって、どんな人でも何らかの役に立てる部分があります。誰もが何かしらで役に立てるし、役を引き受ける中で意外な才能を見出されたり、コミュニティの中での役回りが決まっていったりします。社会に参加し、他者から承認される中で、自己を実現できる。そういう機会に満ちているのが山水郷の良さです。すなわち、多様な人に開かれた足場だというのが山水郷を足場とすべき第三の理由です。

第四に、山水郷は人を裏切らず、人の一生よりもずっと長く続く存在だからです。家族は離婚や親子断絶によって離散し、終わることがありますが、山水郷は終わりません。仮に誰も住まなくなっても、山水は存在し続け、風景は残ります。自分の名は残らなくとも、自分が手入れをした山野河海は残るのです。自分が死んでも何かが残る。終わらないものにつながっている。そういう実感は人に安心や充足を与えます。

このように山水郷は多様な人にとっての物心両面での足場となり得る存在です。国も会社もアテにならず、家族もどこまで個人の支えになってくれるかわからない中、最後に日本人が頼りにできる存在が山水であり、山水郷だと言えるでしょう。山水郷を引き受け、そこを足場として生きていくような生き方は、安心と充足を確実にもたらしてくれます。山水郷を目指す若い世代は、そのことに気づいていています。本人達がどこまで言語化し、或いは考え抜いているのかはわかりませんが、一見、不合理にも見えるその判断には十分な合理性があるのです。

それでもそういう若い人々の動きが特殊なことに思えてしまうのは、やはり地方の経済基盤があまりに脆弱だからです。資本主義から距離を置くことに安心の基盤があると理屈ではわかっていても、さすがに経済活動から取り残されたところには人が集まりません。

本章で見てきたように、今の時代、ローカルに向かうことが企業や研究機関にとって合理的になってきています。合理的どころか、サービス化・ソリューション化への対応や人材確保のことを考えると、ローカルに向かう進化は必然の流れに思えます。本来であれば、コマツのように企業の本社機能や研究開発機能の地方分散の動きが始まっていなければならないところですが、そうはなっていません。

東証一部上場企業の五四％は本社を東京に置いています。首都圏の一都三県では六二％、三大都市圏では八六％です（東京証券取引所「東証上場会社情報サービス」より。二〇一九年七月三〇日集計）。これら優良企業の象徴である一部上場企業が、工場や支店、或いは子会社ではなく、本社機能や研究開発機能を地方都市、それも中核市以下の小さな都市に移転し始めれば、山水郷を引き受けて生きようとする人の間口を広げる効果が期待できます。

いくら山水の恵みで生きていけると言っても、稼ぎがなくとも大丈夫と割り切れるのはよほどの強者です。やはり普通に稼ぐことのできる環境があるに越したことはありません。豊田市の上流域に移住してくる人達は起業・多業・兼業・複業で何とかしていると述べましたが、豊田市の場合、四〇分も車を走らせれば世界のトヨタを中心とした企業集積地があるということがやはり大きいと思います。車通勤を厭わなければ市街地の会社で働きつつ山水郷の暮らしを満喫できますし、下流域に経済圏があることは起業の助けにもなるでしょう。多業・兼業・複業する際の選択肢も増えますし、起業で稼ぐことに失敗しても、最後は市街地に働きに出れば良いと思えば、失敗を恐れずに挑戦ができます。

海に囲まれ、国土の七〇％が山林に覆われた日本列島は、関東平野以外なら、少し車を走らせればそこはもう山水郷です。豊田市ほどの集積がなくとも、コマツの本社機能の移転が小松市に経済効果をもたらしているように、優良企業の本社等機能の移転は地域の経済基盤を強化し、周辺の山水郷にも人を呼び込む効果が期待できます。鶴岡市のような山と海に囲まれた小規模な地方都市であれば、中心市街地以外はほぼ山水郷ですから、都市と山水郷の良さの両方を享受する生活がしやすくなります。そういう意味でも政令指定都市のような大きな地方都市より、中核市以下の、できるだけ小さな都市への企業の本社等機能の移転が望まれます。

企業がローカルを目指せば郷土を引き受ける主体が増えます。個人と企業が一緒になって郷土、とりわけ山水郷を引き受けていけば、多くの山水郷を持続可能にすることが可能になるでしょう。それは傷つき、衰退した地域社会を回復させるだけでなく、安心と充足を感じて生きる個人を増やし、この国の幸福度を高めることに寄与するはずです。すなわち、山水郷を引き受けて生きることは、個人の人生の回復につながるのです。この列島を引き受けて生きる主体が増えれば、この列島も、そこに生きる全ての存在も回復に向かうはずなのです。

合理的に考えればそうなるのですが、現実にはそうならないのは、結局のところ、私達がいまだ明治期につくられた立身出世・富国強兵の物語に縛られて世界を見る癖がついているからです。立身出世も富国強兵も、共に〝成長〟に重きを置き、成長の中に居場所を見出す物語でした。都市を成長の拠点に、地方を成長のための〝動員の場〟に位置づけた明治の物語の呪縛から、私達は地方に対して積極的なイメージを持てなくなっています。

私達がいまだに明治の物語に縛られているのは、それ以上に心を揺さぶられる物語と出会えていないからです。それはとどのつまり、〝成長〟以上に価値があることを見出せず、成長の中以外に自分達の居場所を見つけることができてこなかったことを意味します。

物語とは、私達がどこから来て、何者で、どこに向かうのかを意味づけるフレームのことと言い換えることができます。明治の物語は、神話に始まる国の起源（＝私達はどこから来たか）、欧米に追いつき追い越し、広く世界を照らす存在になるという成長の目標（＝私達はどこに向かうのか）、そしてその目標に向け、必死に努力し、成長し続ける日本人という自画像（＝私達は何者か）を日本人に与えてきました。しかし、そういう物語に鼓舞され、意味づけられる時代ではなくなっています。だからといって他に自分の人生を重ねられる物語も見出せない。行くべき道を見失い、何を目指して、どこに着地すべきなのかがわからなくなっているのです。どういう物語を生きるべきかがわからないまま、たゆたい、佇み、漂っているのが、今の日本人ではないでしょうか。

私達は一体これからどこに向かうべきなのでしょう。それを知るためには、自分達が何者で、どこから来たのかを知ることから始める必要があります。だからこそ本書ではこの列島でどのような暮らしが営まれてきたのか、私達がどのような存在であったのかを縷々述べてきたのです。その作業をあらかた終えた今、私達に一体どのような未来の風景が見えてきたというのでしょう。私達はこれからどのような物語を紡いでゆくべきでしょうか。

本書を締めくくるに当たって、最後にそのことを考えてみたいと思います。

第三節　次の社会の物語

古来と未来

私は、東日本大震災以来、ほぼ毎月のように東北地方に通い続けています。最初は石巻市を中心にした宮城県、二〇一三年からは福島県南相馬市です。通い続ける中で痛感したのは、人が前を向いて生きていくためには〝古来〟と〝未来〟との両方が必要なのだということでした。

例えば、原発二〇キロ圏内に位置し、二〇一六年七月までの丸五年以上にわたって人が住むことができなかった南相馬市小高区で、最初に人々に希望を与えたのは、昔からこの地で続けられてきた養蚕でした。私は、二〇一三年五月から、毎月一回、小高の外に避難している人々を集めて小高についての話し合いをする〝芋こじ会〟と称する場をサポートしてきたのですが、最初は東京電力や国、市に対する愚痴や不満、或いはいつ住めるようになるかもわからない中でこの先どう生きていけば良いのかという不安ばかりだった話し合いの場が、四回、五回と続けていくうちに、「でも、そんなことばかり言っていてもしょうがないよね」「このままじゃ私ら自身がダメになってしまうから、何かやらないとね」という言葉が出てくるようになったのです。

「じゃあ、何をしましょうか？」と水を向けたところ出てきたものの一つが、かつてこの地を支えた絹織物をやってみたらどうだろう、というアイデアでした。被災地で手仕事というのはよくある話ですが、そういうものができれば暇つぶしにもなるし、生業になるかもしれない。何より放射能の懸念があるので口に入るものはつくれない原発被災地には好都合に思えました。そこで、せっかく絹をやるなら養蚕から全部手仕事でやってみたらどうか、電気のせいで傷ついた町だからこそ、電気や人工のものにたよらず、全部手でやってみたらどうだろうと提案したのですが、養蚕の話になった途端、俄然、盛り上がり始めたのです。「子どもの頃にはよく手伝ったなぁ」とか、「桑を食《は》む音がサワサワとしてまるで雨が降っているみたいなんだよね」等々、とにかく思い出話に花が咲き、先ほどまでの愚痴は何だったのかというくらい盛り上がったのです。話し合いが終わり、昼食の時間になっても蚕の話題で持ちきりで、こんなに一つの話題で、しかも「あれは大変なんだよねぇ」と言いながらも、そこから伝わってくるのは大変さより楽しさで、それが凄く面白く感じられました。そもそも、誰も「蚕」と呼ばず、自然に「お蚕様《かいこさま》」と呼んでいることに、養蚕がいかにこの地域で大切な存在であったのかが窺われました。

　これだけ皆が盛り上がる上、この土地にかつて根付いていたものなら行けるかも知れないと思って、そこから一生懸命に養蚕のことを調べ、織物を学び、道具を揃えて一から色々とやり始めたのですが、このプロジェクトは、やることがなく、先行きの不安に怯えてばかりだった人々に、希望を与え、生活の張りを与えるものとなりました。原発被災地で養蚕というのが真新しかったのか、マスコミの取材も多く入るようになり、二〇一四年九月三〇日には『ガイアの夜明け』（テレビ東京系）でこの取組みが紹介されるまでになりました。とは言え、それから色々な難しい問題も起きて、かなりの紆余曲折があったのですが、今もまだこのプロジェクトは続き、毎年、お蚕様を育てて糸を繰り、織物やアクセサリーなどを細々ながらもつくって売っています（＊）。

　このプロジェクトを始めてから知ったのですが、養蚕は実は五〇〇〇年もの歴史のある技術なのです。日本列島には渡来人によって米と共に持ち込まれたので、二〇〇〇年以上の歴史です。人類がもうずっと続けている、言わば〝古来のテクノロジー〟が養蚕であり、絹織物なのです。

　それだけ長く続いてきた古来のテクノロジーには、新しい技術や人工の技術にはない、絶対的な安心感や信頼感があります。それに人間の根源的な部分に訴えかける刺激や面白さ、審美性もあります。それゆえか、落ち込んでいたり、前に進めなくなっていたりする時に、人を前に向かわせるきっかけになり得るのが古来のテクノロジーなのだということも、このプロジェクトを通じて知ったことでした。虫嫌いの人もお蚕様には可愛さを感じるし、元気をなくしていた人もお蚕様を見ると元気をもらいます。初めて自分達で育てた蚕から絹糸を紡いだときにはあまりの美しさに、皆、言葉を失いました。初めて草木染めをした時もそうです。自然の力だけでつくったもののみが醸すことのできる、得も言われぬ美しさと手仕事の面白さ。それに憑《つ》かれ、惹かれて小高の人々もここまでやってくることができました。お蚕様の力が、前に進めなくなっていた小高の人々の背中を押し、一歩を踏み出させたのです。〝古来〟にはそれだけの力があります。

　でも、その後も長く小高と関わり続ける中で、やはり古来のものだけではダメなのだということも痛感するようになりました。かつては日本中の山水郷で栄え、現金収入源となった養蚕や絹織物がなぜ衰退したのか。それは途上国との競争に負けて、お金にならなくなったからです。どんなに面白くとも、それで食べていけないのでは若い人がやるものにはなりません。古来ばかりでなく、若い人の未来につながるようなことが、地域の未来をつくる上では必要なのです。

ちょうどその頃、仕事で自動運転の実装に関わっていたので、自動運転という〝未来のテクノロジー〟を小高に持ち込んでみてはどうかと、国の自動運転の実証事業を小高に持っていくための動きを始めました。残念ながらそれはうまくいかなかったのですが、実証事業の獲得に向けて市役所の職員達と準備をし、学校の先生達と話し、さらには住民達に説明する中で感じたのは、未来のテクノロジーに対する住民、特に高齢者の期待の高さでした。お爺ちゃんやお婆ちゃんが、「自動運転を小高で絶対に実現して欲しい」と口々に言うのです。今まで色々なところで自動運転の話をしたり、実証実験の準備をしたりしてきましたが、いまだ小高ほどの住民達の熱意を感じられたところとは出会っていません。

では、小高のお爺ちゃんやお婆ちゃん達が自動運転に何をそんなに期待しているかと言えば、一つには自分が車を運転できなくなっても買物や通院に困らずに暮らすことができるということです。でも、それはどちらかと言えば表向きの理由で、一番は、若い世代がこの町の将来に希望を感じるためには自動運転のような未来のテクノロジーが必要だという必死の思いでした。若い世代は町の未来に希望を感じなければ小高には住まない。若い世代が未来に希望を感じるには、未来のテクノロジーが絶対的に必要で、そういうものがあれば子や孫が住みたいと思える小高になるのではないか。そういう期待から自動運転を切望したのです。

（＊）プロジェクトの詳細はＮＰＯ法人「浮船の里」のＷｅｂサイトや絹糸のブランド名としたＭＩＭＯＲＯＮＥのＷｅｂサイトで見ることができます。

震災前、一万三〇〇〇人近くの人々が住んでいた小高区は、二〇一六年七月に避難指示が解除され、普通に住めるようになって早三年になりますが、いまだ三五〇〇人余しか帰還していません（二〇一九年五月三一日時点）。それだけの急激な人口減少を経験し、自分の子や孫も避難先から戻らず、若い世代に小高に住もうと思ってもらうことがいかに大変なことかを痛感してきたお爺ちゃんやお婆ちゃん達は、未来のテクノロジーこそがこの状況を変えるのではないかと直感し、積極的に迎え入れようとしているのです。

このような経験から、私は、地域を持続可能にするには古来のテクノロジーの復権と未来のテクノロジーの導入の双方が必要なのだと確信するようになりました。古来のテクノロジーは、その土地の記憶や風土、アイデンティティと深く結びついているため、それを復権することで、その土地に住むことの意味を人々は再認識したり、積極的に捉えたりすることができるようになります。一方、未来のテクノロジーは、人口減少が進む地域においても暮らしに必要な最低限のインフラ（医療、介護、教育、交通、通信、上下水道等）を維持していくために絶対的に必要になるだけでなく、新しいテクノロジーを積極的に導入する先進性や柔軟性が若い世代を地域につなぎとめ、或いは呼び込むことが期待できます。

一万年以上続いた「世界で最も豊かな狩猟採集社会」であった縄文の社会は、存続の危機に瀕した時、渡来人がもたらしたコメづくりとモノづくりの文化を取り入れることで、独自の水田稲作文明をつくりあげました。また、三〇〇〇万人が山水の恵みだけを元手に生きた江戸時代に蓄積した技術や文化が、西洋の近代技術と融合することで、世界最高と言われるモノづくり産業が生まれ、ユニークな日本文化が生まれました。これまでの歴史を見ると、この国独自の〝古来〟

と海外から入ってくる〝未来〟とが出会った時に真に新しいものが生まれていることがわかります。そして〝この国独自の古来〟は、いずれも山水に源流があるのです。山水と共に生き、山水を高度利用する中で培われたものが、この国の古来のテクノロジーであり、文化だからです。

今、山水郷の多くは存続の危機に瀕しています。山水郷が失われてしまえば、そこに蓄積されてきた古来のテクノロジーを私達は永久に失ってしまうでしょう。新しい時代をつくるには古来と未来を融合させる必要があるのに、このままでは肝心の古来がないという事態に陥り兼ねません。古来の基層を失うことは、大袈裟なようですが、日本という国の未来を閉ざすことにもつながり兼ねないのです。この国が持続的に発展し続けるには、古来のテクノロジーの宝庫である山水郷が維持発展し続けることが何としても必要です。

このような状況下において求められていることは明らかです。山水郷に未来のテクノロジーを迎え入れ、辛うじて残っている古来のテクノロジーと融合させて、新しい時代につながる新しい文化や社会を生み出すこと。どうにかしてそれを実現するのです。

幸いなことに、今はその好機です。千載一遇のチャンスと言ってもいい。ＡＩやＩｏＴに象徴されるテクノロジーの進化が「第四次産業革命」と呼ばれる社会の根本的な変化を引き起こそうとしているからです。今起きている変化は、社会を根本的に変革するだけでなく、人間の定義すら変えてしまい兼ねないものですが、うち捨てられようとしていた山水郷に再び〝生きる場〟としての光を当てるものにもなり得るのです。

第四次産業革命と山水郷

第四次産業革命とは、蒸気機関等動力の発明により機械化が可能になった「第一次産業革命」、電力利用と分業体制により大量生産が可能になった「第二次産業革命」、コンピュータにより情報化や電子化が進んだ「第三次産業革命」に次ぐ第四次の産業革命という意味で使われるようになった言葉です。これまでも技術革新が産業革命を引き起こしてきましたが、第四次産業革命を牽引する技術革新は、全てのモノがインターネットにつながるＩｏＴやビッグデータ、そのビッグデータを用いて予測や自動化を可能とするＡＩ等です。デジタルな技術が進化し、サイバー空間と物理空間とが融合することで産業や生活が大きく変わるというのが、第四次産業革命の基本的な考え方です。

では、産業や生活はどう変わるのでしょう。第四次産業革命が実現するものとして期待されているのは、①個々にカスタマイズされた生産・サービスの提供（マス・カスタマイゼーション）、②資源・資産の効率的な活用、③ＡＩやロボットによる人間の労働の補助・代替などです（内閣府『日本経済２０１６—２０１７』）。この結果、企業は生産性が飛躍的に向上し、消費者は欲しいものが安価で効率的に手に入り、人口減少や高齢化による人手不足の問題も自動化や省力化により問題でなくなります。成熟期を迎えた先進諸国で第四次産業革命が注目されているのは、それが新しい成長の起爆剤になると考えられているからです。

第四次産業革命は、ドイツで二〇一一年に唱えられた〈Industry 4.0〉をきっかけに広まった概念ですが、日本政府がこの言葉を公式に使うようになるのは、二〇一五年になってからです。最初に取り上げられたのは政府の成長戦略『日本再興戦略　改訂２０１５』（二〇一五年六月閣議決定）で、そこでは「ビジネスや社会の在り方そのものを根底から揺るがす、『第四次産業革命』とも呼ぶべき大変革が着実に進みつつあります。ＩｏＴ・ビッグデータ・人工知能時代の到来である」と〝第四次産業革命の到来〟が謳われました。また、その年一一月の「未来投資に向けた官民対話」では、安倍首相が「世界に先駆けた第四次産業革命の実現」を宣言。翌二〇一六年六月に閣議決定された『日本再興戦略　改訂２０１６』では、副題が「第４次産業革命に向けて」とされ、政府の成長戦略の柱が第四次産業革命の実現にあることが明確に位置づけられました。

　日本政府は、第四次産業革命によって実現する社会を「超スマート社会」と呼んでいます。超スマート社会とは、「サイバー空間（仮想空間）とフィジカル空間（現実空間）を高度に融合させたシステムにより、経済発展と社会的課題の解決を両立する、人間中心の社会（Society）」（内閣府）のことです。「第五期科学技術基本計画」（二〇一六年一月二二日閣議決定）においてこれが〝Society 5.0〟と名付けられて以来[*]、政府の文書では第四次産業革命よりもむしろ Society 5.0 のほうが多用されるようになります。二〇一七年六月に閣議決定された政府の新成長戦略『未来投資戦略』においても、「Society 5.0 の実現に向けた改革」が副題とされました。

　今の政府が目指す未来社会のビジョンは Society 5.0 です。そして、その実現に向けて官民の投資を集中させ、法制度を整備していくことが、政府の基本戦略となっています。Society 5.0 が具体的にどういうものかはまだ茫漠としていますが、少なくとも〝私達はどこに向かうのか〟

（＊）狩猟採集社会（Society 1.0）、農耕社会（Society 2.0）、工業社会（Society 3.0）、情報社会（Society 4.0）に続く第五の社会という意味です。

の方向性を政府は示してはいます。そして、その方向性は、今の世界の潮流を考えても、決して間違ってはいません。

ただ、それが明治維新以来の大変革、或いはトヨタ自動車の豊田章男社長がさかんに言う「百年に一度の大変革」後の社会を生きるための物語になっているようにはどうにも思えないのは、第四次産業革命やSociety 5.0の実現によってどんな国、どんな社会をつくりたいのかが結局のところよくわからないからだと思います。そういう状態では個人の人生を重ねようがないですし、人生を意味づけてくれる物語にもなりません。残念ながら今のままではSociety 5.0は次の社会の物語にはなり得ないのです。

また、コマツのようなＩｏＴの先進企業がある一方で、日本が完全に出遅れてしまっていることも問題です。特に、ビッグデータを解析するＡＩやデータサイエンスの分野での研究が立ち遅れ、人材の層が薄いことが第四次産業革命を進める上でのネックになっています。

この遅れを取り戻すには、いち早くＡＩやＩｏＴを実装し、実践を積み重ねてリアルなデータを集め、そのデータを用いてシステムと人材のブラッシュアップを図っていくほかないのですが、これがなかなか進みません。技術的な問題で進んでいないこともありますが、既に中国等で実現されていることができないのは、行政の仕組みや規制に原因があります。新しいことをやろうにも、既存の法律や制度、或いは既得権益を持っている事業者などが邪魔して思うようにできないことが多いのです。このような状態ですから、安倍首相が「世界に先駆けた第四次産業革命の実現」と声高に叫んだところで、現場は白けてしまうというのが実状です。

では、Society 5.0を次の社会の物語とし、その実装を早めるには何が必要になるのでしょう。

山水郷をSociety 5.0の〝はじまりの場所〟と位置づけ、そこに政策を集中することです。山水郷をSociety 5.0の〝はじまりの場所〟とすべき理由は大きく四つあります。第一の理由は、山水郷は人口規模が限られているために合意形成や社会の統制がしやすく、それが新しい技術やシステムの導入を進めやすくすることです。

自動運転を例にとれば、自動運転の技術は、まだ完璧ではありません。技術に完璧を求めれば実装はずっと先になりますが、最初から完璧は求めず、例えば自動運転車の走る道路は路上駐車をしない、制限速度を守る等、人の側が自動運転車が走りやすいように配慮し、ルールを決め、寄り添ってあげれば、実装は早まります。そうやって人の側が譲歩しながら新しい技術との共存方法を探るアプローチが第四次産業革命の技術群の実装には有効ですが、それは社会のサイズが小さく、皆の顔が見えている山水郷にこそ向いたやり方です。

第二の理由は、よく言われるように、山水郷が課題先進地域であることです。多くの山水郷では、ロボットや自動化、遠隔医療・遠隔教育などを取り入れないと社会に必要なことが維持できなくなっています。課題やニーズが非常に明確ですから、そこに向けて技術やシステムをつくりこみやすいですし、住民の側にも十分な危機感がありますから、積極的に外部の技術や知恵や人を受け容れようという気運があります。危機感ゆえに柔軟でオープン。それが今の山水郷です。

第三の理由は、既得権益を持つ人がほとんどいないことです。既に事業者が撤退しているか撤退寸前という状態ですから、新しい技術が既存事業者の仕事を奪う等の恐れがありません。ですから、既存事業者を守るための規制があっても、その緩和がしやすいのです。仮に規制緩和による悪影響が何らかの形で発生するとしても、山水郷の社会のサイズの小ささゆえに及ぶ影響の範囲は限られるという良さもあります。

そして、四つ目が、色々な困難があるとは言え、山水の恵みと人の恵みでとにもかくにも生きていける世界が山水郷にはあるということです。天賦のベーシックインカムという究極のセーフティネットがあるお陰で、生きる場としてのポテンシャルが頗る高く、自活と互助で生きていくことができるので、失敗を恐れることなく試行錯誤ができますし、企業や自治体に対しても嫌なことは嫌と言えます。自立して生きているからこそ、本当に人間にとって必要な技術やシステムのあり方を企業や自治体と対等の立場で考えることができるという意味で、山水郷は未知のテクノロジーを構想したり実証したりするのに適した場所です。

このように、山水郷には、〝はじまりの場所〟となるのにふさわしい条件が揃っています。狩猟採集社会（Society 1.0）から農耕社会（Society 2.0）への移行にあたって、〝はじまりの場所〟となったのが山水郷であったことを第三章で見てきました。それと同様に、山水郷は、新しい社会である Society 5.0 のモデルをつくるのに最適な〝はじまりの場所〟になれる可能性があるのです。

山水郷の側にとって今が千載一遇のチャンスだと思うのは、新しい技術を実証・実装しやすい環境を整備すれば色々な企業がやってくることが期待できるからです。企業は新しい技術を実証・実装できる場所を欲しています。しかし、規制や省庁・自治体の壁、既得権益などの壁が立ちはだかって、できないことが多いのです。わざわざ外国に行ってまで新技術の実証をしているのは、そのためです。ですから、山水郷でなら自由に実証・実装ができるとなれば、技術を実証・実装したい企業達が集まってきます。今まで誘致しても振り向いてくれなかった企業達が、向こうから頭を下げてやってくる。そういう可能性が今は開けています。

企業にもっと深く地域にコミットしてもらおうと思えば、例えば、本社機能を地方都市に移転し、地元雇用や児童の教育等に投資をするなど、地域のことを引き受けてくれることを条件に、その周辺の山水郷を含む地域で新しい技術やシステムの実証を自由にできるという特例的な規制緩和の制度をつくれば良いと思います。そうすれば本社機能の移転など考えたこともなかった企業が移転を検討するようになります。法人税の減免等の税制優遇措置も設ければ、企業の地方分散を本格化させられる可能性があります。そうやって企業に地域を引き受けてもらいながら、地域を持続可能にするために必要な新しいシステムやソリューションを徹底して開発し、実証・実装してもらう。さすがに私企業の好きにさせるのは問題と言うなら、企業と自治体で共同出資する第三セクターをつくり、そこに権限を与えるような形をとればいいのです。ドイツ語圏に広くみられるシュタットベルケ(*)のイメージです。いずれにせよ、地域全体を研究開発、実証実験の場にし、オペレーションをしながら仮説検証を繰り返し、データを集めて、次の社会のモデルをつくるのです。各地でそういうことが行われていけば、多様な Society 5.0 のモデルができます。そうなれば全国規模で、地域の実情に応じた Society 5.0 の実装をしてゆく準備が整います。

本社機能を移転する企業が増えれば、山水郷周辺の経済が潤い、雇用の機会も増えるため、山水郷に移住しようという人も増えるでしょう。企業が地域を引き受ければ、山水郷を引き受けて

(*) エネルギーや公共交通等の公共サービスを担う公的企業をシュタットベルケといいます。ドイツには九〇〇以上のシュタットベルケが存在し地域密着のサービスを展開しています。

生きようという個人を増やすことにつながるのです。そうやって企業と個人とで共に山水郷を引き受けてゆけば、地域は息を吹き返します。

第四次産業革命のテクノロジーが実装された山水郷では、どのような暮らしが実現するでしょうか。もともと山水郷は美味しい水と食材に恵まれていますが、それを上手く収穫するには経験や特別な手業が必要でした。これをロボット、自動技術、ＡＩ等の活用で、より身近なものにする。生活に必要なエネルギーについては太陽光・風力・バイオマスの活用です。これによって遠くから電気を引いてくる必要がなくなります。そして、その電気で自動運転車を走らせれば、運転手不在で不便を極めていた高齢者や子ども達の移動も容易になるでしょう。もちろん移動のコストもずいぶんと低減されます。医療や教育はネット環境下での遠隔診療、授業になりますが、通信の高速化、大容量化で距離を感じさせないサービスを実現する。質の高い古来の自活と互助の伝統に未来のテクノロジーが接ぎ木されることで、生活に必要なもののほとんどは地元で調達でき、色々なことが自動化されて余計なコストと手間が省ける生活が実現するのです。

こんな生活環境の中で、多業の人もいれば、最寄りの町で大企業の本社や研究開発部門で働いている人もいる。そういう多様な生き方をしている人々がみんなで地域を引き受けている。地域を維持するのに必要な仕事を皆で引き受けているのです。結果としてコミュニティの中に役割があるから、みんな、張りのある生活をしている。

以上は理想をもとにした本当に簡単なスケッチですが、山水の恵みと人の恵みをテクノロジーの力で補完することで、安心と充足を感じて生きていける場に山水郷がなっていくイメージです。

勿論、自動運転が普通に使えるようになるまでにはまだ一〇年はかかるので、ここに描いたような姿が実現するのは少し先のことですが、Society 5.0が実現した暁には、〝生きる場〟としてのポテンシャルが最大限に発揮されるため、山水郷は相当に住みやすくなり、若者が競って住むような場所になるかもしれません。

中国が今、国家事業として開発に取り組んでいる最先端のデジタル都市・雄安新区がさかんにアピールしているのは緑と水が豊かなことです。「千年の大計」として習近平国家主席自らが主導する都市開発の価値の源泉が緑と水とデジタルの融合にあると位置づけられているのです。このことが示唆するのは、デジタルの比重が高まるほど、その対極にある自然なものやアナログなものが価値を持つようになるのではないかということです。そして、デジタルと自然の融合・調和こそが次の社会の大きなテーマになっていく予感がします。そういう観点からも、山水郷でSociety 5.0のモデルをつくることには大きな意味があります。山水郷をはじまりの場所とするSociety 5.0は、山水とデジタルの融合・調和という点において、世界に類を見ないユニークなものとなるはずだからです。

生き心地の良い社会をつくる

既に見たようにSociety 5.0は、「サイバー空間（仮想空間）とフィジカル空間（現実空間）を高度に融合させたシステムにより、経済発展と社会的課題の解決を両立する、人間中心の社会（Society）」と説明されます。「人間中心の社会」とわざわざ強調しているのは、テクノロジーの力を借りはするけれど、それはあくまでも人が生きやすい社会、生き心地の良い社会をつくるためであって、ロボットやＡＩのようなテクノロジーに人間が支配されるような社会にはしないとの含意があるからでしょう。

では、人間にとって生き心地の良い社会とは何か。それを考える上でとても示唆に富む例があります。徳島県の太平洋岸にある小さな山水郷、海部町《かいふ》です。

海部町（現在は合併して、海陽町となっています）の存在は、岡檀《まゆみ》（現在、統計数理研究所医療健康データ科学研究センター特任助教）の自殺の研究を通じて知りました。岡は、海部町の自殺率が、国内では離島を除いて最も低いという事実に目をつけ、その秘密を探るための研究を行ったのです（離島を除いたのは離島の環境があまりに特殊だからです）。慶應義塾大学の博士論文にまとめられたその成果は後に『生き心地の良い町』（講談社）として出版されています。

岡の研究が明らかにしたのは、海部町には〝開かれたコミュニティ〟とでも呼ぶべき絶妙なバランスの共同社会が存在していることです。その絶妙な共同社会が支えとなることで、自殺という最悪の解決方法に個人が頼るほかなくなることが未然に防止されています。死を覚悟するまで追い詰められるようなことがないという意味で、「生き心地が良い」のです。

岡は、詳細なフィールドワークとアンケート調査を基に、海部町の社会に特徴的なことを五つ抜き出しています。「自殺予防因子」と名付けられたその五つの特徴とは、「いろんな人がいてもよい、いろんな人がいた方がよい（＝多様性の尊重）」、「人物本位主義をつらぬく（＝地位や肩書きに惑わされない。立身出世主義からの自由）」、「どうせ自分なんて、と考えない（＝高い自尊感情と自己効力感）」、「『病』は市に出せ（＝悩みは抱え込まずにシェアする）」、「ゆるやかにつながる（＝つかず離れずの距離感。監視より関心）」です（カッコ内は井上による注釈）。

コミュニティを知る人は、コミュニティの良さも悪さも知っています。仲間として認めてもらえれば、助け合い、支え合う心強さがある一方で、つねにみんな一緒であることを求められたり、年長者がやたらと威張っていたり、ヨソ者に対しては閉鎖的で排外的であったりといった重苦しい側面がコミュニティにはあります。

しかし、海部町のコミュニティには、そういう重苦しさがありません。そうならないよう巧妙にデザインされているのです。岡は、海部町の人のことを「世事《せじ》に長《た》けている」と表現しますが、確かに、海部町の人々は、人間というもの、社会というものをよくわかっているのだなと感心します。人間や社会の好い面も悪い面もわかった上で、人が生きやすい社会、生き心地の良い社会になるための巧妙なデザインが随所に施された社会になっているからです。社会を成り立たせているのも一つの技術ですが、海部町には非常に洗練された社会の技術（ソーシャルテクノロジー）が埋め込まれています。

何故、海部町の人々はそんな見事なソーシャルテクノロジーを生み出し、埋め込むことができたのか。その理由に関する岡の推論が実に興味深いのです。

岡は、海部町が、江戸時代初期、木材バブルに沸いた時に一攫千金を求めて裸一貫で集まってきた人達によって人口が急増したという、町の歴史に着目します。木材で一旗揚げようと集まってきたヨソ者達がつくった町、それが海部町です。藩を越える移動が制限されていた時代ですから、簡単に移住できてしまうということ自体、何かしらの事情を抱えて生きてきた人ばかりだったのでしょう。ですから、血筋も家柄も出自も身分も年齢も、人々は気にしません。素性を問うてもしょうがないからです。ただその人物がこの土地で役に立つ人間か、害悪をもたらさない人間かどうかだけを見る。「人物本位主義」が根付いているのもその為です。そして、各地から流れ着いた者達がつくった社会だからこそ、「いろんな人がいてもよい」は前提だし、人物本位の社会だから、「どうせ自分なんて」と考えずに済むのです。だからと言って、個々にバラバラに生きていたら社会は成り立ちませんから、「ゆるやかにつながる」し、トラブルになりそうなことは「病は市に出せ」と言って、早期に共有させるのです。

つまるところ、海部町の社会を特徴づけている五つの自殺予防因子は、人が異質で多様であることを前提に、それでも共に生きていくためにはどうしたら良いかを考え、工夫する中から生まれた知恵であり、技術であり、作法だと言えます。それは、必ずしもゼロベースで発想されたものではなくて、流れ着いた者達のそれぞれが見たり経験したりしてきた社会や集団の中にあった生きる知恵を持ち寄り、いいとこ取りをしたのではないかというのが、岡の推論です。

これはとても勇気をくれる推論だと私は思うのです。何故なら、私達は、その気になれば、生き心地の良い、適度な共同性と開放性を持った、多様で開かれた社会を自分達の手でつくることができるのだということを海部町の存在が証明しているからです。同時に、社会は技術のありようによっていかようにでも変えられるということを教えてもくれるからです。

海部町は、木材バブルを契機に、色々なところから流れ着いたヨソ者が集まって、それぞれの知恵を持ち寄った「いいとこ取り」の社会です。もともと住んでいた人達との間にどのような摩擦があったかはわかりませんが、ヨソ者が流入してくる状況を受け入れざるを得ない中で、人が生きやすい社会、生き心地の良い社会を皆でつくり上げたのです。

人が減り、ヨソ者や新しいテクノロジーを迎え入れないとやっていけなくなっている今の山水郷も、海部町のように、いいとこ取りの生き心地の良い社会をつくるチャンスを迎えています。

コミュニティや社会をつくることは、ある意味、究極のＤＩＹです。それは机や椅子をＤＩＹするのとはわけが違ってとても難しい仕事です。でも、だからこそやり甲斐があるし、楽しみもあります。最近のＤＩＹは家のような難しいものにみんなで一緒に取り組むのがブームと書きましたが、家の次はコミュニティや社会、或いは産業のＤＩＹを人々は目指すのではないでしょうか。実際、東日本大震災の被災地に、全国から若者達が集まってきたのは、ここなら今までのしがらみにとらわれない、新しい社会や産業を自分達の手でつくることができるかもしれない。そういう究極のＤＩＹが可能なフロンティアが広がっていると若者達が直感したからです。

いつの時代もフロンティアは若い才能を惹きつけます。グローバリズムの影響で世界中が市場経済に覆われ、一から新しい土地を開墾するような、本当の意味でのフロンティアが地球上にはなくなりつつある現在、新しい世界をつくりたい若者達がこの地球上でフロンティアだと思える場所は、ＡＩやビッグデータのようなデジタル世界・サイバー空間の中か、被災地・戦災地のような人為のものが破壊され尽くした世界なのでしょう。そして、そこまで特殊ではない、足元に広がる、もう一つのフロンティアとして見出されつつあるのが山水郷なのです。

歴史小説で人気があるのは戦国時代か幕末から明治にかけての物語ですが、どちらも自分の理想の国をつくろう、理想の社会を建設しようという志に燃えた若者達がいた時代です。その時代の若者達が英雄視され、国づくりや国盗りの物語が人気があるのは、皆、どこかで国や社会をつくることに身を捧げたいという思いを抱えているからだと思います。皆、自分を超える大きなものを引き受けて生きてみたいのです。

今、私達は新しい社会をつくることができる時代を迎えています。第四次産業革命は好むと好まざるとに拘わらず、社会を大きく変えます。技術によって社会が大きく変わる時代だからこそ、これまでのしがらみを断ち切って、新しい社会へとつくり直すことができるチャンスなのです。

第四次産業革命の黎明期に当たる現在は、次の社会のデザインに関わることができる、本当に希有な時代です。第四次産業革命後の社会＝Society 5.0がどのような社会になるかは、私達がどのような社会を理想とするか、そして、その理想の実現に向けた試行錯誤をどれだけできるかにかかっています。

その試行錯誤の場に山水郷がなれば良いのです。山水郷には、先人達が開墾してきた田畑や植え育ててきた山林だけでなく、何千年も何百年も受け継がれてきた文化や伝統、人が生きていくために必要なテクノロジーがあります。まだ辛うじて残されているそれら古来のテクノロジーを引き継ぎながら、ＡＩやＩｏＴやロボットのような未来のテクノロジーと、生き心地の良い社会にするためのソーシャルなテクノロジーとを組み合わせ、人と山水とデジタルとが結びついた、この山水の恵みに満ちた列島ならではの、持続可能で生き心地の良い社会を山水郷につくるのです。そういう新しいクニづくり（郷土づくり）の実践が各地で行われる中から、次の社会のモデルとなるものが生まれてくるでしょう。明治維新を率いたのが、幕府から見れば辺境に位置した西南雄藩だったように、次の社会をつくるイノベーションは、辺境における試行錯誤の中から生まれるはずです。

志をはたして　いつの日にか帰らん　山は青きふるさと　水は清きふるさと

唱歌『ふるさと』に象徴される近代の国づくりの物語は、最終的には山水郷に帰ることをゴールとしていました。一時は山水から離れて生きるにしても、最後は山水と共に生きようと、山水郷を〝約束の地〟としながら、国づくりに必要な人員の動員をかけたのです。

それはただ単に、郷土から出ることの後ろめたさを軽減させるための方便だったのかもしれません。しかし、中央集権的な国づくりを率いた近代のリーダー達が、最後はそれぞれのクニ（郷土）に帰り、山水と共に生きることに近代人としての完成を見ていたということには、方便とは言い切れない重みを感じます。何故なら、明治維新を成功させ、その後、中央で政権を担った人々はいずれも地方出身で、それゆえ郷土を引き受けて生きることの重みや意味を知っていたはずだからです。

明治の開国以後、私達は自立した国になることを目指して邁進してきました。欧米列強に伍す、自立した国家になるために必死に学び、短期間で自立するために中央集権国家をつくり、国が主導する形で新しい産業と国をつくってきたのです。その国が戦争を起こし、敗れてからは、また必死の思いで国をつくり直し、一時は米国に次ぐ規模の経済大国になるまでに登り詰めました。

近代化を率いた人々にとって、国の自立は個人の自立と同義でした。『学問のすゝめ』の中には「一身独立して一国独立す」という言葉があります。明治のイデオローグの一人である福沢諭吉は国の独立の前に個人の自立を置いていました。福沢は、因習の残る田舎を捨て、努力して身を立て、開明した個人になることを個人の自立と見ていたようですが、それは自立の一側面に過ぎません。ここまでの議論の中で確認してきたのは郷土、とりわけ山水郷を足場とする生き方の中にこそ自立の鍵があるのではないかということでした。郷土を離れて広い世界で自分を磨くのは自立の過程において大切なことですが、最後は郷土に戻り（或いは新たな郷土を見出し）、そこを拠り所に生きる。そういう中で個人の自立は完成に近づいてゆくのではないでしょうか。

山水郷を拠り所とすることで完成する自立は強靭な自立です。経済がどうなろうが、国が破れようが山水は残るからです。山水がある限り、日本人は何度でもやり直せます。どんなに世界が揺らいでも、山水郷を拠り所とする限り、私達は生きてゆけるのです。そういう強固な自立の基盤、生きる場としてのポテンシャルの高さが、この列島の最大の強みであり、希望です。

列島のポテンシャルを最大限に引き出そうとした人が田中角栄でした。彼の『日本列島改造論』は、人口と産業の地方分散により都市の過密と地方の過疎の同時解消をはかることを目指しています。新潟出身の田中には、地方を置き去りにしてはいけないという強い信念がありました。『日本列島改造論』の中には、「明治百年にいたる近代日本の道のりは、地方に生まれ、育った人たちが大都市に集中し、今日のわが国をつくる牽引車となったことを示している。しかし、明治二百年に向かう日本の将来は、都市に生まれ、育った人たちが、新しいフロンティアを求めて地方に分散し、定着して、住みよい国土をつくるエネルギーになるかどうかにかかっている」という一節があります。田中もまた郷土が約束の地になることを夢見ていたのです。その夢を実現するためには是が非でも列島改造が必要でした。根底にあったのは「地方も大都市も、ともに人間らしい生活が送れる状態につくりかえられてこそ、人びとは自分の住む町や村に誇りをもち、連帯と協調の地域社会を実現できる。日本中どこに住んでいても、同じ便益と発展の可能性を見出す限り、人びとの郷土愛は確乎たるものとして自らを支え、祖国・日本への限りない結びつきが育っていくに違いない」との思いです。

列島改造により、どこにいても「人間らしい生活が送れる状態」の基礎がつくられたことは大きな成果でした。しかし、「日本中どこに住んでいても、同じ便益と発展の可能性を見出す」という状態はいまだ実現していません。明治一〇〇年から一五〇年に至る道のりは、田中の思いとは裏腹に、むしろ地方の発展の芽が摘まれる方向に振れてきたのです。

ただ、この半世紀を振り返って思うのは、「日本中どこに住んでいても、同じ便益と発展の可能性を見出す」という目標設定自体が間違っていたのではないかということです。近代化や戦後復興に邁進する必要があった明治一〇〇年までは、確かに「同じ」を目指すことが効率的でしたし、強さにもつながったのでしょう。しかし、気候も風土も文化も違う地域が「同じ」を目指すのはやはり無理があります。「同じ」でないからと言って置き去りにされるようなことがあってはならないのは勿論ですが、その処方箋が「同じ」を目指すことであるかと言えば、そうではないはずです。

この列島は本当に複雑で多様です。どれだけ山を削り海を埋め立てても、均一にならすことはできないですし、できたとしてもこの国の魅力は失われてしまうでしょう。ですから、「同じ」を目指す必要は、そもそもないのです。むしろ「違い」こそがそれぞれの地域の価値であり、魅力となります。そう肚を括り、郷土を足場に、自立的に生きる道を探る。外の力や未来のテクノロジーの力も積極的に借りながら、人と山水の力を最大限に発揮させる。とにかく試行錯誤をしていくほかありません。試行錯誤が未来を拓くのです。

デジタル化とグローバル化が進むこれからの世界では、世界はますますフラットになってゆきます。だからこそ、デジタルには還元しきれない、その国の独自性、複雑で多様なものが価値を持つ時代になります。山水の恵みに満ちたこの列島、その津々浦々で多様な暮らしが営まれ続けること、それ自体が価値を持つ時代になるのです。フラット化に抗し、多様性に向けて棹を差す。「同じ」につくり変える「改造」ではなく、「違い」を前提に自立的に生きる「回復」を目指すのです。

そのためには、この列島を丸ごと引き受けて生きる覚悟が必要です。その覚悟を持った時から、私達自身の回復に向けた新しい物語がはじまるのです。

あとがき

「一〇年後にはこの村はなくなっているかもしれない」

学生時代、卒論を書くために調査に入っていた下北半島の山奥の村で、地域のリーダー的な立場にいた方がつぶやいたその一言が、今も忘れられません。林業のことを学ぶ林学科にいた私にとって、山村の危機は林業という産業の危機と同列の問題でした。しかし、山村の危機は、産業の危機である以前にそこに住む人間の危機であるということを、その一言に気づかされたのです。

長く暮らしてきた山村に、数年後には誰も住まなくなるかもしれない。時代の流れと言ってしまえばそれまでですが、本当にそれで片付けてしまって良いのか。そうでないならば、どうすれば山村の衰退に歯止めをかけられるのか。そのことをずっと問い続けてきました。林野庁で森林・林業・山村問題に関わっていた間は勿論、林野庁を辞めて民間企業に移ってからも。

山村、本書で言うところの山水郷の過疎は複合的な問題です。政策的には、産業振興とインフラ整備が二大アプローチでした。田中角栄の列島改造論以来、日本は土建国家と化してゆきますが、過疎対策、治山治水、電源地域振興等を名目に、大量のお金が山水郷にバラ撒かれてきたのです。しかし、状況は一向に改善しませんでした。

もう少し違うアプローチがあるのではないかと気づいたのは、四〇歳を過ぎて娘と山や森によく遊びに行くようになってからです。小学生になったばかりの娘は、学校にうまく馴染めず、よく問題を起こしていました。それでたまたま友人に勧められた長野県大町市にある自然学校「千年の森自然学校・森のくらしの郷」（「もりくら」と私達は呼んでいます）に行き始めたのです。もりくらは、電気も水道もガスもない山の中でキャンプ生活をする場所です。様々な活動ができますが、基本は自然の中で遊びながら、自然の中での暮らしを学ぶところです。

そのもりくらが、娘にとってはなくてはならない場所になりました。小学校に入ってから日増しに元気をなくしていた娘はもりくらに行くと途端に元気になって、生気が戻るのです。

娘だけでなく、私自身にも変化がありました。森に行き、森の中で木を伐ったり、小屋をつくったり、そこでできた仲間と語らったりすることが無性に楽しくて、一気に若返った気がしました。ちょうどその頃、仕事がうまくいっていなくて、転職を考えていた時期だったのですが、山に行き森の中で遊んでいると、どんどん前向きに生きられるようになって、自分が蘇ってゆくのがわかりました。娘同様、この社会にうまく自分の居場所を見つけられなかった自分が、森や山とつながり、人々とつながることで、落ち着き、生きる力を取り戻していったのです。

東日本大震災が起きて東北に通い始めたのもその頃です。東北で山水の現代的意義に気づいたこともあって、そのことをもっと考えてみようと、積極的に山水郷に行くようになりました。それまでほとんど乗ることのなかった車も使い倒すようになり、学生時代以来の登山も始め、車窓から眺めたり、実際に歩いたりする中で、この列島がいかに山深く、起伏に富み、多様な風景と暮らしがあるのかを痛感するようになりました。そして、この国の山水の奥深さと多様さを知れば知るほど、山水郷で暮らす人々の話を聞けば聞くほど、経済合理性だけで山水郷を捨ててはいけない、置き去りにしてはいけないと強く思うようになりました。

山水や山水郷には、経済でははかれない価値があります。それは存在そのものの価値と言っても良いのかもしれませんが、その価値を失ってしまっては日本が日本でなくなってしまう。いや、そもそも人間が人間でなくなってしまう。娘が、そして私が森の中で生きる力を得ていったのは、森の中には経済合理性だけで物事をはかろうとする社会とは別の価値観や尺度が息づいていることを直感したからだと思います。経済でははかれないものごとの存在価値を担保するためにも山水郷が残り、山水と共に生きる暮らしが受け継がれていく必要がある。格差の拡大等、経済の負の側面が目立ち始めたこの国の現実を知れば知るほど、その思いは確信に変わってゆきました。

そのためには何が必要なのか。本書では、芯となる考え、思想を形にすることを優先したため、具体的な方法については触れていません。具体的な処方箋はそれこそ現場の数だけあるので、安直な答えは書けないと思ったからですが、それでも政策側が最低限検討しなければならないことを最後に記しておこうと思います。

第一に、山水郷の〝生きる場〟としてのポテンシャルを最大限に発揮させるような施策が必要です。山水の恵みを生かせば自活できると言っても、全ての山林田畑には所有権が設定されていて、河川・湖沼・海には漁業権や水利権があります。狩猟も、猟友会の存在が暗黙の参入規制になっています。農林漁業で生計を立てる人がいなくなり、そこに住む人がいなくなっても、これらの権利だけは残るのです。これは明らかに問題です。山水の恵みを享受できないならば、山水郷は単に不便な場所になってしまいます。そこに暮らしてゆこうと決めた人には使用権を認める等、これらの権利を開放してゆくことが、何より求められます。

第二に、移住者用の家が必要です。空き家バンクの整備等で空き家の活用は進みつつありますが、そもそも賃貸に回る物件が少ない上、あってもボロボロの空き家ということになりがちです。

そんな家では暮らしの満足は得難いですし、何より冬が寒く、光熱費がかかります。移住者用に新築住宅を整備している自治体も多いですが、若い人でも住みたくなるようなデザイン性と機能性を兼ね備えた家を用意している例は稀です。断熱性能を高め、バイオマスや太陽光等、再生可能エネルギーを有効活用できる家にすれば、ほとんど光熱費はかかりません。戸建てより集合住宅のほうがエネルギー効率は高く、共同利用できる電気自動車のシェアカーを用意すれば、都会生活に比べて掛かり増しになりがちな移動コストも最小化できます。そういう家が求められます。

第三に、山水郷をSociety 5.0の〝はじまりの場所〟にするための規制緩和や特例措置が必要です。遠隔医療・遠隔教育は必須ですし、金融、交通、行政等の公共的なサービスについても、地域の自由な創意工夫を認める仕組みにする必要があります。第六章で述べたように、本社機能を移転する等、その地域に根差し、引き受けていこうとしてくれる企業には、大胆な特例を認めるような措置を講ずれば、新技術の実証・実装を求めている企業は必ずやってきます。そうやって新しい公民連携のスタイルをつくりながら、その地域ならではのSociety 5.0を試行錯誤すれば良いのです。

第四に、これに関連して必要になるのが自治体への権限委譲です。危機感に基づく創意工夫や試行錯誤がイノベーションの源です。そういう意味でも、江戸時代の藩のように、もっと自治体が自らの危機感に基づいた独自の取組みをできるようにすべきです。首長がＯＫしたことは、たとえそれが国の政策とは異なることだとしても可能にするくらいの大胆な権限委譲が必要です。私は林野庁時代、地方分権推進計画の立案に携わりましたから、財源・法体系・自治体の能力面で、どれだけ権限委譲が困難なことかは熟知しています。それでも権限委譲し、自治体が自立的に動ける分権統治の体制に変えない限り、この国に未来はないと思っています。

第五に、高等教育の無償化が必要です。子育てで一番お金がかかるのが高校、大学への進学費用です。ですから、欧州の大半の国がそうであるように、高校・大学に誰でも無償で行けるようになれば、どこに住んでいても、何をしていても、子どもを大学に行かせることができます。それは田舎暮らしのハードルを下げ、山水郷を目指す若者達の背中を後押しするでしょう。

以上は本当にラフなスケッチですが、これらが実現すれば、地方のあり方は大きく変わるはずです。山水郷を置き去りにせず、この列島の多様性を生かした社会にするためにも、これらの実現に向けて、知恵を出し、或いは現場での取組みに尽力してゆきたいと思います。


最後に謝辞を。

㈱日本総合研究所　創発戦略センター所長で専務執行役員である井熊均所長の支えと励ましがなければ、本書が世に出ることはありませんでした。「山水」という言葉は、井熊所長との議論の中で辿り着いたものです。井熊所長を師とできたことは、とても幸運なことでした。

南相馬市小高区での活動を支えてくださった藤井順輔名誉会長、高松ご出身で地方のリアルを熟知しておられる淵崎正弘会長のお二人に本書執筆の過程でお仕えできたことは大きな学びでした。今年亜細亜大学に移られた大泉啓一郎さんにも、多くのアドバイスを頂きました。第六章で紹介したインボリューションという言葉は大泉さんから教えて頂いたものです。

『里山資本主義』の著者の藻谷浩介さんからも多くを学びました。二〇一二年から日本総研に在籍されている藻谷さんとは、講演等の機会でご一緒するたび、多くの刺激を頂戴しています。お忙しい中、本書のゲラを読み、帯の文章を寄せて下さったこと、心より感謝申し上げます。

本書の背後には、多くの方との出会いや交流があります。大学時代の恩師、林野庁時代に出会った上司や同僚、全国の自治体担当者や林業家達。また、東日本大震災以後、東北地方をはじめ、全国各所で暮らし、或いは活動されている企業経営者や実践家、住民達との交流が加速度的に増えてゆきましたが、それが得難い財産となっています。中でも大きかったのは、南相馬市小高区の住民達との付き合いでした。また、東北大学大学院の地方創生プログラム「地域イノベーションプロデューサー塾」（ＲＩＰＳ）の立上げから関わらせて頂き、多くの東北地方のイノベーター達と出会えたことも僥倖でした。今年六月、そのＲＩＰＳの立役者の冨澤辰治さんが急逝されました。心よりご冥福をお祈り申し上げます。

これら多くの方々との出会いがあればこその本書ですが、彼・彼女らに響くものを書かなければならないとの思いから、何度も書きあぐね、書き直しをすることになりました。実質的な執筆作業に四年間もかかってしまったのは、それだけ行きつ戻りつを繰り返したからです。

その四年間を辛抱強く伴走してくれたのが、新潮社の編集者、竹中宏さんです。竹中さんがいなければ、本書が完成することはなかったでしょう。編集者という存在の有り難さを痛感しました。竹中さんと引き合わせてくれたライターの土屋季之さんにも心からの感謝を。

この四年間、プライベートでは、家族との時間より執筆を優先してしまったために、家族には本当に申し訳ないことをしてしまいました。特に幼稚園から小学校にかけての大切な時期に息子と過ごす時間をきちんととらなかったことから様々な問題が生じ、それがために妻の真智子に多大な苦労をかけてしまったことが、今となっての一番の後悔です。失われた四年間は戻りませんが、父親として、夫として、今、一つ一つ家族の回復に向け、やり直しているところです。

この間、空き家となっている実家に住まないことをずっと父親の公夫にはなじられてきました。目の前にある引き受けなければならない事々を棚上げし、この列島を引き受けようなどと大それたことを書いている自分の矛盾には気づきつつ、それでも書くことを優先せざるを得なかった我が儘をどうか許して欲しいと思います。亡き母・美恵子も呆れ果てているでしょうか。

それだけの迷惑を家族にかけながらも書くことを止められなかったのは、ここで書かなければもう一生書けないだろうと思ったからです。それでは「一〇年後にはこの村はなくなっているかもしれない」という一言をきっかけに抱え続けてきた問いに、結局、何も答えられないまま人生を終えることになる。それは、自分を形づくってくれた世界に対する裏切りに思えました。

同時に、娘の木鼓《もこ》と息子の實士《みと》にも申し開きができないと思いました。こんなにも山水の恵みに満ちた国が、そのことに価値を見出せずに、山水郷を捨てようとしている。「誰も置き去りにしない」を標榜するＳＤＧｓの達成を掲げながら、平気で山水郷のことを置き去りにしようとしている。そんな国に二人が誇りを感じ、希望を持つことができるとはとても思えませんでした。

二人が誇りと希望を持てる国にするためにも、山水の恵みに満ちたこの列島の意味を捉え直す新しい列島回復の物語が必要でした。そういうものを書かなければならないという思いで書き続けた本書が、願わくば、二人の子どもをはじめ、次の時代を担う若い世代に読まれんことを。

二〇一九年九月　　　　井上岳一

新潮選書

日本《にほん》列島《れっとう》回復《かいふく》論《ろん》——この国《くに》で生《い》き続《つづ》けるために

著　者………………井上岳一《いのうえたけかず》

発　行………………2019年10月25日

発行者………………佐藤隆信
発行所………………株式会社新潮社
〒162-8711 東京都新宿区矢来町71
電話　編集部 03-3266-5411
読者係 03-3266-5111
https://www.shinchosha.co.jp
印刷所………………錦明印刷株式会社
製本所………………株式会社大進堂

乱丁・落丁本は、ご面倒ですが小社読者係宛お送り下さい。送料小社負担にてお取替えいたします。
価格はカバーに表示してあります。

ISBN978-4-10-603847-1 C0333